珠江流域水库群防洪调度关键技术与应用

中 水 珠 江 规 划 勘 测 设 计 有 限 公 司
李媛媛　王保华　黄　锋　王玉虎　侯贵兵　著

黄 河 水 利 出 版 社
· 郑 州 ·

内 容 提 要

本书依托珠江流域多年防洪调度工作实践和探索，对珠江流域暴雨洪水规律、珠江流域主要控制断面归槽设计洪水的概念和计算方法、珠江大型水库群多目标多区域协同调度模型和调度方式、珠江流域"长短结合、逐步优化"的洪水实时调度风险控制策略等方面开展了研究，总结提炼出珠江流域水库群防洪调度关键技术体系，并对珠江流域"2022·6"大洪水防御过程中流域水库群的科学精细联合调度过程进行了详细复盘，验证了珠江流域水库群防洪调度技术的有效性和可靠性。珠江流域水库群防洪调度关键技术体系为保障珠江流域、粤港澳大湾区等重点保护目标的防洪安全提供了技术支撑，并可为多水库流域联合防洪调度提供参考和借鉴。

本书可作为水库调度、防汛抗旱管理技术人员的参考用书。

图书在版编目(CIP)数据

珠江流域水库群防洪调度关键技术与应用/李媛媛等著. —郑州：黄河水利出版社，2023. 10

ISBN 978-7-5509-3797-0

Ⅰ. ①珠…　Ⅱ. ①李…　Ⅲ. ①珠江流域-并联水库-防洪-水库调度-研究　Ⅳ. ①TV697. 1

中国国家版本馆 CIP 数据核字(2023)第 235517 号

组稿编辑：王志宽　电话：0371-66024331　E-mail：wangzhikuan83@ 126. com

责任编辑　冯俊娜　　责任校对　鲁　宁
封面设计　黄瑞宁　　责任监制　常红昕
出版发行　黄河水利出版社
地址：河南省郑州市顺河路 49 号　邮政编码：450003
网址：www. yrcp. com　E-mail：hhslcbs@ 126. com
发行部电话：0371-66020550
承印单位　河南新华印刷集团有限公司
开　　本　787 mm×1 092 mm　1/16
印　　张　11. 25
字　　数　270 千字
版次印次　2023 年 10 月第 1 版　　2023 年 10 月第 1 次印刷

定　　价　88. 00 元

前　言

珠江是我国径流量第二大河流,珠江防洪安全关系到流域广大地区人民生命财产安全和经济社会发展,涉及我国经济发达、人口密集的粤港澳大湾区的防洪安全。为治理珠江水患,珠江流域相继建成了一批大型水库,形成了以龙滩、大藤峡、飞来峡、百色水库为核心的防洪工程体系。近年来,珠江流域洪、旱灾害频繁,严重威胁流域防洪供水安全。面对严峻复杂的形势,流域各方密切协作配合,开展珠江流域水库群联合调度,充分发挥干支流水库的防洪效益,极大地减少了珠江洪涝水患,支撑了珠江-西江经济带、泛珠三角区域、北部湾经济区、粤港澳大湾区建设发展。

珠江大型水库群拓扑关系复杂,防洪保护对象分散且标准不一,多区域、多目标协同的防洪调度难度大,亟须攻克暴雨洪水规律研究、水库群联合优化调度、实时预报调度风险控制等关键技术难题。为此,在水利部珠江水利委员会的指导下,中水珠江规划勘测设计有限公司作为牵头单位,历经十余年,完成了珠江流域防洪规划、珠江流域综合规划、珠江洪水调度方案、珠江超标洪水防御预案、西江中上游水库群联合调度方案、西江和北江骨干水库群联合调度方案、红水河与柳江错峰调度方案、郁江水库群调度方案、贺江洪水调度方案等科学研究和工程项目。项目组通过对珠江流域水库群防洪调度关键技术的全面系统研究,取得了如下主要成果:

(1)揭示了珠江流域暴雨洪水规律。阐释了西江水系干支流、西江和北江水系的洪水遭遇规律,西江、北江洪水与外海潮位遭遇规律。

(2)创建了流域设计洪水的计算新方法。提出了珠江流域西江、北江、东江水系归槽洪水计算方法,形成了主要控制站点的归槽设计洪水成果。

(3)形成了珠江大型水库群多目标多区域协同调度技术体系。建立了珠江流域水库群联合防洪调度模型,研究了基于不同拓扑结构水库群的防洪库容补偿调度、错峰调度方式;创建了西江,北江及西江、北江水库群多目标多区域协同调度方式,攻克了珠江流域水库群多目标协同优化调度技术难题。

(4)创建了基于风险控制的珠江流域洪水实时滚动预报调度技术。针对现状雨水情中长期预测预报存在较多技术难题难以突破、中长期预测预报精度相对较低的实际情况,为降低实时调度风险,珠江流域提出“长短结合、逐步优化”的实时调度风险控制策略。

本书研究成果在历年珠江流域水库群防洪兴利综合调度中成功应用,获得了巨大的社会效益和经济效益。尤其是珠江流域“2022·6”大洪水的防御,流域干支流协同配合,西江首次实现干支流5大库群24座水库联合防洪调度,北江首次启用潖江蓄滞洪区与飞来峡水库等水库、分洪闸联合调度,充分挖掘西江、北江中上游水利工程洪水调度潜力,科学精细地实施水利工程联合调度,成功将8场次洪水特别是北江特大洪水的洪水量级压减至主要堤防的防洪标准以内,确保了西江、北江干堤等重要堤防安全,确保了粤港澳大湾区等重点保护目标的安全。

本书凝聚了珠江流域防洪调度技术团队几代人的集体智慧，内容共分为7章，其中第1章由王保华、王玉虎撰写，第2、3章由李媛媛撰写，第4章由黄锋、刘永琦撰写，第5章由黄锋、侯贵兵撰写，第6章由王玉虎、侯贵兵撰写，第7章由王保华、李媛媛撰写。全书由李媛媛、王保华、黄锋、王玉虎、侯贵兵统稿。李争和、钟逸轩也为图书资料的收集与整理做了大量工作，在此表示感谢！

本书撰写过程中得到了水利部珠江水利委员会、广西桂冠电力股份有限公司、广西右江水利开发有限责任公司等单位领导和专家的大力支持与帮助，在此一并致谢！

限于作者水平且撰写时间仓促，书中难免存在疏漏和欠妥之处，敬请各位读者予以批评指正。

作　者

2023年8月

目 录

1 绪 论

1.1 研究背景

珠江是我国七大江河之一,流域水系流经滇、黔、桂、粤、湘、赣等省(自治区)和越南东北部,涉及香港特别行政区和澳门特别行政区,流域总面积45.37万km^2,其中我国境内面积44.21万km^2。

珠江流域暴雨频繁,洪水灾害是流域内发生频率最高、危害最大的自然灾害之一,尤以干支流中下游和三角洲地区为甚。据史料考证,自明代到新中国成立前(1368—1949年)的582年间,云南、贵州、广东、广西4省(自治区)共发生大范围洪灾104次,小范围洪灾867次;1915年以来,流域大洪水共发生39次,其中以1915年洪灾损失最重。1915年7月,西、北江同时发生200年一遇洪水,西、北江下游及三角洲地区的堤围几乎全部溃决,珠江三角洲灾民378万人,受灾耕地648万亩(1亩=1/15 hm^2,全书同),死伤10余万人。1915—1949年的35年间,流域内发生受灾耕地面积超过100万亩的洪水22次,其中1947年大水和1949年大水的受灾人口均超过400万人,受灾耕地均超过600万亩。

1959年东江大洪水(100年一遇),1968年(约10年一遇)和1994年(约50年一遇)的西、北江大洪水,1982年的北江大洪水(接近100年一遇),1996年的柳江大洪水(超100年一遇),1998年的西江大洪水(洪水归槽使洪峰流量超30年一遇)等,受灾人口均超过100万人,受灾农田超过100万亩。其中,1994年6月大水,广东、广西受灾人口近1 800万人,直接经济损失高达280多亿元。1996年7月,柳江柳州站洪峰水位高达92.43 m,受灾人口达817万人,受灾农田48.24万hm^2,直接经济损失达157.54亿元。1998年6月,西江流域梧州市6月28日最高水位26.51 m,最大流量52 900 m^3/s。西江干流沿线长时间持续高水位,加上北江也发生中小洪水,再适逢大潮期,西、北江下游三角洲河网出现了比"1994·6"洪水还高的潮水位,受灾人口达1 304万人,受灾农田79.6万hm^2,直接经济损失154.7亿元。在20世纪末到21世纪初的10年左右时间里,珠江发生了6次较大洪水,其中2005年6月西江、北江、东江同时发生洪水(西江洪水归槽使洪峰流量超40年一遇,北江为10年一遇,东江为5年一遇),西江、北江、东江流域遭受严重的洪涝灾害,农作物受淹,房屋倒塌,交通、水利设施遭到严重破坏,洪水共造成广东、广西163个县(市、区)1 513个乡镇1 263万人受灾,受淹城市18个,倒塌房屋25万间,因灾死亡114人,农作物受灾面积984万亩,成灾面积612万亩,造成直接经济损失112亿元,其中水利设施直接经济损失22亿元。

珠江流域的防洪方针为“堤库结合,以泄为主,泄蓄兼施”,防洪减灾工程体系以堤防为基础、干支流防洪水库为主要调控手段。根据流域洪水特点、主要防洪保护区的分布情况、所处的自然地理条件和规划确定的防洪目标,规划建设西、北江中下游,东江中下游,郁江中下游,柳江中下游,桂江中上游,北江中上游6个堤库结合的防洪工程体系和南盘江中上游、珠江三角洲滨海防潮2个主要依靠堤防的防洪(潮)工程体系。流域防洪工程体系受益范围覆盖了珠江下游三角洲、珠江三角洲滨海、浔江、西江、郁江中下游、柳江中下游及红柳黔三江汇合地带、南盘江中上游、桂江中上游和北江中上游等主要防洪保护区。目前,东江中下游、郁江中下游、桂江中上游、北江中上游4个堤库结合的防洪工程体系已基本建成,西、北江中下游防洪工程体系中的北江工程体系已基本建成,西江防洪工程体系中的大藤峡水利枢纽即将建成,柳江中下游防洪工程体系中的落久水利枢纽已初期蓄水,洋溪水利枢纽尚未开工建设。

珠江流域防洪工程体系的建设显著提高了保护区的防洪标准,避免了遭遇大洪水或特大洪水带来的毁灭性灾害,显著降低了流域洪灾损失,保障了流域防洪安全,其中干支流骨干水库联合调度在确保流域防洪安全及供水安全、生态安全等方面的成效尤为显著。但是,随着流域社会经济的快速发展,尤其是粤港澳大湾区、珠江-西江经济带等国家战略的实施,各保护区及城市的经济总量快速增长、人口数量不断增加、城市规模持续扩大,加上全球气候变化导致的极端天气频发和流域产汇流条件、水沙情势发生改变,流域防洪减灾任务依然艰巨,且流域社会经济发展对水库科学调度的要求越来越高。随着大藤峡水利枢纽、柳江落久水利枢纽的陆续建设,珠江流域水库群联合调度规模越来越大,相互联系越来越复杂,水库群防洪调度研究在深度和广度上仍需不断拓宽和加强,更需持续融入和引进新理念、新技术。

为响应新时期水旱灾害防御工作的新要求、新特点,对作为提升防灾减灾能力重要抓手的水库群调度的关键技术进行全面和系统性的研究,保障流域防洪安全,统筹解决珠江流域防洪调度新老问题,充分发挥水工程防洪效益,是十分迫切和必要的。

1.2 国内外研究现状及发展趋势

1.2.1 国内外防洪调度现状及发展趋势

水库防洪调度是指为了减轻或避免水库下游地区的洪水灾害,水库有计划地利用自身的防洪库容对下游防洪控制对象进行时空补偿。一般情况下,水库防洪调度是针对汛期而言的,有防洪任务的水库在汛期来临前加大泄水,腾空库容,为汛期的防洪工作做准备,在汛末时,水库会蓄水至正常蓄水位。水库防洪调度一般来说有3个层次的目标:①保证大坝的安全运行;②提高水库防护对象的防洪标准;③减轻水库防洪保护区的洪水损失。

水库群防洪调度是伴随着水库、蓄滞洪区、泵闸等防洪工程建设而发展的技术,也是洪涝灾害防治的重要非工程措施。随着防洪工程系统的不断拓展、复杂程度的不断提高,对防洪调度要求越来越高,防洪调度理论与方法也不断取得新的进展。其中,运筹学、管理学等流域管理新理论与新方法的不断发展,水文气象预报预测技术、计算机技术和大数据技术取得关键突破,防洪调度技术获得了长足的发展。随着防洪工程建设规模的不断丰富和扩大,防洪调度水库经历了由单一水库到水库群的过程,调度目标也逐步由防洪、发电转向以防洪、发电、供水为主的水资源综合利用目标。

常规调度是传统的防洪调度方法,相对于数学模型而言,它不需要通过复杂计算就能够作出防洪调度决策。目前,最为常见的形式有调度图表和调度规则。常规调度方法简单直观、便于操作、容易实现,可以直接指导调度实践,但存在对实时信息接纳能力差、带有经验性和局限性、所获得的调度结果仅为合理解而非最优解的问题。

近年来,随着系统工程的迅速发展与广泛应用,计算机和信息技术的进步,数学方法尤其是系统分析方法的兴起与发展,给防洪调度提供了新的视角。常用的系统分析方法分为模型模拟方法和优化方法,其中优化方法包括线性规划法、动态规划法、非线性规划法、多目标优化分析法、大系统分解协调法等。随着多库防洪调度规模的扩大,调度问题求解的复杂性增大,大系统的求解对计算效率和寻优能力提出了更高的要求。传统优化方法难以满足需求,遗传算法、蚁群算法等一些智能算法及改进形式在防洪优化调度中得到广泛应用。

按调度对象分,防洪调度可分为单库、河库、库群及流域 4 种类型。其中,单库防洪调度及河库联合调度对象单一、目标明确,即在保证水库自身及上下游防洪对象安全的前提下,兼顾水库的兴利任务。目前,绝大部分水库都是单库或河库联合的防洪调度运行方式。而库群防洪调度需要考虑水库间的水力联系、水库间防洪库容分配,实现各水库间的补偿调度,在保证防洪安全的情况下兼顾兴利效益。流域防洪调度则要以流域防洪效益最大为目标,综合考虑水库、蓄滞洪区、闸泵、分洪道等多种水利工程的联合调度,其中水库的主要作用是拦蓄洪水、削减洪峰、减轻下游防洪负担;蓄滞洪区的主要作用是蓄、滞、调节洪水,缓解水库、河道蓄泄矛盾;闸泵的主要作用是调节水位、控制流量、实现挡水及泄水;分洪道的主要作用是利用天然或人工开辟的新河道,分泄江河超额洪水。目前,部分流域正在进行库群防洪调度、流域防洪调度方面的探索与实践。

单库防洪调度方式可分为规划设计调度方式和预报调度方式。规划设计调度方式通常不考虑预报信息,以实测库水位或实际入库流量或实测库水位与实际入库流量两者结合作为水库泄流量的判别指标。对水库汛限水位的控制方式有两种:一种是假定汛期各时段发生年最大设计洪水的概率相同,全汛期采用单一固定汛限水位;另一种是假定汛期各时段发生年最大设计洪水的概率不同,利用分期设计洪水采取汛限水位分期控制,两者均属于静态控制。这种调度方式不考虑预报信息,根据实际入库洪水将水库水位运行在汛限水位,制约了水库多重效益的发挥。导致水库效益单一的主要问题是对快速发展的降雨预报、洪水预报技术利用不够充分。而预报调度方式则是考虑预报信息,按预报的洪水量级进行调度,以预报信息(包括预报入库流量、预报累计净雨量等)或预报信息结合实测库水位作为水库控制泄流量的指标。如果预报洪水即将来临或预报当前时刻之后有较大量级洪水发生,采取预泄调度,既增大了水库防洪库容,又减小了最大泄量或其持续时间;如果预报洪水进入退水段,则采取预蓄调度,在后汛期退水段提前蓄水,既提高了水库的蓄满率,又增加了水库的蓄水兴利效益。但预报调度也存在一定的问题:一方面,降雨、洪水预报精度仍有待进一步提高,部分流域人类活动影响强烈,水利工程多,运行实时信息少,河道具有高阻断性,给汇流计算带来难度且平原区河道渗漏现象及其动态变化显著,洪水预报难度大,难以为调度提供可靠信息;另一方面,预报与调度分散独立,结合不够紧密,缺乏预报调度一体化应用软件或平台。目前,部分流域是水文部门进行作业预报,将预报结果传递给防汛部门,防汛部门根据当前雨情、水情、工情等信息进行防汛形势分析与调度决策,最后水利工程管理部门实施调度。这种工作方式,预报与调度是两批人员、两个部门,缺乏既可以进行预报又可得出实时调度方案且将二者耦合的预报调度一体化应用软件或平台,且在信息传递方面存在时间差。随着流域社会经济的发展,水库原设计防洪对象防洪需求、控制指标、安全泄量等发生变化,单一水库原规划设计调度方式已不能满足现状防洪需求,需考虑采取联合调度方式。

在库群防洪调度方面,随着各流域防洪工程建设的有序推进,我国目前已建成了一批大型、巨大型水库群。长江、黄河、淮河和珠江等流域在库群防洪调度方面的有效探索和实践,取得了一定的实效。如长江流域 2017 年通过调度三峡及上游水库群共拦蓄洪水 102.39 亿 m^3,显著减轻了洞庭湖和长江中下游防洪压力;黄河流域联合调度有效调节了凌汛期黄河下游流量,减轻了下游防凌压力;淮河流域将宿鸭湖、板桥、响洪甸、佛子岭等 9 座对淮河干流洪水影响较大的水库纳入联合调度范围,正在进行防洪联合调度方面的探索与尝试;珠江流域通过流域水库群联合调度,成功防御了 2017 年、2018 年、2019 年、2020 年、2022 年西江及北江多次编号洪水,显著减轻了西江、北江中下游地区和三角洲防洪压力。水库群在规划设计阶段时均是拟定水库独立运行调度规则,在实际调度运行阶段需要考虑各水库间的水力联系及拓扑关系进行调度。目前,绝大部分水库群调度时以实际库水位或实际入库流量为判别条件,采取分级固定泄量或补偿调度方式。一方面,这种调度方式没有预报预见期,而补偿调度存在时间差,导致对下游水库或下游防洪控制点补偿不够或不及时;另一方面,未将流域水库群作为整体进行系统优化调度,流域整体防洪作用发挥不足。部分预报条件较好的流域水库群,在调度时以一定预见期内的预报入库流量或预报流量与防洪控制点约束水位相结合的方式,作为水库泄流判别条件,亦采取分级固定泄量或补偿调度方式。一方面,这种调度方式存在水库入库径流预报精度的问题,还存在各水库入库径流预报预见期不一致的问题,导致全流域调度有效预见期为库群中各个水库最短预见期;另一方面,若两水库间泄流传播时间大于预报时效,则会导致预报信息无法发挥作用。目前,流域防洪调度的发展趋势是调度对象逐渐从单一水利工程发展为多工程联合调度,且逐渐重视降雨、洪水预报信息的充分利用,逐步开展预报调度方式的研究与应用。虽然防洪调度在理论研究上取得了一系列成果,并以具体水利工程为实例进行了算例研究,但在防洪工程实际调度中,大多数仍以经验的、粗放的常规调度为主,即使已经开展了防洪联合调度探索工作的部分流域,在实际工作中也主要是基于历史调度实例及调度经验来进行调度,优化理论与方法研究成果在实际防洪调度中应用较少。未来水库群防洪调度还需不断深入研究,充分分析不确定性风险,考虑纳入预报信息的动态实时调度。

1.2.2 珠江流域防洪调度发展历程

自唐、宋代始，珠江流域的部分地区即开始筑堤防洪，但直至新中国成立初期，全流域尚无一座以防洪任务为主的水库工程，已建堤防工程绝大部分集中在珠江三角洲，且存在着堤线紊乱、小围众多、堤身矮小单薄等普遍问题，防洪能力十分有限，1915 年、1947 年和 1949 年的大洪水都给本地区造成了灾难性的损失。

新中国成立后，党和国家十分重视珠江流域的防洪问题，投入了大量的人力、物力进行防洪工程的建设以及防洪策略的研究，珠江的防洪建设取得了巨大的成效。

珠江流域西江水系在 20 世纪 90 年代先后建成岩滩（1997 年建成）、天生桥一级（1998 年建成）水库，但两座水库均没有设计防洪库容，不承担下游防洪任务，实际调度中对西江洪水的调节和拦蓄作用有限，此阶段西江防洪工程体系主要以堤防为主。

21 世纪初，西江干流及最大支流郁江先后建成龙滩一期水库和百色水利枢纽两座控制性防洪工程，加之干支流堤防工程建设的逐步推进，西江干流及郁江初步形成以龙滩、百色和沿线堤防组成的堤库结合的防洪工程体系，龙滩、百色水库调度发挥了出色的防洪效益。此后，随着西江各支流防洪工程的逐步建设完善，桂江逐步形成青狮潭、川江、小溶江、斧子口水库及沿岸堤防组成的堤库结合防洪工程体系，郁江逐步形成百色、老口水库及沿岸堤防组成的堤库结合防洪工程体系，西江防洪调度逐步从龙滩、百色防洪控制性水库调度扩展至干支流主要水库群的防洪调度，但此阶段水库防洪调度均以各水库单独调度为主，联合调度较少。

近年来，随着流域防洪工程体系的进一步完善，西江的防洪调度也逐步向流域水库群联合调度发展，调度水库逐步扩展至龙滩、天一、鲁布革、光照、董箐、马马崖、万家口、岩滩、百色、老口、龟石、合面狮、青狮潭、川江、小溶江、斧子口、长洲等流域骨干水库。西江干支流水库群联合调度多次成功抵御了西江编号洪水，有效减小了西江中下游及各支流的防洪压力，调度效果显著。即将建成的大藤峡水利枢纽开始发挥防洪作用，与龙滩等防洪水库联合调度，在成功防御“2022 · 6”大洪水过程中发挥了重要作用。

珠江流域东江水系自 20 世纪 60 年代初建成了新丰江水库，70 年代中和 80 年代初先后建成枫树坝水库和白盆珠水库后，已初步建成东江中下游堤库结合的防洪工程体系，防洪调度以新丰江、枫树坝、白盆珠水库为主。

珠江流域北江水系在 20 世纪 90 年代末建成飞来峡水利枢纽，21 世纪 10 年代先后建成乐昌峡、湾头水利枢纽，北江中下游形成以北江大堤和飞来峡水利枢纽为主体，潖江蓄滞洪区、芦苞涌和西南涌分洪水道共同发挥作用的防洪工程体系，北江中上游形成以乐昌峡、湾头水利枢纽和沿岸堤防组成的北江中上游堤库结合防洪工程体系。北江中上游的防洪调度以乐昌峡、湾头水利枢纽为主，中下游则以飞来峡水利枢纽为主。

未来，随着柳江木洞、洋溪，桂江黄塘水库及干支流沿岸堤防的逐步建成，珠江流域的防洪工程体系将进一步完善，调度的水利工程将逐步扩展至全流域的重点大中型水库、蓄滞洪区、重点分洪闸，珠江流域的防洪调度将进一步向范围更广、程度更深、复杂度更高、效果更好的全流域水工程群联合调度发展。

1.3 关键技术问题

珠江流域汛期水量集中,4—9月集中了全年78%的径流量,且多暴雨,致使流域洪涝灾害频繁。流域洪水发生时间与暴雨发生时间相一致,洪水特性受暴雨特性和地形地貌等自然条件所制约。由于汛期雨量多,强度大,众多支流又呈扇形自上游至下游分布,洪水组成复杂,加之流域上、中游地区多山地,洪水汇流速度较快,中游又无湖泊调蓄,致使流域洪水峰高、量大、历时长。根据实测资料分析,形成西江较大洪水的干、支流洪水遭遇情况,主要有红水河洪水与柳江洪水、黔江洪水与郁江洪水、浔江洪水与桂江洪水遭遇。西、北两江洪水在思贤滘遭遇机会不少,且两江洪水量级越大,遭遇机会越多。此外,西、北江洪水与天文大潮遭遇的机会也是存在的,如"1998·6"和"2005·6"特大洪水,西、北江洪水进入珠江三角洲后,恰逢天文大潮,造成珠江三角洲发生特大洪水。流域洪水特性、洪水遭遇规律是决定流域水库调度方式的重要影响因素,对流域干支流洪水、遭遇规律的研究可为水库优化调度提供重要技术支撑,是水库调度的关键技术问题之一。

珠江流域西江水系的浔江与西江两岸历史上多为洪泛区,自20世纪90年代浔江两岸堤防陆续得到加高培厚,洪水归槽现象明显,同时改变了原天然河道的洪水汇流特性,使得河道对洪水的槽蓄能力减弱;北江水系干流横石—石角水文站之间(包括潖江蓄滞洪区和大燕河)遇较大洪水即发生堤围溃决天然分洪滞洪现象。珠江流域的水工程规划设计工作中,针对西、北江中下游沿江堤防建设情况,研究了洪水归槽现象,提出了天然状态、洪水部分归槽和洪水全归槽3种情况的设计洪水成果。近年来,由于河道两岸防洪工程的进一步建设以及水工程的有效调控,西、北江中下游洪水归槽现象明显,而主要控制断面设计洪水是防洪体系的防洪能力、水库调度方式及效果的重要影响因素,因此对流域中下游主要控制断面归槽设计洪水的研究是水库调度的关键技术问题之一。

近年来,珠江在流域、区域层面开展了一系列干支流控制性水库联合调度的探索,充分发挥了水库的综合效益,确保了流域防洪安全。但全球气候变化影响及流域经济社会的快速发展,特别是国家战略粤港澳大湾区建设实施以及珠江-西江经济带的建设,均对水利防灾减灾提出了更高的要求。珠江流域防洪保护对象和防洪任务较为分散,全流域可分为6个堤库结合的防洪工程体系和2个依靠堤防的防洪(潮)工程体系,各防洪保护对象的防洪目标和任务不尽相同。此外,水库调度决策需在保障防洪安全的前提下,协同流域发电、航运、生态、供水等任务之间协调、统一的调度模式,最大限度地提高水资源的利用效率。随着珠江流域水库群联合调度规模越来越大,水库群的拓扑结构越来越复杂,水库群联合调度研究需在深度和广度上不断拓宽和加强。因此,基于多区域多目标协同的珠江流域水库群联合优化调度技术是水库调度的关键技术问题。

此外,鉴于目前中长期水文预测预报精度普遍不高的实际情况,为降低实时调度风险,基于风险控制的流域洪水实时滚动预报调度技术也是水库调度领域关注的热点技术问题。

2 珠江洪水特性研究

洪水灾害是由异常的水文气象因子和流域自身特点综合作用形成的。珠江流域历来为洪水多发区,洪水具有峰高、量大、历时长的特点,两岸重要保护对象较多,破坏力极强。认识和揭示珠江流域的暴雨、洪水时空分布特性及洪水遭遇规律,是实施珠江流域水库群统一调度的重要理论基础。

一是洪水时间上的季节性规律和空间上的区域性规律。根据珠江流域水文气象特性,流域洪水均由暴雨形成,具有显著的季节性变化规律,从入汛到汛末,洪水经历由弱变强,后又逐渐变弱的过程,大洪水常常集中在汛期少数几个月,洪水具有较明显的分期特征;珠江流域暴雨由东向西递减,暴雨高值区多分布在较大山脉的迎风坡,如中部的桂南十万大山及桂东北、桂北诸山脉等,受此影响,南盘江上游、柳江、桂贺江是珠江流域洪水易发区域。

二是暴雨洪水的空间遭遇规律。实测资料表明,大洪水通常由干支流的洪水遭遇形成。按遭遇标准不同,洪水遭遇可分为洪峰遭遇和过程遭遇两种情况。洪峰遭遇意味着干支流的洪峰在汇流处同时出现,叠加在一起,在控制站距离汇流处相差不大或距离较近时,可近似认为控制站的洪峰在同日出现即为洪峰遭遇;洪水过程遭遇可定义为干支流15 d洪水有7 d及以上重叠者。按此定义,洪水遭遇需满足两个条件,干支流洪水发生(或间隔)时间在一定的时间范围内,洪水量级在一定程度之上。珠江干支流洪水遭遇问题事关下游河道的防洪安全,干支流洪水一旦遭遇将加剧下游的防洪形势,控制不好还可能引起洪灾。

2.1 珠江流域概况

2.1.1 自然地理

珠江流域位于东经102°14′~115°53′、北纬21°31′~26°49′,北回归线横贯其中部,涉及滇、黔、桂、粤、湘、赣等省(自治区)及香港、澳门特别行政区和越南的东北部,总面积45.37万km^2,其中44.21万km^2在中国境内,1.16万km^2在越南境内。

珠江是我国七大江河之一,由西江、北江、东江及珠江三角洲诸河组成。西江、北江、东江汇入珠江三角洲后,经虎门、蕉门、洪奇门、横门、磨刀门、鸡啼门、虎跳门和崖门八大口门注入南海,形成"三江汇流、八口出海"的水系特点。其中:西江是珠江的主流,发源于云南省曲靖市乌蒙山余脉的马雄山东麓,自西向东流经云南、贵州、广西和广东4省(自治区),至广东省佛山市三水区的思贤滘西滘口汇入珠江三角洲网河区,全长2 075

km,集水面积35.31万km^2;北江发源于江西省信丰县石碣大茅坑,流经湖南、江西和广东3省,至广东省佛山市三水区的思贤滘北滘口汇入珠江三角洲网河区,干流全长468 km,集水面积4.67万km^2;东江发源于江西省寻乌县的桠髻钵,由北向南流入广东省,至广东省东莞市的石龙汇入珠江三角洲网河区,干流全长520 km,集水面积2.8万km^2。

珠江流域支流众多,流域面积1万km^2以上的支流共8条,其中一级支流6条,分别为西江的北盘江、柳江、郁江、桂江、贺江,以及北江的连江。流域面积1 000 km^2以上的各级支流共120条,流域面积100 km^2以上的各级支流共1 077条。

珠江流域北靠南岭,西部为云贵高原,中部和东部为低山丘陵盆地,东南部为三角洲冲积平原,地势西北高、东南低,流域周边分水岭诸山脉的高程在700 m以上,大多数在1 000~2 000 m,最高点乌蒙山达2 866 m。流域内山地、丘陵面积占94.4%,平原面积仅占5.6%,珠江三角洲是长江以南沿海地区最大的平原,约占流域内平原面积的80%。

2.1.2 气象水文

珠江流域地处我国低纬度热带、亚热带季风区,是我国大陆性季风气候和海洋性气候最为明显的地区。

受东南季风和西南季风影响,流域冬季盛行偏北风,夏季多为偏南风,春秋转季风向极不稳定,多数地方全年静风机会最多。流域南临南海,西隔印度支那与孟加拉湾相望,呈现湿热多雨的热带、亚热带气候,春季阴雨连绵,夏季高温湿热,暴雨集中,秋季热带气旋入侵频繁,冬季温暖少雨。流域多年平均气温14~22 ℃,多年平均降水量1 200~2 000 mm,多年平均水面蒸发量900~1 400 mm,多年平均日照时数1 000~2 300 h,多年平均相对湿度在70%~80%。

珠江流域是我国大陆性季风气候和海洋性气候最为明显的地区,气候及水文水资源特性具有明显的季节变化特性及规律。受季风影响,径流年内分配不均,汛期多暴雨,水量集中而洪涝灾害频繁;后汛期受热带气旋入侵,广西、广东沿海易形成台风雨,造成严重的洪涝灾害。

2.2 流域洪水时空分布规律

流域洪水特性、洪水(潮)遭遇规律是决定流域水库调度方式的重要影响因素,本章根据实测长系列资料,分析研究流域洪水特性,重点研究对形成西江防洪控制断面梧州洪水影响较大的红水河与柳江洪水、黔江与郁江洪水遭遇规律,以及对形成珠江三角洲洪水影响较大的西、北江洪水遭遇规律,三角洲洪潮遭遇规律。

2.2.1 暴雨时空分布规律

形成珠江流域的暴雨天气系统有锋面、低压槽、低压、低涡、切变线、低空急流及台风。

锋面主要活动于4—6月的前汛期,以静止锋暴雨居多,冷锋次之。锋面雨多分布在珠江流域的红水河至梧州、柳江、郁江和桂江。西南低压槽形成的暴雨多发生于4—6月的前汛期,分布于云贵高原、梧州至三角洲、北江流域和东江流域。低压、低涡、切变线主要活动于春、夏季,往往同时出现,产生的暴雨量大但面窄、历时短,多与其他天气系统配合才能产生持续性暴雨天气。低空急流多位于西太平洋副热带高压边缘,向暴雨区输送、积聚水汽和位势不稳定能量,加强辐合抬升,触发中小尺度系统。台风是形成珠江流域暴雨的热带天气系统,90%的台风发生在7—9月,影响珠江流域的台风多发源于西太平洋菲律宾群岛以东洋面和南海,在广西沿海、雷州半岛至珠江三角洲和粤东沿海登陆。

珠江流域分区暴雨成因天气系统统计见表2-1。

表2-1 珠江流域分区暴雨成因天气系统统计 %

流域分区	各类天气系统所占比值					
	锋面	西南低压槽	台风	热带低压	其他	合计
云贵高原		86.8	8.0		5.2	100
红水河—梧州地区	71.4		12.0	16.6		100
梧州—三角洲		52.0	43.0		5.0	100
柳江流域	76.0		7.0	17.0		100
桂江流域	79.0		6.0	15.0		100
郁江流域	64.9		12.0	23.1		100
北江流域		82.8	13.2	4.0		100
东江流域		70.2	23.8	6.0		100

珠江流域的降水在地域上有明显差别,由东向西递减,一般山地降水多,平原河谷降水少,同一山脉高地迎风坡与背风坡亦有差异,降水高值区多分布在较大山脉迎风坡。一年中雨量在50 mm以上的日数,东江、北江中下游平均为9~13 d;桂北、桂南和粤西平均为4~8 d;滇、黔为2~5 d,滇东南为1~2 d。

2.2.2 洪水时空分布规律

珠江流域的洪水由暴雨形成,洪水发生时间与暴雨发生时间一致,洪水特性受暴雨特性和地形地貌等自然条件制约。由于汛期雨量多,强度大,众多的支流又呈扇形分布,洪水易于汇流集中,加之流域上、中游地区多山地,洪水汇流速度较快,中游又无湖泊调蓄,致使流域洪水多具峰高、量大、历时长的特点。

2.2.2.1　西江

1. 洪水时空分布

西江洪水多发生在 5—10 月，由于流域面积较大，洪水发生时间的地区差异也相当明显，总的趋势是从东北向西南推进。一般情况下，桂江洪水较早出现，较大洪水多发生在 4—7 月，柳江洪水多发生于 5—8 月，红水河洪水多发生于 6—9 月，郁江洪水出现较晚，而且时间跨度较大，较大洪水主要集中在 6—10 月。1988 年 8 月 31 日至 9 月 3 日柳江、黔江、浔江、西江出现 10 年一遇以上的大洪水，是西江梧州站 1900 年有实测资料记载以来最晚的一次。西江水系主要控制站历年年最大洪水在各月出现的概率见表 2-2。

表 2-2　西江水系主要控制站历年年最大洪水在各月出现的概率　　%

河名	站名	出现月份								合计
		3 月	4 月	5 月	6 月	7 月	8 月	9 月	10 月	
南盘江	天生桥			18.6	30.2	39.5	9.4		2.3	100
北盘江	这洞				29.8	42.6	8.5	14.9	4.2	100
红水河	天峨			1.4	31.1	44.6	16.2	5.4	1.3	100
	迁江			1.3	29.3	40.1	24.0	5.3		100
黔江	武宣			8.0	45.2	35.5	9.7	1.6		100
西江	梧州			9.7	40.3	33.9	11.3	4.8		100
	高要		0.9	6.4	37.3	33.6	18.2	2.7	0.9	100
柳江	柳州			8.1	50.0	30.6	8.1		3.2	100
郁江	贵港				9.8	32.8	32.8	21.3	3.3	100
桂江	京南	1.9	11.5	28.9	34.7	19.2	1.9	1.9		100
贺江	古榄	3.5	8.7	33.3	35.1	14.0	1.8	1.8	1.8	100

2. 洪水过程

西江上游红水河岩溶地貌发育，分布广，闭合洼地、漏斗及暗河较多，汇流速度缓慢，洪水峰形较平缓，过程历时长，量大，涨洪历时为 3~5 d，洪峰持续时间一般为 3~6 h。

柳江是西江水系的第二大支流，也是西江水系的暴雨中心，流域呈扇形，汇流迅猛，洪水过程峰高量大。柳州站一次洪水过程时间短者 3 d,长者可达 25 d。涨水过程较短,占一次过程总历时的 1/4~1/3;一次洪水过程的最大水位变幅可达 19.72 m(1996 年),24 h 最大涨幅可达 12.1 m(1978 年),最大涨率达 1.28 m/h(1978 年),一般涨率为 0.3~0.5 m/h。

黔江河段洪水由红水河洪水和柳江洪水组成,由于柳江流域的暴雨不仅量大而且强度也大,洪水较红水河陡涨陡落。黔江武宣站洪水峰型受红水河影响明显而较“胖”,涨幅较大,涨洪历时一般为 3~5 d。

郁江是西江水系的最大支流,洪水过程峰型一般较“胖”,较大洪水多为双峰型,高水部分持续时间较长,涨洪历时 3~5 d,洪峰持续时间约 6 h。郁江贵港段以下受黔江洪水顶托明显,洪水及洪峰持续时间比南宁段洪水过程历时长。

西江干流浔江河段洪水过程较缓慢,峰型较“胖”,涨洪历时一般为 4~6 d,洪峰持续时间一般在 10 h 以上,高洪水位持续时间较长,“1968·6”洪水、“1976·6”洪水,浔江大湟江口站 35 m 以上洪水位的历时达 6 d 之久。

西江较大洪水往往由几场连续暴雨形成,具有峰高、量大、历时长的特点,洪水过程以多峰型为主,据梧州站实测资料统计,多峰型洪水过程占 80%以上。一次较大的洪水过程历时 30~40 d,其中涨水历时 5~10 d,退水历时 15、20 d。在一场洪水过程中,最大 7 d 洪量一般占场次洪水总量的 30%~50%,15 d 洪量占 60%以上,而最大 30 d 洪量一般占年总水量的 20%~30%,最大可达 40%左右。

2.2.2.2 北江

1. 洪水发生时间

北江的较大洪水主要发生在 5、6 月,4、7 月也会发生较大洪水,如 1915 年、1931 年大洪水就发生在 7 月上、中旬。据横石、石角站 1952—2010 年 59 年年最大洪峰流量出现时间统计,5、6 月发生洪水的概率分别占 69.5%和 72.9%,横石、石角站各月出现年最大洪峰流量概率见表 2-3。

表 2-3 横石、石角站各月出现年最大洪峰流量概率

站名	项目	月份							合计
		3 月	4 月	5 月	6 月	7 月	8 月	9 月	
横石	出现年数/年	3	7	16	25	5	1	2	59
	出现概率/%	5.0	11.9	27.1	42.4	8.5	1.7	3.4	100
石角	出现年数/年	1	7	16	27	6	1	1	59
	出现概率/%	1.7	11.8	27.1	45.8	10.2	1.7	1.7	100

2. 洪水过程

北江位于南岭山脉的迎风坡,暴雨大而急剧。由于流域坡降较陡,洪水汇流迅速,猛涨暴落,峰高而量较小,历时相对较短,水位变化较大,具有山区性河流的洪水特点。中下游洪水以单峰和双峰过程为多,多峰型过程较少出现。一次连续降雨(3~5 d)所形成的洪水过程历时 7~20 d,涨水历时 2~3 d,退水历时 6~10 d,洪峰持续时间 6~12 h。

北江洪水主要来源于横石以上地区。横石站历年洪水组成情况比较稳定,年最大 15 d 洪量的平均组成情况为:干流马径寮来量占 44.4%,小于所占流域面积比(50.9%);支流连江高道站占 30.9%,大于所占面积比(26.5%);支流滃江黄岗站占 16.1%,也大于所占面积比(13.9%);区间占 8.6%,与所占面积比(8.7%)相当。

由于北江流域面积不大,一次较大的降雨过程几乎可以笼罩整个流域,加之流域坡降较陡,主要支流与干流的交汇口相距较近,因此横石以上流域的干、支流洪水常常遭遇,横石以下支流的发洪时间一般早于干流,较少与干流洪峰同时遭遇。

2.2.2.3　东江

东江洪水一般出现在 5—10 月,以 6、8 两月居多,占历年洪水出现总次数的 76.9%。东江洪水涨落较快,峰型略似北江,东江下游博罗站一次洪水过程历时为 10~20 d,多为单峰型。

东江地处南海之滨,流域面积较小,每一次强降雨(锋面雨和台风雨)常可笼罩全流域,干、支流洪水发生遭遇的机会较多。东江洪水主要来自干流河源以上,洪水遭遇可归为 3 种情况:河源以上一般洪水与东江中下游大洪水相遭遇,如 1959 年洪水;河源以上大洪水与河源以下一般洪水相遭遇,如 1964 年洪水;全流域发生暴雨,干支流同时发洪相遭遇,如 1966 年洪水。

东江 1959 年在支流新丰江上建成新丰江水库、1973 年和 1985 年分别建成干流枫树坝水库和支流西枝江的白盆珠水库后(三库控制集水面积占博罗站以上集水面积的 46.4%),三库联合调洪可使下游博罗站 100 年一遇洪峰流量 14 400 m^3/s 降低为 11 670~12 070 m^3/s,稍大于 20 年一遇洪峰流量 11 200 m^3/s,东江洪水基本得到控制。

2.2.2.4　珠江三角洲

西、北江三角洲洪水受西江、北江洪水影响。西江与北江在广东省三水区的思贤滘相通,两江来水在此平衡调节后,进入西北江三角洲网河区。思贤滘控制集水面积 399 830 km^2,西江西滘口以上集水面积占思贤滘集水面积的 88.3%,北江北滘口以上集水面积占思贤滘集水面积的 11.7%。思贤滘年最大 30 d 洪量的平均组成为:西滘口占 86.4%,略小于面积比;北滘口占 13.6%,略大于面积比。从单位面积产水量来看,北江较大,西江较小;从洪水组成来看,主要来自西江,次为北江。

东江与西、北江洪水发生时间不大一致,且东江三角洲与西、北江三角洲之间隔有狮子洋,东江洪水对西、北江三角洲影响不大。

2.3 珠江流域干支流洪水遭遇规律研究

2.3.1 洪水遭遇研究方法

2.3.1.1 洪水遭遇的定义

在珠江流域干流与支流的洪水遭遇研究过程中,我们给洪水遭遇定义为:洪水遭遇是指干流与支流或支流与支流的洪峰在相差较短的时间内到达同一河段的水文现象。由于降水时间、空间的变化和流域汇流状况的影响,洪水形成和传播往往有较大的变化:如果有两个以上洪峰不同时到达某一河段,称之为错峰;如果几乎同时到达某一河段,称之为洪水遭遇。洪水遭遇时,洪峰、洪量都有不同程度的叠加。

2.3.1.2 依据资料与研究方法

本次研究依据的基本资料为红水河控制站迁江站,支流柳江的柳州、对亭站,黔江控制站大湟江口站,支流郁江的贵港站,西江干流控制站高要站及北江干流控制站石角站从建站至2010年最大场次洪水过程。

根据历史资料统计分析,西江水系柳江与干流红水河易发生洪水遭遇形成黔江干流大洪水,干流黔江与郁江洪水遭遇易形成浔江干流大洪水。本次研究重点对红水河与柳江、黔江与郁江及西江与北江洪水的遭遇规律进行分析。根据红水河与柳江、黔江和郁江历年最大场次洪水过程,将其过程点绘成图,再用数理统计法统计各次洪水遭遇的特征值,分析洪水遭遇的规律,并对典型的遭遇洪水过程进行分析。

2.3.2 西江干支流洪水遭遇研究

2.3.2.1 红水河与柳江洪水遭遇分析

红水河与柳江洪水发生时间多相近而略迟,一般发生在6—8月,特别集中在6月中下旬和7月中上旬。红水河洪水峰型较平缓,过程历时较长,量大,涨洪历时一般为3 d以上,洪峰持续时间一般超过3 h。

以1952—2010年(为避免上游龙滩水库的调节影响,迁江站采用2007年以前天然洪水资料分析)实测系列年最大洪水过程分析,柳江涨水一般较红水河快,柳州站比迁江站涨水历时平均短约1 d;武宣站涨水历时略长于柳州,受柳江洪水影响较大,和柳江洪水表现为较强的同步性。武宣、迁江、柳州3站洪水多呈现复峰形态,但年最大洪峰却以单峰为主。59年的实测系列中,武宣、迁江、柳州3站年最大洪水有28年是同场洪水,31年洪水是不同场。

同场次洪水的洪峰流量和发生时间更有规律性,为了考察武宣站、柳州站和迁江站洪峰之间的关系,以武宣站每年最大洪水为主,选取柳州站和迁江站相应场次洪水作为样本进行分析。武宣站洪峰平均比柳州站晚29 h,最多晚88 h,最早提前21 h,仅有一场洪水洪峰早于柳州站,标准差为18 h,不确定性较低,相应性较好。武宣站洪峰平均比迁江站晚 11 h,最多晚 75 h,最早提前 42 h,有 16 场洪水洪峰早于迁江站发生,标准差为 22 h,不确定性较高,相应性较差。

将同场洪水武宣站、柳州站、迁江站洪峰流量点在同一张图上进行相关性分析(见图 2-1、图 2-2),武宣站与柳州站洪峰流量相关图点群密集,呈带状,具有较好的相关性,而武宣站与迁江站洪峰流量相关图点群散乱,相关性较差。因此,不论是从洪峰发生时间还是从洪峰流量的相关性来分析,柳州站与武宣站之间的规律性都明显比迁江站强。

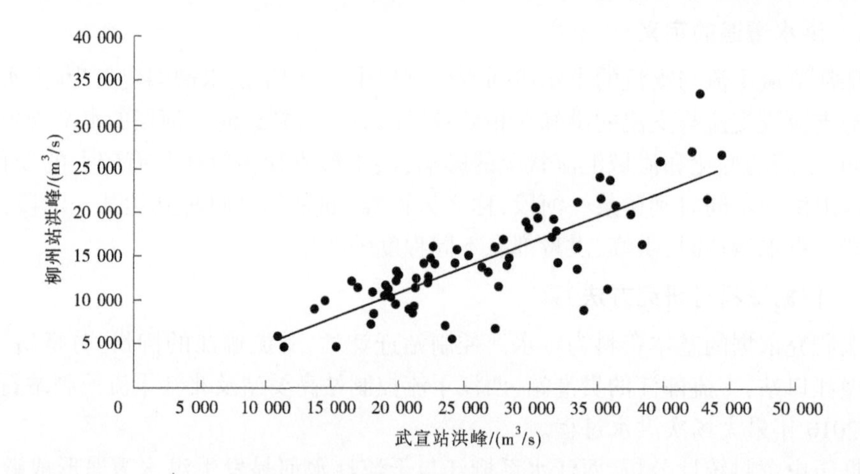

图 2-1 柳州站与武宣站洪峰流量相关图

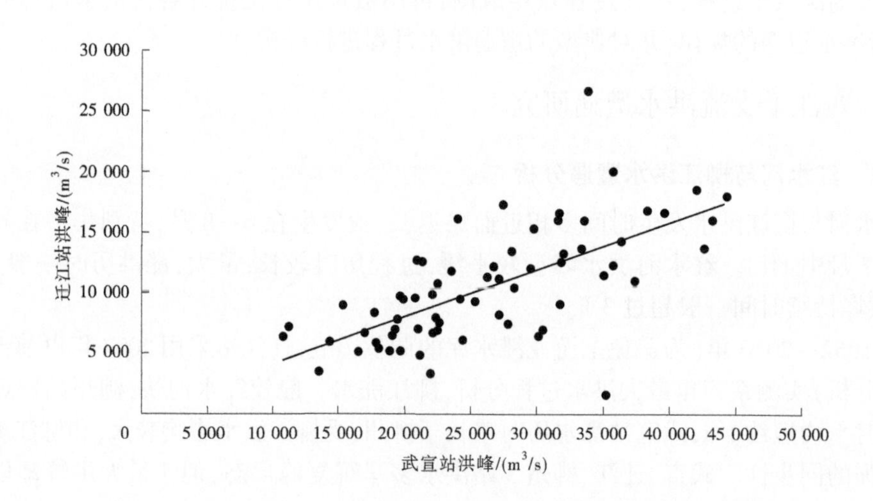

图 2-2 迁江站与武宣站洪峰流量相关图

在武宣站的洪水组成中,柳江洪水占主导地位,一般来说,量级较大的洪水,柳江占的比重更大。武宣站集水面积 19.7 万 km^2,其中迁江站占 65.3%,柳州站仅占 23.3%,但柳州站7 d以内时段洪量占比一般超过40%,远超其面积比(见表2-4)。对迁江、柳州、武宣3站59年系列逐年最大洪水的洪峰、1 d洪量、3 d洪量、7 d洪量、15 d洪量的多年平均值进行分析(见表2-5),结果表明,历时越短柳州站占比越大,洪峰和1 d洪量的占比甚至达到55%以上,远超其面积比。若以最大值来统计,则该比例更高,最高可达76%。由分析可知,柳江作为西江的暴雨高值区,洪水峰高量大,在组成武宣站洪水峰量中,占比远大于流域面积占比,占主导地位。

表2-4 迁江、柳州、武宣3站逐年最大洪水洪峰洪量多年平均值

项目	武宣站	迁江站	迁江站占比/%	柳州站	柳州站占比/%
最大洪峰/(m^3/s)	26 780	11 710	44	15 549	58
1 d洪量/亿m^3	22.6	9.8	43	12.5	55
3 d洪量/亿m^3	63.1	27.4	43	31.5	50
7 d洪量/亿m^3	123.0	55.2	45	53.7	44
15 d洪量/亿m^3	207.8	98.9	48	83.2	40

表2-5 迁江、柳州、武宣3站逐年最大洪水洪峰洪量实测最大值

项目	武宣站	迁江站	迁江站占比/%	柳州站	柳州站占比/%
最大洪峰/(m^3/s)	44 400	18 400	41	33 700	76
1 d洪量/亿m^3	38.2	15.7	41	28.6	75
3 d洪量/亿m^3	111.0	43.1	39	77.1	69
7 d洪量/亿m^3	224.6	91.8	41	116.3	52
15 d洪量/亿m^3	336.4	173.2	51	167.7	50

2.3.2.2 黔江与郁江洪水遭遇分析

郁江比黔江洪水发生时间晚,郁江洪水一般发生在6—9月,特别集中在7、8月,郁江洪水过程峰型一般较“胖”。黔江洪水一般发生在6、7月,洪水涨幅大,峰型较“胖”。

大湟江口、武宣、贵港3站年最大洪水同场遭遇概率不大,在69年中有11年是同场洪水,其他58年洪水不同场,同场发生概率为16%。同场次洪水的洪峰流量和发生时间更有规律性,为了考察大湟江口站、武宣站和贵港站洪峰之间的关系,以大湟江口站每年最大洪水为主,选取武宣站和贵港站相应场次洪水作为样本进行分析。大湟江口站洪峰均晚于武宣站,平均比武宣站晚 15 h,最多晚 101 h(约 4.2 d),标准差为 17 h,不确定性较低,相应性较好;大湟江口站洪峰平均比贵港站晚 20 h,最多晚 118 h(约 4.9 d),最多提前 115 h(约 4.8 d),有 33 场洪水提前发生(占 61%),标准差为 59 h,不确定性高,相应性差。

将同场洪水大湟江口站、武宣站、贵港站洪峰流量点在同一张图上进行相关性分析,见图 2-3、图 2-4。由图可见,大湟江口站与武宣站流量相关图点群密集,呈带状,具有较好的相关性,而大湟江口站与贵港站洪峰流量相关图点群散乱,相关性较差。

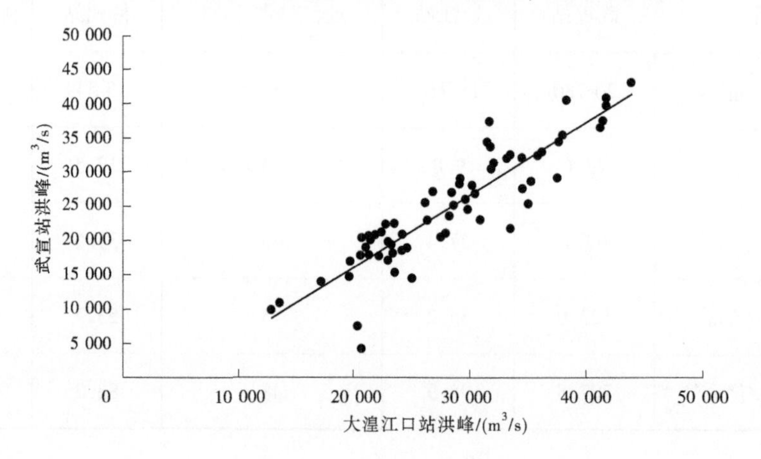

图 2-3　大湟江口站与武宣站洪峰流量相关图

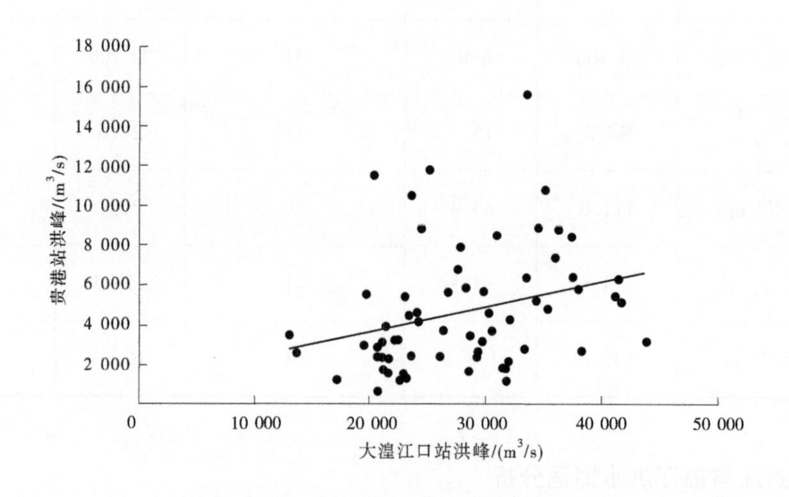

图 2-4　大湟江口站与贵港站洪峰流量相关图

因此,不论是从洪峰发生时间还是从洪峰流量的相关性来分析,大湟江口站和武宣站之间的规律性都明显强于贵港站。

在大湟江口站的洪水组成中,武宣站洪水占主导地位,武宣站洪水和贵港站洪水分别占80%和20%。武宣站集水面积占大湟江口站集水面积的68%,贵港站集水面积占比32%。根据69年水文资料,对大湟江口站年最大洪峰、1 d洪量、3 d洪量、7 d洪量、15 d洪量、30 d洪量的组成进行分析(见表2-6),结果表明历时越短,武宣站所占的比例越大,随着时间的增加,贵港站所占的比例逐渐增大,从另一个方面说明了贵港段以下洪水受黔江洪水顶托明显,从而延长了郁江贵港站洪水历时。

表2-6 大湟江口站最大洪水组成平均值统计

项目	贵港站/%	武宣站/%	区间/%
最大洪峰	16.73	86.52	-3.25
1 d洪量	17.30	85.88	-3.18
3 d洪量	18.64	83.93	-2.57
7 d洪量	21.36	80.20	-1.56
15 d洪量	23.38	77.07	-0.45
30 d洪量	24.39	74.98	0.63

注:由于黔江大洪水期间,郁江贵港段以下受黔江洪水顶托明显,故区间出现负值。

2.3.3 西、北江洪水遭遇研究

西、北江三角洲洪水受西、北江洪水影响。西江与北江在广东省三水区的思贤滘相通,两江来水在此平衡调节后,进入西、北江三角洲网河区。东江与西、北江洪水发生时间不大一致,且东江三角洲与西、北江三角洲之间隔着狮子洋,东江洪水对西、北江三角洲影响不大。本小节重点对极易发生,对三角洲影响较大的西、北江洪水的遭遇情况进行分析。

根据西江高要站和北江石角站1959—2018年共60年的资料,两站同期(前后2 d内)出现年最大洪峰流量的年份有16年,遭遇概率为26.7%;其中两站洪峰同1 d出现的共有6年,隔1 d出现的有6年,隔2 d出现的有4年。从遭遇的年份来看:2000年以后两江同期出现的年份有8年,遭遇概率44.4%,洪水遭遇呈现越加频繁的趋势。

两江遭遇的洪水中,1994年、1968年洪水为流域性大洪水;西江为主的洪水有5场,分别为1998年、2001年、2005年、2008年和2017年洪水,其中“2005·6”洪水为西江实测最大,为40年一遇;北江为主的洪水包括1982年、2006年、2012年和2013年共4场,其中“1982·5”洪水为北江实测最大,接近100年一遇;两江量级相当的中小洪水有5场。从分析结果看,两江大洪水遭遇的概率较大,见表2-7和图2-5。

表 2-7　西、北江遭遇洪水分析

洪水类型	时间	高要站洪峰/(m^3/s)	重现期/年	石角站洪峰/(m^3/s)	重现期/年	说明
流域性大洪水	1994 年 6 月	48 700	30~50	18 200	50	峰现时间同 1 d
	1968 年 6 月	42 600	10~20	16 000	20	峰现时间隔 2 d
西江为主洪水	1998 年 6 月	48 300	30~50	12 500	5	峰现时间隔 2 d
	2001 年 6 月	38 500	5~10	11 500	2~5	峰现时间隔 1 d
	2005 年 6 月	50 100	40	12 600	5	峰现时间隔 1 d
	2008 年 6 月	44 200	10~20	13 400	5~10	峰现时间同 1 d
	2017 年 6 月	45 100	20	9 580	<2	峰现时间隔 1 d
北江为主洪水	1982 年 5 月	22 600	<2	19 000	50~100	峰现时间隔 2 d
	2006 年 7 月	32 900	2~5	17 400	30~50	峰现时间隔 2 d
	2012 年 6 月	27 400	<2	13 900	5~10	峰现时间同 1 d
	2013 年 8 月	27 800	<2	16 700	20~30	峰现时间隔 1 d
小洪水	1972 年 5 月	16 600	<2	12 300	5	峰现时间同 1 d
	1975 年 5 月	29 500	<2	11 800	2~5	峰现时间同 1 d
	1978 年 5 月	36 400	2~5	10 300	2~5	峰现时间同 1 d
	1984 年 6 月	23 200	<2	7 780	<2	峰现时间隔 1 d
	2007 年 6 月	29 100	<2	9 290	<2	峰现时间隔 1 d

注:表中高要站为天然洪水,石角站为归槽洪水。

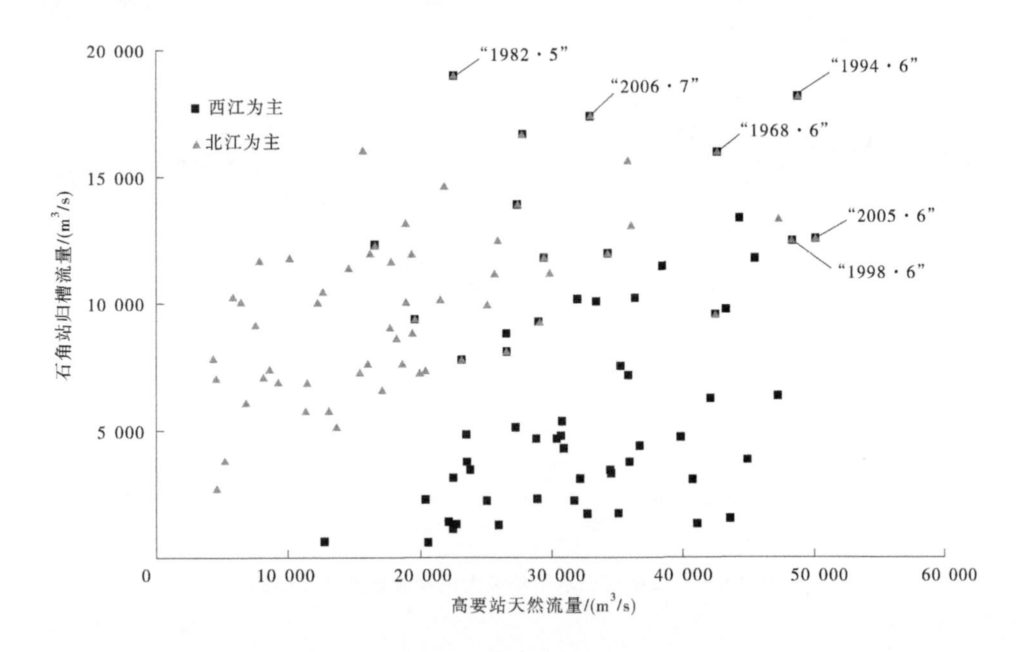

图 2-5 西江站与北江站洪水遭遇散布图

西、北江来水经思贤滘沟通后进入三角洲河口区。根据 1959—2018 年共 60 年的资料分析,马口站和三水站同 1 d 出现最大洪峰流量的年份有 45 年,占 75.0%;隔 1 d 遭遇的年份有 10 年,占 16.7%。马口站与三水站年最大洪峰不同期出现的年份为 1959 年、1969 年、1985 年、1987 年和 2014 年,见表 2-8。其中,1959 年两江均为双峰型洪水,马口站和三水站分别出现在前峰和后峰年最大洪峰流量,且前后峰流量差别不大;1969 年、1985 年、1987 年和 2014 年洪水,西江洪水量级均较小,高要站洪峰流量均小于多年洪峰流量均值(32 500 m^3/s)。两站年最大洪峰流量遭遇见图 2-6。

表 2-8 马口站、三水站年最大洪峰不同期年份来水情况表

年份	高要站洪峰/(m^3/s)	出现日期	马口站洪峰/(m^3/s)	出现日期	石角站洪峰/(m^3/s)	出现日期	三水站洪峰/(m^3/s)	出现日期
1959	35 300	6月23日	32 100	6月23日	11 200	6月15日	9 490	6月16日
1969	27 200	8月17日	22 800	8月17日	7 640	5月19日	6 020	8月14日
1985	22 800	9月8日	21 000	9月9日	7 400	9月25日	5 550	9月25日
1987	22 100	7月7日	21 400	8月1日	10 500	5月23日	5 370	5月23日
2014	26 500	6月8日	24 700	6月7日	16 000	5月24日	9 480	5月24日

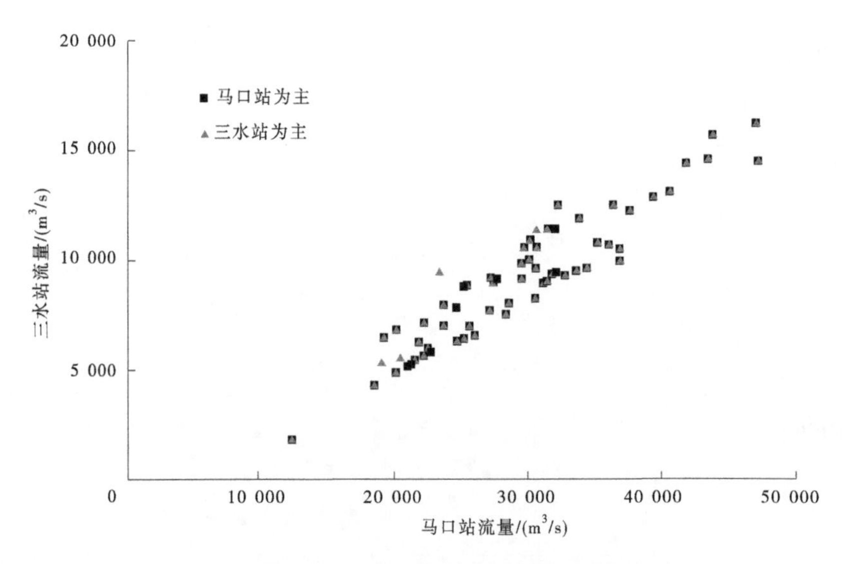

图 2-6　马口站和三水站年最大洪峰流量遭遇散布图

2.4　珠江流域洪潮遭遇规律研究

2.4.1　洪潮遭遇研究方法

洪水和潮水是两个独立事件，有不同的成因，受不同的天气影响，其相互的遭遇不具有关联性，是随机的。流域入海河口感潮河段受洪水、潮水共同影响，需进行洪潮遭遇规律的研究，从而掌握区域洪水与潮水遭遇的规律，为感潮河段的防洪减灾提供相应的理论依据。工程上进行洪潮遭遇分析时，常采用两种遭遇组合，即以洪水为主潮位相应、以潮位为主洪水相应，分析方法一般以数理统计的方法分析为主，近年来也有采用 copula 方法构建感潮河段年最大洪水流量和相应潮位的联合分布，以及年最高潮位和相应洪水流量的联合分布。

本次研究依据的基本资料为西江三角洲控制站马口站、北江三角洲片控制站三水站从建站至 2018 年的流量资料，以及珠江河口西四口门中的磨刀门水道出海口代表潮位站三灶站、东四口门中的蕉门水道出海口代表潮位站南沙站从建站至 2018 年的潮位资料。

以洪水为主潮位相应的遭遇组合，根据马口站、三水站历年最大场次洪水过程，分别选取相应时段（洪峰发生当日和往后滑动 1 d）三灶站、南沙站潮位；以潮位为主洪水相应的遭遇组合，根据三灶站、南沙站历年最大场次潮位过程，分别选取相应时段（最大潮位发生当日和往后滑动 1 d）马口站、三水站洪水，将其点绘成图，分析西江三角洲片和北江三角洲片洪潮遭遇的规律。

2.4.2 西江三角洲片洪潮遭遇

西江三角洲片历年洪潮遭遇散布图见图2-7。由图2-7可以看出，马口站年最大洪峰未曾遭遇过三灶站年最高潮位，西江三角洲片大洪水遭遇台风暴潮的可能性较小。根据马口站年最大洪峰流量与同期三灶站高潮位和三灶站年最高潮位及超过多年最高潮位均值的高潮位与同期马口站流量分析，西江三角洲片洪潮遭遇的最不利组合为1974年7月，“7411”艾薇台风高潮位2.02 m(5年一遇)，马口站相应流量33 500 m^3/s，接近于5年一遇。当马口站出现5年一遇以上洪峰流量时，相应三灶站潮位均低于5年一遇；当三灶站出现5年一遇以上高潮位时，相应马口站流量也均低于5年一遇。

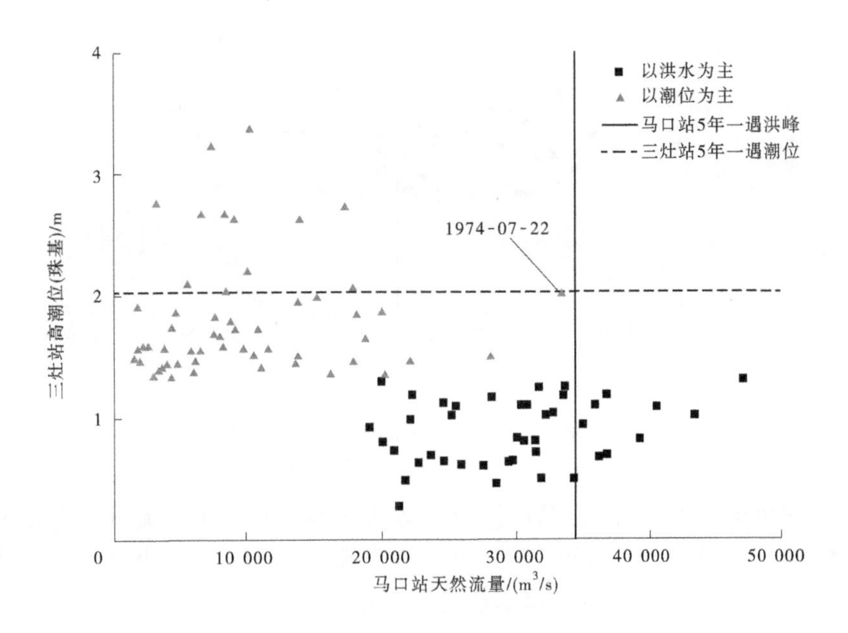

图2-7 西江三角洲片历年洪潮遭遇散布图

若将每月农历初一、十五前后三日内马口站出现年最大洪峰流量视为洪水与天文大潮遭遇。1959—2018年间，马口站年最大洪峰流量遭遇河口天文大潮的有28年，概率为46.7%。因此，尽管马口站年最大洪峰与三灶站年最高潮位很难遭遇，但遭遇河口天文大潮的机会较多；且西江洪水过程持续时间较长，较大洪水遭遇大潮顶托的可能性较大。

2.4.3 北江三角洲片洪潮遭遇

北江三角洲片洪潮遭遇散布图见图2-8。由图2-8可以看出，三水站年最大洪峰有6年遭遇南沙站年最高潮位，遭遇概率为10.7%。其中，较大的“1998·6”和“2005·6”洪水均遭遇南沙站年最高潮位。根据三水站年最大洪峰流量与同期南沙站高潮位和南沙站年最高潮位及超过多年最高潮位均值的高潮位与同期三水站流量分析，北江三角洲片洪潮遭遇较不利的组合有“7411”艾薇台风、“1998·6”洪水和“2005·6”洪水。1974年7月艾薇台风期间，南沙站年最高潮位为2.30 m(接近10年一遇)，三水站同期流量9 540

m^3/s(2~5 年一遇);“2005 · 6”洪水期间,三水站天然洪峰流量 14 500 m^3/s(接近 50 年一遇),同期南沙站高潮位 2 m(2~5 年一遇)。从长系列实测资料来看,南沙站高潮位一般由风暴潮引发。南沙出现 5 年一遇以上的高潮位时,三水站相应洪峰流量均小于 5 年一遇。当三水站出现 5 年一遇以上洪峰流量时,相应南沙站高潮位也低于 5 年一遇。

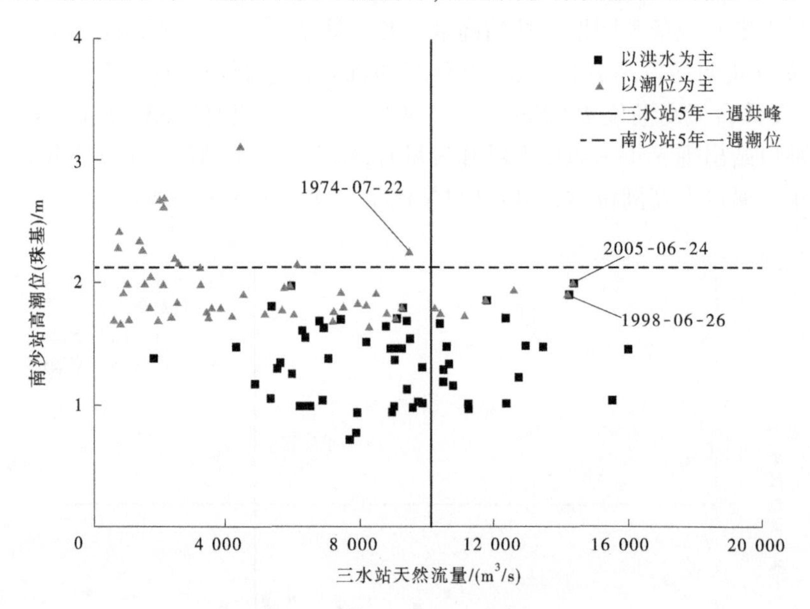

图 2-8　北江片洪潮遭遇散布图

同样以农历每月初一、十五前后三日内三水站出现年最大洪峰流量视为北江洪水与天文大潮遭遇。根据三水站 1959—2018 年最大洪峰出现时间来看,北江年最大洪峰遭遇河口天文大潮的概率为 45%,北江洪水遭遇河口大潮顶托的概率较大。

2.5　小　结

本章系统分析了珠江流域的洪水特性,重点是对防洪控制断面洪水影响较大的西江干支流洪水遭遇情况,西、北江洪水遭遇情况进行了较为详细的分析和总结。

(1)根据流域内丰富的水文资料,进行了流域洪水特性的研究,重点分析了洪水的时空分布规律。西江流域洪水多发生在 5—10 月,一般情况下,支流桂江洪水较早出现,其次是柳江、红水河等,郁江洪水出现较晚,造成西江流域洪水发生时间跨度较大。西江干流控制站梧州站一次较大的洪水过程历时 30~40 d,其中涨水历时 5~10 d,退水历时 15~20 d;一场洪水过程中,最大 7 d 洪量一般占场次洪水总量的 30%~50%,15 d 洪量占 60% 以上,而最大 30 d 洪量一般占年总水量的 20%~30%,最大可达 40%左右。北江流域洪水多发生在 4—7 月,洪水主要来源于横石站以上地区,由于北江流域面积不大,一次较大的降雨过程几乎可以笼罩整个流域,加之流域坡降较陡,主要支流与干流的交汇口相距较近,因此横石站以上流域的干、支流洪水常常遭遇,横石站以下支流的发洪时间一般早于干流,较少与干流洪峰同时遭遇。一般情况下,一次连续降雨(3~5 d)所形成的洪水过程历时7~20 d,涨水历时2~3 d,退水历时为6~10 d。东江洪水一般出现在5—10月,洪水主要来自干流河源以上,由于流域面积较小,每一次强降雨常可笼罩全流域,干、支流洪水发生遭遇的机会较多。东江洪水涨落较快,峰型略似北江,干流控制站博罗站一次洪水过程历时10~20 d。

(2)根据历史实测资料统计分析,西江水系柳江与红水河易发生洪水遭遇形成黔江干流大洪水,黔江与郁江洪水遭遇易形成浔江干流大洪水,此外,西、北江洪水及西、北江三角洲洪水与外海潮位遭遇易造成西、北江三角洲大洪水。支流柳江作为西江的暴雨高值区,洪水峰高、量大,在组成黔江干流武宣站洪水峰量中,占比远大于流域面积占比,占主导地位。在浔江干流大湟江口站的洪水组成中,黔江武宣站洪水占主导地位,且洪水历时越短,武宣站所占的比例越大,随着时间的增加,支流郁江贵港站所占的比例逐渐增大,从另一个方面说明了郁江贵港站段以下洪水受黔江洪水顶托明显。西江与北江大洪水遭遇的概率较大,易形成流域性大洪水,且遭遇呈现越加频繁的趋势。

(3)根据历史实测资料统计分析,珠江流域西、北江大洪水遭遇台风暴潮的可能性较小,当马口站、三水站出现5年一遇以上洪峰流量时,相应三灶站、南沙站潮位均低于5年一遇;当三灶站、南沙站出现5年一遇以上高潮位时,相应马口站、三水站流量也均低于5年一遇。但西、北江年最大洪水遭遇河口天文大潮的概率较大,且由于西、北江洪水过程持续时间较长,较大洪水遭遇河口天文大潮顶托的可能性较大,极易对珠江三角洲地区造成防洪压力。

3　珠江流域重点河段归槽洪水研究

在珠江流域的历次流域综合规划、防洪专项规划及大型水利水电工程规划设计等工作中,对珠江流域重要控制站点或断面的洪水设计均开展过工作。洪水通常以某一断面的瞬时最大洪峰和不同时段洪量大小来衡量。防洪设计洪水计算方法主要有两类:一类为采用实际发生的接近设计洪水标准的典型洪水作为设计洪水,如长江中下游防洪常以1915年洪水作为防御标准;另一类为对洪水峰、量系列进行频率分析计算,此法为珠江流域防洪设计洪水的重点。

珠江流域水系和防洪工程组成复杂,有堤防、蓄滞洪区、水库、分洪闸等,防护对象路线长、范围广,洪水的来源和地区组成复杂,很难用某一固定断面来表述流域洪水。根据洪水的特点、基本资料情况及防洪实际需要,选定西江中下游的大湟江口站、梧州站、高要站,北江下游石角站,三角洲思贤滘和东江博罗断面共6个流域防洪代表性控制断面研究归槽洪水。

某次实际发生的洪水,在各设计断面的重现期一般是不相同的,同一断面的洪水,其洪峰流量、各时段洪量的重现期也可能是不相同的。对堤防工程而言,起主要作用的通常为最高洪水位或洪峰流量,若与分蓄洪措施结合,考虑分洪水量的多少,则应以洪水过程和时段洪量为对象。因各河段洪水峰量特征不一,西江洪水峰高、量大、历时长,洪水过程以多峰型为主,据梧州站实测资料统计,一次较大洪水过程历时30~40 d,一场洪水过程中,最大7 d洪量一般占场次洪水总量的30%~50%,15 d洪量占60%以上,而最大30 d洪量一般占90%以上;北江洪水由于流域坡降较陡,洪水汇流迅速,猛涨暴落,峰高而量较小,历时相对较短,具有山区性河流的洪水特点,中下游洪水以单峰和双峰过程为多,多峰型过程较少出现,一次连续降雨所形成的洪水过程历时7~20 d;东江洪水涨落较快,峰型略似北江,东江下游控制站一次洪水过程历时10~20 d,多为单峰型。因此,西江干流控制站洪量时段以15 d、30 d控制为宜,各支流、北江、东江等控制站洪量时段以7 d、15 d控制为宜。

3.1　归槽洪水概念的提出

在20世纪50年代中期以前,浔江与西江两岸多为洪泛区。自1956年开始筑堤防洪,但堤防普遍较低,遇较大洪水即发生漫溃,归槽现象不明显。1994年6月和7月西江流域连续发生两次大洪水后,浔江河道两岸堤防陆续得到全面加高培厚,沿江两岸的防洪能力得到了比较大的提高,洪水归槽现象明显,同时改变了原天然河道的洪水汇流特性,使得河道对洪水的槽蓄能力减弱。1998年6月大洪水过程中,沿江堤防较少溃决,洪水基本全归槽;武宣站洪峰流量为 37 600 m^3/s,接近 10 年一遇(38 400 m^3/s);大湟江口站洪峰流量(加甘王水道分流量)44 700 m^3/s,超天然情况的 20 年一遇(44 000 m^3/s);而梧州站洪峰流量达 52 900 m^3/s,超天然情况的 100 年一遇(52 700 m^3/s)。本次洪水除桂江上游洪水量级较大(桂林站洪峰流量达 80 年一遇)外,其他各主要支流洪水量级多为 5~10 年一遇,梧州站洪水之所以异常偏大,就在于浔江、西江段洪水归槽的影响。

北江干流横石—石角站之间(包括潖江天然蓄滞洪区和大燕河)堤围众多,遇较大洪水,即发生堤围溃决天然分洪滞洪现象,使石角站洪水资料的一致性受到影响。

归槽洪水这一概念是珠江流域在多年的水利规划设计工作中,为保证中下游各控制站点或断面的洪水系列的一致性,以及能更真实反映上游天然来水情况而提出的。根据西、北江中下游沿江堤防建设情况,提出了天然洪水、部分归槽洪水和全归槽洪水 3 种情况的设计洪水成果。

在实际应用中,浔江、西江两岸堤防抵御洪水的能力是有限的,不可能多大的洪水都不漫溃,而是根据其保护对象的重要性有不同的设防标准,因此当发生某一标准(量级)以下的洪水时,洪水全部归槽下泄(全归槽洪水),发生超出该标准(量级)的洪水时,堤防开始逐步漫溃(部分归槽洪水),直至发生一定标准(量级)洪水时堤防全部漫溃(天然洪水)。应用设计洪水成果时,应根据堤防的实际情况合理采用。

3.2 归槽设计洪水的计算方法

3.2.1 西江归槽设计洪水计算

3.2.1.1 全归槽设计洪水

洪水归槽下泄是随着堤防工情等变化的不稳定现象 (堤防工程逐年加高加固),涉及的因素很多,难以准确计算。可假定堤防在任何洪水条件下都不溃决 ,即洪水全部归槽下泄 ,求最极端情况的全归槽设计洪水。

西江水系各代表断面归槽洪水的推求方法主要有水量平衡法、流量平衡法和马斯京根法。其中,水量平衡法的计算原理同水库静库调洪计算,把浔江两岸洪泛区看作一个仅起滞洪作用的水库,上边界定在桂平,下边界定在梧州。由已知上边界流量,通过建立水位与洪泛区容积的相关关系曲线,连续差分方程求解容积变化率,得调蓄流量过程线,下边界梧州出流过程+洪泛区调蓄流量过程,得归槽后的梧州流量过程。在水量平衡法的基础上简化而来的流量平衡法认为归槽后的河道槽蓄作用与洪泛区区间小支流汇入流量相互抵消,可按实测资料统计分析,建立梧州归槽流量与大湟江口站和昭平站实测流量的相关关系式。马斯京根法则按通过实际发生的典型归槽洪水和出槽洪水推演河道汇流参数,并根据上述参数对出槽洪水进行归槽计算。经过多年的理论研究和工程实践,最终沿用下来的洪水归槽分析方法为马斯京根法。

西江水系洪水归槽分析涉及浔江和西江的防洪控制断面大湟江口站(加甘王水道分流,下同)、梧州站和高要站。本节重点介绍梧州站归槽洪水分析过程,其他站点归槽洪水分析过程与梧州站类似,不做详细介绍。

1. 河道汇流系数

首先采用马斯京根法、最小二乘法,对存在洪水出槽现象的武宣—梧州河段分长河段(武宣—梧州)和短河段(武宣—大湟江口、大湟江口—梧州两段),洪水年型分洪水归槽(1998 年、1997 年、1983 年、1984 年洪水)和洪水出槽(1994 年、1988 年、1962 年、1996 年、1974 年、1976 年洪水)等情况分析河道汇流系数,见表 3-1。

表 3-1 西江干流河段汇流系数分析成果

项目	武宣—大湟江口		大湟江口—梧州		武宣—梧州	
	k	x	k	x	k	x
洪水归槽年数	12	-0.1	30	-0.1	42	0.15
洪水不归槽年数	17	-0.1	36	-0.3	53	-0.03

注:1. k 为槽蓄系数(量纲为时间);

2. x 为权重系数,反映入流和出流在决定河段蓄量中的相对重要性。

2. 梧州站洪水归槽分析

根据堤防工程的建设情况,对梧州站历年洪峰流量系列中有较多堤围崩溃的洪水进行归槽分析,计有 1947 年、1949 年、1962 年、1968 年、1974 年、1976 年、1988 年、1994 年(6 月和 7 月)、1996 年共 10 场洪水。归槽洪水计算成果见表 3-2。

据有当年淹没耕地考证数据的 6 场洪水(1949 年、1962 年、1968 年、1974 年、1976 年、1994 年几场大水年份)资料分析,从浔江两岸淹没耕地面积与归槽洪水洪峰流量增值的关系来看,淹没耕地面积大的年份,其洪水归槽后洪峰流量增值亦大,梧州站洪水归槽后的洪峰增值与当年淹没耕地数大体呈正比关系,成果基本合理。

根据梧州站 1947 年以来的 10 场洪水的归槽分析成果,建立归槽-天然洪水的洪峰流量、7 d 洪量、15 d 洪量相关关系,梧州站的归槽设计洪水以天然设计洪水成果为依据,按归槽-天然洪水峰和量的相关线推求,成果见表 3-3。

3.2.1.2 部分归槽设计洪水

全归槽设计洪水是在假定浔江、西江堤防能抵御任何频率洪水的情况下求得的。根据目前西江干流沿岸堤防工程的规划建设情况及“1998 · 6”洪水的实际检验,现状已建堤防工程的标准大部分已达到或超过 10 年一遇,因此发生 10 年一遇标准以下的洪水时,各河段的洪水基本上处于归槽状态;大湟江口站发生 50 年一遇、梧州站和高要站发生 100 年一遇以上洪水时,现状或规划堤防工程绝大部分都将漫溃,洪水基本上恢复天然状态;大湟江口站发生 10~50 年一遇、梧州站和高要站发生 10~100 年一遇之间的洪水,堤防处于逐步漫溃的部分归槽状态。

对于梧州站部分归槽设计洪水采用以下方法推求:梧州站 100 年一遇以下、10 年一遇以上区域的部分归槽洪水设计值采用直线插值法或按溃堤面积插值法计算。其中,按

表 3-2 梧州站各年天然峰量与归槽峰量对照表(列主要几年即可)

测站	洪水场次	洪峰流量/(m^3/s)								7 d 洪量/亿 m^3				15 d 洪量/亿 m^3			
		天然				归槽				天然		归槽		天然		归槽	
		出现时间(月-日)	Q_m	出现时间(月-日)	$Q_{日m}$	出现时间(月-日)	Q_m	出现时间(月-日)	$Q_{日m}$	开始时间(月-日)	W_7	开始时间(月-日)	W_7	开始时间(月-日)	W_{15}	开始时间(月-日)	W_{15}
梧州	1947 年 6 月	06-14	39 700	06-14	39 600	06-14	44 500	06-14	44 400	06-13	233	06-12	249	06-09	473	06-09	480
	1949 年 6 月	07-05	48 900	07-05	48 800	07-01	57 500	07-01	57 400	07-01	290	06-29	334	06-26	564	06-26	597
	1962 年 7 月	07-04	39 800	07-04	39 600	07-04	44 600			06-30	233	06-30	253	06-26	445	06-26	453
	1968 年 6 月	06-29	38 900	06-29	38 800	06-29	41 800			06-26	229	06-26	238	06-25	431	06-25	431
	1974 年 7 月	07-20	37 900	07-20	37 900	07-20	40 100			07-20	217	07-20	219	07-17	431	07-17	432
	1976 年 7 月	07-12	42 400	07-12	42 000	07-12	46 100			07-11	242	07-10	250	07-09	379	07-09	382
	1988 年 9 月	09-03	42 500	09-03	42 400	09-03	45 300			08-31	242	08-31	249	08-26	408	08-26	410
	1994 年 6 月	06-19	49 200	06-19	47 500	06-19	54 600			06-16	246	06-16	269	06-14	419	06-14	427
	1994 年 7 月	07-23	38 400	07-23	38 200	07-23	41 700			07-21	213	07-21	219	07-20	399	07-20	399
	1996 年 7 月	07-22	39 800	07-22	39 600	07-22	43 300			07-19	205	07-19	208	07-19	339	07-19	339
	2005 年 6 月	06-22	52 500	06-22	52 000	06-22	53 700	06-22	53 100	06-19	262	06-19	264	06-18	435	06-18	435
	2008 年 6 月	06-15	45 300	06-15	45 200	06-15	45 800	06-15	45 100	06-14	234	06-14	236	06-08	369	06-08	369

溃堤面积插值法具体为：按溃堤面积占总保护面积的百分比计算相应的削减流量（洪量），用归槽设计值减去削减值得到部分归槽设计值，计算公式如下：

$$Q^p_{部分归槽} = Q^p_{归槽} - \frac{F^p_{溃堤面积}}{F_{总面积}} \times (Q^p_{归槽} - Q^p_{天然}) \tag{3-1}$$

据有当年淹没耕地考证数据的资料分析，梧州断面下各级堤围保护面积见表3-4。根据堤顶高程对各级频率下的堤围溃决情况进行判别，统计溃堤面积及占总面积的百分比，成果见表3-5。

表3-3　梧州站归槽与天然设计洪水相关关系

项目	Q_m		W_7		W_{15}	
	A	B	A	B	A	B
梧州站	1.300 0	-9 400	1.233 3	-45.67	1.068 5	-22.61
公式	$Q_{归}=A\times Q_d+B$		$W_{7归}=A\times W_{7\ d}+B$		$W_{15归}=A\times W_{15\ d}+B$	

注：各站公式适用范围为大于本站实测设计洪水5年一遇以上的洪水。

表3-4　代表断面下各级堤围保护面积　　单位：万亩

断面	重现期			
	50年一遇	20年一遇	10年一遇	合计
梧州站（西江段）	1.39	1.56	21.485	24.435
大湟江口站（浔江段）		10.71	65.405	76.115
合计	1.39	12.27	86.890	100.550

表3-5　各级频率溃堤面积计算

洪水重现期	10年一遇	20年一遇	50年一遇	100年一遇	200年一遇
溃堤面积/万亩	0	65.405	86.89	99.16	100.55
占总面积的比例/%	0	65.05	86.41	98.62	100.00

3.2.1.3　成果分析与采用

用直线差值法计算梧州站归槽设计洪水、部分归槽设计洪水见表3-6。两种方法计算的梧州站部分归槽设计洪水成果最大相差 1.5%。在珠江流域防洪规划中，梧州站部分归槽洪水经过各方面多次协调，推荐采用按溃堤保护面积计算的部分归槽设计洪水成果，见表 3-6。

表 3-6　各方案成果比较

项目	各级频率(%)设计值				
	1	2	3.33	5	10
直线插值法计算值/(m^3/s)	52 700	50 600	48 900	47 600	44 900
按溃堤保护面积计算值/(m^3/s)	52 700	50 400	48 500	46 900	44 900
差值/(m^3/s)	0	200	400	700	0
相对差/%	0	0.4	0.8	1.5	0

3.2.2　北江归槽设计洪水计算

北江干流飞来峡站(现为横石站)至石角站之间(包括潖江蓄滞洪区及大燕河)堤围众多，建成时间较早，遇较大洪水，常常发生堤围溃决现象，使石角站洪水资料的一致性受到影响。因此，需对发生崩围年份的洪水进行归槽分析。自清东、清西围建成以来，横石—石角区间发生过崩围的年份有 1964 年、1968 年、1982 年；潖江蓄滞洪区为天然蓄滞洪区，北江流量达到 2 000 m^3/s 时，潖江河口自然倒灌分流进入蓄滞洪区围外天然洪泛区，如“1994·6”洪水。

3.2.2.1　全归槽设计洪水

全归槽洪水的分析计算采用马斯京根法，根据未发生溃堤年份的洪水资料分析河段的汇流参数，用于演进有溃堤影响的 1955 年、1959 年、1962 年、1964 年、1966 年、1968 年、1982 年、1994 年洪水过程，推求出石角站全归槽情况下的洪水过程，并以此代替有溃堤影响的洪水参加选样。

石角站有 1915 年、1931 年历史洪水，根据考证资料和以往各阶段的分析成果，石角站的历史洪水自 1764 年开始起算。1915 年为 1764 年以来的最大洪水，1931 年为第二大。实测 1982 年洪水作特大值处理，为 1764 年以来的第三位。

3.2.2.2　部分归槽设计洪水

石角站部分归槽洪水，指北江干流两岸堤围不崩溃，潖江保持天然滞洪情况下石角站的洪水流量,1994 年 6 月洪水就是该情况的典型。对石角站各年部分归槽洪水的推算,主要考虑石角站实测洪峰流量及其全归槽还原成果、潖江蓄滞洪区作用。

石角站全归槽设计洪水和部分归槽设计洪水的计算与西江的不同,按上述方法对归槽洪水和部分归槽洪水分别进行还原计算选样后再进行频率计算。

3.3　主要防洪控制断面归槽设计洪水成果

西、北江主要防洪控制断面大湟江口站、梧州站、高要站和石角站的全归槽、部分归槽设计洪水成果见表 3-7。

表 3-7　主要防洪控制站归槽设计洪水成果

控制站	项目		各级频率(%)设计值				
			1	2	3.33	5	10
大湟江口+甘王分流	Q_m/(m^3/s)	部分归槽			46 600	44 600	41 200
		全归槽			48 000	45 600	41 200
	$W_{7\,d}$/亿 m^3	部分归槽			256	244	221
		全归槽			262	248	221
	$W_{15\,d}$/亿 m^3	部分归槽			454	431	391
		全归槽			458	434	391
梧州	Q_m/(m^3/s)	部分归槽	52 700	50 400	48 500	46 900	44 900
		全归槽	59 100	55 200	52 100	49 600	44 900
	$W_{7\,d}$/亿 m^3	部分归槽	306	289	272	264	245
		全归槽	332	307	289	273	245
	$W_{15\,d}$/亿 m^3	部分归槽	592	554	528	499	456
		全归槽	610	567	533	506	456

续表 3-7

控制站	项目		各级频率(%)设计值				
			1	2	3.33	5	10
高要	Q_m/(m^3/s)	部分归槽	52 900	50 500	48 600	47 000	45 000
		全归槽	59 200	55 300	52 200	49 700	45 000
	$W_{7\,d}$/亿 m^3	部分归槽	309	292	275	267	248
		全归槽	336	311	292	276	248
	$W_{15\,d}$/亿 m^3	部分归槽	594	556	530	501	458
		全归槽	612	569	535	508	458
石角	Q_m/(m^3/s)	部分归槽	19 000	17 600	16 400	15 500	13 900
		全归槽	19 900	18 300	17 100	16 100	14 300
	$W_{3\,d}$/亿 m^3	全归槽	48.53	44.32	41.19	38.66	34.09
	$W_{7\,d}$/亿 m^3	全归槽	92.24	84.17	78.11	73.16	64.31
	$W_{15\,d}$/亿 m^3	全归槽	153.8	140.5	130.6	122.5	108.0

3.4 小 结

为了解决流域下游为平原河道，流经地区地势平坦，河网交错，当发生堤围溃决或人工分洪时，导致下游实测洪水与天然情况有较大差别，洪水系列不一致的问题，各个流域均进行了不断的探索和研究工作，如长江流域提出的基于总入流概念的设计洪水、珠江流域的归槽洪水、都是服务于流域治水实践的经验，且随着流域水雨情、工情的变化，这一成果还将不断变化更新。

本章重点介绍了西、北江归槽设计洪水概念的由来，尤其对西江、北江全归槽、部分归槽设计洪水的计算方法进行了较为详细的分析和总结。

(1)浔江与西江两岸多为洪泛区，遇较大洪水即发生漫溃，20 世纪 90 年代，浔江河道两岸堤防陆续得到全面加高培厚，沿江两岸的防洪能力得到了比较大的提高，洪水归槽现象明显,同时也改变了原天然河道的洪水汇流特性,使得河道对洪水的槽蓄能力减弱。北江干流横石—石角站之间包括潖江天然蓄滞洪区和大燕河,遇较大洪水即发生堤围溃决天然分洪滞洪现象,使石角站洪水资料的一致性受到影响。归槽洪水这一概念是珠江流域在多年的水利规划设计工作中,为保证中下游各控制站洪水系列的一致性,以及能更真实地反映上游天然来水情况而提出的,是服务于流域治水实践的经验科学,且随着流域水雨情、工情的变化,这一成果还将不断变化更新。

(2)西江水系各代表断面归槽洪水的推求方法主要有水量平衡法、流量平衡法和马斯京根法。经过多年的理论研究和工程实践,最终沿用下来的洪水归槽分析方法为马斯京根法。马斯京根法按实际发生的典型归槽洪水和出槽洪水推演河道汇流参数,并根据上述参数对出槽洪水进行归槽计算。全归槽设计洪水是在假定浔江、西江堤防能抵御任何频率洪水的情况下求得的,根据目前西江干流沿岸堤防工程的规划建设情况及近年来大洪水的实际检验,发生10年一遇标准以下的洪水时,各河段的洪水基本上处于归槽状态;大湟江口站发生50年一遇、梧州站和高要站发生100年一遇以上洪水时,现状或规划堤防工程绝大部分将漫溃,洪水基本上恢复天然状态;大湟江口站发生10~50年一遇、梧州站和高要站发生10~100年一遇之间的洪水,堤防处于逐步漫溃的部分归槽状态。对于部分归槽设计洪水采用直线插值法或按溃堤面积插值法计算。其中,按溃堤面积插值法具体计算步骤为:按溃堤面积占总保护面积的百分比计算相应的削减流量(洪量),用归槽设计值减去削减值得到部分归槽设计值。

(3)北江全归槽设计洪水和部分归槽设计洪水的计算与西江的不同。石角站全归槽洪水的分析计算采用马斯京根法,根据未发生溃堤年份的洪水资料分析河段的汇流参数,用于演进有溃堤影响的实测洪水过程,推求出石角站全归槽情况下的洪水过程,并以此代替有溃堤影响的洪水参加选样。石角站部分归槽洪水指北江干流两岸堤围不崩溃,潖江保持天然滞洪情况下石角站的洪水流量,1994年6月洪水就是该情况的典型。对石角站各年部分归槽洪水的推算主要考虑石角站实测洪峰流量及其全归槽还原成果、潖江蓄滞洪区作用。

4 珠江流域防洪调度关键技术

珠江防洪安全事关流域广大地区人民生命财产安全,治理好珠江不仅是珠江流域1.5亿人民的福祉所系,也关系到粤港澳大湾区乃至全国经济社会可持续发展的大局,具有十分重要的战略意义。

本章在分析珠江流域防洪形势的基础上,阐述珠江流域水库群协同调度的科学问题,介绍珠江流域水库群统一调度模型的构建,其中核心是根据珠江流域水库群多区域协同调度的过程,提炼珠江流域防洪协同调度的方式:对于珠江流域西江水系,龙滩和大藤峡两座骨干水利枢纽的联合调度是流域防洪的关键,西江中上游天一、光照和岩滩等水库,虽不承担流域防洪任务,但与龙滩水库联合调度,对减轻西江防洪压力效果显著;此外,西江支流柳江、郁江和桂江上的水库群,与干流龙滩和大藤峡水库联合调度,对于削减梧州断面洪峰也有一定的作用。为避免"西江、北江洪水恶劣遭遇",确保粤港澳大湾区防洪安全,通过实施西江、北江水库群错峰调度,避免西江洪峰与北江洪峰遭遇,进一步减轻西江、北江下游防洪压力。

4.1 珠江流域防洪形势

4.1.1 珠江流域防洪工程体系

经过几十年的防洪建设,珠江流域遵循"堤库结合,以泄为主,泄蓄兼施"的防洪方针,按照"上蓄、中防、下泄"的总体布局,推进以堤防为基础、干支流防洪水库为主要调控手段、工程和非工程措施相结合的防洪体系建设,防洪能力显著提高,基本形成了以堤防工程为基础,水库调控以及滘江蓄滞洪区和分洪水道共同发挥作用的防洪工程体系。珠江流域建成各类防洪堤(海堤、湖堤、河堤、江堤)1.53万km,建成大型骨干防洪水库13座,防洪库容合计为144亿m^3。

根据流域干支流洪水特性、防洪保护对象发展及分布情况、所处自然地理条件,珠江流域可划分为6个堤库结合的防洪工程体系(分别为西、北江中下游防洪工程体系,东江中下游防洪工程体系,郁江中下游防洪工程体系,柳江中下游防洪工程体系,桂江中上游防洪工程体系,北江中上游防洪工程体系)和2个依靠堤防的防洪(潮)工程体系(分别为南盘江中上游防洪工程体系、珠江三角洲滨海防潮工程体系)。

4.1.1.1 西、北江中下游防洪工程体系

西、北江中下游防洪工程体系由北江飞来峡,西江龙滩、百色和大藤峡水库,以及西、

北江中下游和三角洲的堤防工程组成。保护对象主要包括梧州、广州、佛山、肇庆、清远、江门、珠海、中山等大中城市，其他保护对象包括广西的桂平、平南、藤县和苍梧，广东的封开、郁南、德庆、高要和清新等一批县级城市。

规划北江大堤堤防标准为100年一遇，北江下游其他主要堤防为20~50年一遇，与飞来峡水利枢纽及潖江蓄滞洪区、芦苞涌和西南涌分洪水道联合运用，使北江大堤防洪保护对象（包括广州市）达到防御北江300年一遇洪水的标准，北江下游其他重点防洪保护对象达到100年一遇的防洪标准。

规划浔江、西江沿岸一般堤防标准为10年一遇，县级城市堤防标准为20~30年一遇，地级城市堤防标准为50年一遇，西北江三角洲一般堤防标准为20~30年一遇，重点堤防标准为50年一遇。规划龙滩水库设置50亿 m^3（远期70亿 m^3）防洪库容，大藤峡水库设置15亿 m^3 防洪库容，堤库联合运用，将浔江和西江两岸一般保护对象的防洪标准由10~20年一遇提高到20~30年一遇，梧州市由50年一遇提高到100年一遇；与北江飞来峡水利枢纽、潖江蓄滞洪区及芦苞涌和西南涌联合运用，将西、北江三角洲地区一般保护对象的防洪标准由20~30年一遇提高到30~50年一遇，重点防洪保护对象的防洪标准由50年一遇提高到100~200年一遇，使广州市具备防御1915年型洪水的能力。

4.1.1.2　东江中下游防洪工程体系

东江中下游防洪工程体系由新丰江、枫树坝、白盆珠水库和中下游堤防组成，重点保护对象包括东莞市和惠州市，其他保护对象包括河源等城市。规划东江中下游及东江三角洲一般堤防标准为10~20年一遇，东莞大堤和惠州大堤等重点堤防的堤防标准为30年一遇。通过已建的枫树坝、新丰江和白盆珠水库联合调度，使东莞、惠州等城市的防洪标准达到100年一遇，其他防洪保护对象的防洪标准达到50~100年一遇。

4.1.1.3　郁江中下游防洪工程体系

郁江中下游防洪工程体系由郁江中下游堤防工程和百色、老口两水库组成，重点防洪保护对象包括南宁、贵港等城市，其他防洪保护对象包括右江的百色、田阳、田东、平果、隆安等市（县）城区。规划南宁市、贵港市的堤防标准为50年一遇，其他堤防标准为10~20年一遇，与已建的右江百色水库联合运用，将南宁市与贵港市的防洪标准提高到近100年一遇，右江沿岸城镇的防洪标准提高到50年一遇；与老口水库联合调度，进一步将南宁市城区的防洪标准提高到200年一遇。

4.1.1.4　柳江中下游防洪工程体系

柳江中下游防洪工程体系由沿江堤防及干流的洋溪水库、支流古宜河木洞水库和贝江落久水库组成，重点防洪保护对象为柳州市，其他保护对象包括融安、融水、柳城等县级城市。规划柳州市堤防标准为50年一遇，其他县级城市的堤防标准为20年一遇；规划建设干流洋溪水库、支流贝江落久水库，堤库结合将柳州市的防洪标准提高到100年一遇，其他县级城市的防洪标准提高到20~50年一遇。

4.1.1.5 桂江中上游防洪工程体系

桂江中上游防洪工程体系由桂江堤防及斧子口、川江和小溶江、青狮潭、黄塘等水库组成,重点保护对象主要为桂林市。规划桂林市城区堤防标准为20年一遇,优化已建青狮潭水库的防洪调度,同时在漓江上游兴建斧子口、川江和小溶江水库,在桃花江上兴建黄塘水库,水库群联合运用,将桂林市的防洪标准提高到100年一遇。

4.1.1.6 北江中上游防洪工程体系

北江中上游防洪工程体系由北江中上游干流堤防及乐昌峡、湾头水库组成,重点保护对象为韶关市和乐昌市。规划韶关市堤防标准为20年一遇,乐昌市堤防标准为10年一遇;在武水建设乐昌峡水库,将乐昌市的防洪标准提高到50年一遇;与浈江湾头水库联合调度,堤库结合将韶关市防洪标准提高到100年一遇。

4.1.1.7 南盘江中上游防洪工程体系

南盘江中上游防洪工程体系主要由堤防承担防洪任务,重点保护对象为曲靖市,其他保护对象包括陆良、宜良等县。规划曲靖市的堤防标准为近期50年一遇,远期100年一遇,陆良、宜良等县级城市的堤防标准为20~30年一遇。

4.1.1.8 珠江三角洲滨海防潮工程体系

珠江三角洲滨海防潮工程体系主要由堤防承担防潮任务,保护对象主要为广州、深圳、珠海、中山、东莞和江门6市沿海地区。深圳西海堤、中珠联围、市石联围、鸡抱沙围的海堤规划标准为200年一遇,番顺联围、蕉东联围、万顷沙围等的海堤规划标准为100年一遇,其他海堤的规划标准为50年一遇。

通过多年建设,珠江流域的防洪工程体系不断完善,防洪能力得到显著提高,但流域防洪工程体系尚未完全建成,西、北江三角洲,西江,浔江以及三角洲滨海等防洪保护区面临极大的防洪压力。规划的8个防洪(潮)工程体系中,东江中下游防洪工程体系、郁江中下游防洪工程体系、北江中上游防洪工程体系基本建成,其余防洪工程体系尚未建成。其中,受水库库区淹没人口过多的限制,龙滩二期(防洪库容增至70亿m^3)方案尚未实施,西、北江中下游防洪体系尚未完全形成,国家重点防洪城市广州仍未实现防御西江100年一遇洪水以及防御1915年型洪水的防洪目标;由于洋溪水利枢纽建设涉及淹没贵州省从江县土地,广西、贵州两省(自治区)目前正在协商淹没补偿范围及标准,洋溪水利枢纽尚未开工建设,柳江中下游防洪工程体系尚未建成,国家重点防洪城市柳州尚不能达到防御柳江100年一遇洪水标准;桂江支流桃花江上的黄塘水库尚未建设,桂江中上游防洪工程体系尚未建成,桂林市尚未达到防御桃花江100年一遇洪水的能力;由于曲靖市城市堤防建设滞后,南盘江中上游防洪工程体系尚未建成;三角洲地区海堤建设推进缓慢、达标率低,珠江三角洲滨海防潮工程体系还未完全形成。

4.1.2 流域控制性工程

4.1.2.1 龙滩水库

龙滩水库(见图 4-1)坝址位于广西壮族自治区河池市天峨县境内的红水河干流，距天峨县城 15 km，坝址以上集水面积 9.85 km²，占红水河流域总面积的 71.2%，约占西江梧州站以上流域面积的 30%。龙滩水库具有较好的调节性能，发电、防洪、航运等综合利用效益显著，经济技术指标优越。水库正常蓄水位 375.00 m(珠江基面)，汛限水位 359.30 m(5 月 1 日至 7 月 15 日)/366.00 m(7 月 16 日至 8 月 31 日)，设计洪水位 377.26 m，校核洪水位 381.84 m，总库容 188.09 亿 m³，一期工程防洪库容 50 亿 m³。

图 4-1　龙滩水库

4.1.2.2 百色水库

百色水库(见图 4-2)位于广西壮族自治区百色市境内的郁江上游右江干流河段，距百色市 22 km，是珠江流域规划中郁江上的防洪控制性工程，是一座以防洪为主，兼顾发电、灌溉、航运、供水等综合利用效益的大型水利枢纽。坝址以上集水面积 1.96 万 km²，年径流量 82.9 亿 m³。水库正常蓄水位 228.00 m，设计洪水位 229.66 m，校核洪水位 231.49 m，总库容 56.6 亿 m³，防洪库容 16.4 亿 m³，属年调节水库。

4.1.2.3 大藤峡水库

大藤峡水库(见图 4-3)位于珠江流域西江水系黔江干流大藤峡出口弩滩上，地属广西壮族自治区贵港市桂平市，坝址距桂平市彩虹桥 6.6 km，是一座防洪、航运、发电、补水压咸、灌溉等综合利用的流域关键性工程。项目建成后，大藤峡水库正常蓄水位为 61.00 m，防洪限制水位 47.60 m，水库总库容 34.79 亿 m³，防洪库容 15 亿 m³，电站装机容量 160

万 kW·h、年发电量 61.3 亿 kW·h。水库渠化 279 km 航道,使广西壮族自治区柳州、来宾、桂平能够航行千吨级以上船舶;规划灌溉面积 136.7 万亩,并改善农村 147.6 万人的生活用水条件。

图 4-2　百色水库

图 4-3　大藤峡水库

4.1.2.4　飞来峡水库

飞来峡水库(见图 4-4)位于广东省清远市清新区飞来峡镇,坝址控制集水面积 34 097 km^2,占北江大堤防洪控制站石角站集水面积的 88.8%,是北江防洪工程体系控制性枢纽工程。飞来峡水库设计洪水位 31.17 m,总库容 19.04 亿 m^3,兴利库容 3.15 亿 m^3,防洪库容 13.36 亿 m^3。主要建筑物由拦河大坝、船闸、发电厂房和变电站组成。拦河大坝高 52.3 m,主、副坝坝顶总长 2 952 m,坝顶为 8 m 宽公路。水电站是北江干、支流上最大的水电站,发电站属于低水头径流式电站,厂房为河床式,总装机容量为 14 万 kW,多年平均发电量 5.55 亿 kW · h。

图 4-4　飞来峡水库

4.1.2.5　潖江蓄滞洪区

潖江蓄滞洪区是珠江流域最重要的蓄滞洪区,蓄洪水位 21.62 m(江口圩站),区内面积 79.80 km^2,蓄滞洪容量 4.11 亿 m^3。此外,西江下游超标洪水临时蓄滞洪区联安围、金安围可蓄滞洪量 15.40 亿 m^3;北江下游超标洪水临时蓄滞洪区清西围可蓄滞洪量 7.12 亿 m^3;东江下游平马围、永良围、东湖围、仍图围、广和围、横沥围 6 处超标洪水临时蓄滞洪区可蓄滞洪量 20.50 亿 m^3。

4.1.2.6　枫树坝水库

枫树坝水库位于东江上游龙川县境内,水库控制集雨面积 5 150 km^2,设计是以航运、发电为主,结合防洪等综合利用的大型水利水电工程,具有年调节性能。枫树坝水库按 1 000 年一遇洪水设计,5 000 年一遇洪水校核,设计洪水位 171.80 m,校核洪水位 172.70 m,

正常蓄水位 166.00 m,水库总库容为 19.32 亿 m^3,兴利库容 12.5 亿 m^3。电站总装机容量 20 万 kW,多年平均年发电量为 5.32 亿 kW·h。

4.1.2.7 新丰江水库

新丰江水库位于东江支流新丰江上,水库控制集雨面积 5 734 km^2,原设计是以发电为主,兼顾防洪、供水、航运等综合利用的大型水利枢纽工程,具有多年调节性能。新丰江水库按 1 000 年一遇洪水设计,10 000 年一遇洪水校核,设计洪水位 121.60 m,校核洪水位 123.60 m,正常蓄水位 116.00 m,水库总库容为 138.96 亿 m^3,其中兴利库容为 64.91 亿 m^3,死水位 93.00 m。电站总装机容量 35.5 万 kW,多年平均年发电量为 8.60 亿 kW·h。

4.1.2.8 白盆珠水库

白盆珠水库位于东江支流西枝江上游的惠东县境内,水库控制集雨面积 856 km^2,原设计是以防洪为主,结合灌溉、发电、航运等综合利用的水利枢纽,具有不完全多年调节性能。2008 年 6 月,广东省三防总指挥部以粤防〔2008〕32 号文批复同意白盆珠水库在保证水库防洪安全和原承担的防洪任务与作用不变、基本不改变水库原设计防洪调度运用原则和不减少防洪库容的条件下,将汛限水位从 75.00 m 提高至 76.00 m,水库按 76.00 m 正常水位运行。白盆珠水库按 1 000 年一遇洪水设计,混凝土坝按 5 000 年一遇洪水校核,土坝按 10 000 年一遇洪水+20%的安全保证值标准校核,设计洪水位 84.58 m,混凝土坝校核洪水位为 85.96 m,相应库容 10.89 亿 m^3,土坝校核洪水位为 87.90 m,相应库容 12.2 亿 m^3,正常蓄水位 75.00 m,死水位 62.00 m,兴利库容为 3.86 亿 m^3。电站设计装机容量 2.4 万 kW,多年平均年发电量 0.86 亿 kW·h。

4.1.3 流域防洪形势

随着大藤峡水利枢纽等重点防洪工程的陆续建设完成,流域的防洪能力有了较大提高,但珠江防洪仍面临着以下主要问题和挑战:一是中下游河道安全泄量与流域洪水峰高、量大的矛盾仍然突出,西江龙滩、大藤峡等骨干防洪水库防洪库容已达到 65 亿 m^3,北江乐昌峡、湾头、飞来峡等骨干防洪水库防洪库容已达到 15.95 亿 m^3,东江新丰江、枫树坝、白盆珠三大骨干防洪水库防洪库容已达到 36.52 亿 m^3,但相对于珠江三角洲控制断面思贤滘 100~200 年一遇 30 d 设计洪量 712 亿~760 亿 m^3,防洪库容仍显不足;二是流域重要支流防洪能力偏低,如流域暴雨洪水高值区的柳江流域,洋溪、木洞水库尚未开工建设,防洪工程措施建设滞后;三是随着流域上游控制性水库工程建设、河道下切影响等因素,中下游洪水归槽现象显著,流域中下游洪水蓄泄关系发生改变,尚需进一步加强研究并采取相应的对策措施;四是近年来,受全球气候变化影响,珠江流域部分地区极端水文气候事件发生频次增加、暴雨强度加大,一些地区洪灾严重;五是随着粤港澳大湾区、环北部湾、西江经济带等国家战略的实施,流域经济社会与城市化的快速发展,人口与财富进一步集中,一旦发生洪灾,损失越来越大。

4.1.4 流域水库群防洪调度重难点技术问题

珠江流域水系组成复杂，干流和支流的洪水特性互有差异，流域洪水组成和遭遇规律呈现复杂多变的态势，流域水库群联合调度方案应首先关注干支流洪水的遭遇规律和特性。

对于全流域性的洪水，尤其是超标准的大洪水，需要上下游水库群、堤防、蓄滞洪区联合防洪调度，共同抵御洪水灾害，而支流水库在设计阶段主要考虑对本河段的防洪作用和防洪调度方式，对配合干流水库对中下游防洪调度未进行统筹考虑。加之流域控制性水库主要位于上游，距离下游防洪控制点距离较远，因此需要实行干支流、上下游的统一、协同调度方能达到较好的防洪效果。

珠江流域防洪保护对象和防洪任务较为分散，全流域可分为 6 个堤库结合的防洪工程体系和 2 个依靠堤防的防洪(潮)工程体系，各防洪保护对象的防洪目标和任务不尽相同，水库群联合调度的利益主体也呈现多元化的趋势，利益主体大到流域管理机构、地方政府，小到水库管理局、水文站，此外还涉及电力调度、航运交通、环境保护监管机构等部门，协调好各方利益主体是流域水库群联合调度顺利进行的关键。水库调度决策需在保障防洪安全的前提下，协同流域发电、航运、生态、供水等各方利益主体，最大限度地提高水资源的利用效率。因此，流域水库群协同调度的重难点包含对基于多目标多区域协同的优化调度技术的研究。

流域水库群汛期联合防洪调度是以水库自身防洪安全和承担防洪任务为目标，合理利用水库群防洪库容，有计划地调控河道径流过程，使流域防洪效益最大化。流域水库群防洪调度方案着重针对的是防洪标准洪水的调度方式，其目标是保障流域防洪安全，充分发挥水库群的综合效益。但在实时调度中，经常遇到的是防洪标准以内的常遇洪水，如何在联合调度方案的原则指导下，结合实时洪水预报，实施常遇洪水的水库洪水调度，更大程度地发挥水库综合效益，是近年来实时调度经常面临的困惑。由于研究基础薄弱，水库实时预报调度的理论依据、技术支撑不强，尤其是流域水库群实时预报调度的基础技术研究更显不足。

4.2 珠江流域水库群防洪调度模型研究

对于已建的水库系统来说，水库防洪调度属于非工程防洪措施的范畴。防洪调度的根本任务，从系统分析的角度来看就是按照既定的水利任务，在确保系统安全的前提下，尽可能利用水文气象预报，充分利用库容和各种设备的能力，正确安排蓄水、泄水，争取在防洪除害方面发挥最大效益。

按照水库承担的防洪任务，可以分为以下几种：

(1)无下游防洪任务的水库防洪调度。未承担下游防洪任务的水库,其防洪调度的主要目的就是保证大坝的防洪安全。对这类水库,一般是利用正常蓄水位以上的库容对洪水进行调蓄,也有少数为了减少泄洪建筑物的规模而在汛期正常蓄水位以下留出一定的调洪库容。从保证大坝安全出发,水库泄洪自然以早泄、快泄为有利。故在保坝防洪调度中,一般采用库水位超过一定数值后即敞开闸门泄洪的方式。

(2)有下游防洪任务的水库防洪调度。承担有下游防洪任务的水库,应重点研究下游防洪调度方式及判别条件,尽可能做到防洪与兴利的结合。在水库应用中,受来水预报精度及预见期的影响,在不能确定洪水量级的情况,首先应按照下游防洪要求进行调度。当判断洪水的重现期超过下游防洪标准后,改为:一是保证减轻水库防洪保护区的洪涝灾害;二是保证防止库区城镇农田的淹没损失;三是保证大坝一定频率洪水的安全下泄。前两种情况当水库上下游存在保护对象时需要考虑,第三种大坝的安全泄洪对于所有水库都是必须考虑的。

在研究水库的防洪调度时,为了达到既定的防洪效益,首先要研究防洪调度的准则,即衡量水库防洪调度操作优劣程度的指标,主要包括以下4种:

(1)最大削峰准则。以能使下游控制断面洪峰流量削减最多作为防洪调度的评判标准。一般在防洪库容有限或者已定的情况下,常取用此准则。

(2)最短成灾历时准则。对于上下游农田的防洪除涝或交通干线的防洪淹没可用此准则。

(3)最小洪灾损失或者最小防洪费用准则。此准则又可分为:①满足同一防洪标准要求下防洪总费用最小;②效益-费用分析或某经济指标(如年平均防洪费用)最小等。

(4)对库群防洪有最大防洪安全保证准则。即在满足下游某基本防洪要求的前提下,使每时段加权总余留防洪库容最大。

下面根据上述4种防洪准则提出单库防洪调度模型和库群防洪调度模型。

4.2.1 防洪调度常用模型

4.2.1.1 单库调度模型

1. 水位控制模型

在汛期水库保持低水位可以有效保证大坝安全,因此水位控制模型是以调度期末的库水位作为目标,对调度期内的水库运行情况进行分析,得出方案及各个决策变量的特征值。该模型的目标函数为

$$\mathrm{Min}f(Q) = \sum_{i=1}^{m} q_t^2 \tag{4-1}$$

式中:m 为洪水调度期的时段数。

约束条件主要有以下几个因素。

(1)水库水量平衡约束:

$$V(t) = V(t-1) + \left[\frac{Q(t) + Q(t-1)}{2} - \frac{q(t) + q(t-1)}{2}\right]\Delta t \tag{4-2}$$

式中:$V(t)$、$V(t-1)$ 为水库 t 时段初、末的蓄水量;$Q(t)$、$Q(t-1)$ 为水库 t 时段初、末的

入库流量；$q(t)$、$q(t-1)$ 为水库 t 时段初、末的下泄流量；Δt 为时段长度。

(2)水库特征水位约束：

$$Z(t) \leqslant Z_{\max}(t) \tag{4-3}$$

$$Z(t) \geqslant Z_{\min}(t) \tag{4-4}$$

式中：$Z(t)$ 为第 t 个调度时刻水库水位；$Z_{\max}(t)$ 、$Z_{\min}(t)$ 为 t 时刻的容许最高、最低水位。

(3)水库泄流能力约束：

$$q(t) \leqslant q_{\max}[Z(t)] \tag{4-5}$$

式中：$q(t)$ 为水库 t 时刻的下泄流量；$q_{\max}[Z(t)]$ 水库 t 时刻的最大下泄能力，包括溢洪道、泄洪底孔与水轮机的过水能力。

(4)水库出库流量变幅约束：

$$|q(t) - q(t-1)| \leqslant \Delta q_{\max} \tag{4-6}$$

式中：$q(t)$ 为水库 t 时刻的下泄流量；$\Delta q_{\max}$ 为相邻时段水库下泄流量变幅允许的最大值。

在水位控制模型的水库防洪调度过程中，当时段数固定，调度期末的库水位及入库洪水过程确定时，水库的出库总量是确定的，水库的出库过程实际上是水库应出库量的时段分配。可以证明，在这种条件下，水库最大下泄量最小化等价于水库在调度期内尽可能均匀地泄流。因此，水位控制模型的目标函数相应地变为求最大出库流量最小化的问题。

2. 出库控制模型

出库控制模型是指在洪水不超过防洪标准的前提下，以水库的出库流量作为目标，对调度期内的水库运行情况进行演算，得出方案及各个决策变量的特征值。该模型的目标函数分为以下两种情况：

(1)当最高容许水位约束与出库控制条件矛盾时为

$$\text{Min}\{\text{Max}\{Z_t, t \in [1, m]\}\} \tag{4-7}$$

(2)当最高容许水位约束与出库控制条件不矛盾时为

$$\text{Min}\{\text{Max}\{Q_t, t \in [1, m]\}\} \tag{4-8}$$

出库控制模型的约束条件有：

(1)水库水量平衡约束，见式(4-2)。

(2)水库特征水位约束，见式(4-3)、式(4-4)。

(3)水库泄流能力约束，见式(4-5)。

(4)水库出库流量变幅约束，见式(4-6)。

在出库控制模型的水库防洪调度过程中，由于出库流量是给定的，确保大坝安全和上游库区淹没不受影响就成为出库控制模型的关键问题。由于大坝安全和上游库区淹没范围是通过水库的最高限制水位来控制的，所以出库控制模型就转化为出库流量和最高限制水位双重控制的模型。当该模型总出库流量超约束条件时，防洪调度演算的目标就转化为使水库最高水位最低；当下泄流量不超约束条件时，防洪调度演算的目标就转化为尽可能利用由允许最高水位规定的允许调蓄库容来削减洪峰。

3. 预报预泄模型

预报预泄模型是根据流域平均汇流时间或者实时预报软件能提供的预见期，确定一

个计算预见期 T,在其他条件允许的前提下,面临时刻 t 的出库流量等于 $t+T$ 时刻的预报入库流量乘以预报精度 β 得出的流量。该模型能体现大水大放、小水小放的优点,在洪水预报成果可靠时可以保证预泄的可靠性,防止预泄过度所导致的库水位难以恢复的消落。

预报预泄是一种折中的非优化调度方式,因此没有确定的目标函数,但是在调节时需要考虑以下条件的约束:

(1)水库水量平衡约束,见式(4-2)。

(2)水库特征水位约束,见式(4-3)、式(4-4)。

(3)水库泄流能力约束,见式(4-5)。

(4)水库出库流量变幅约束,见式(4-6)。

(5)调度期末的水位约束:

$$Z_{end} \leqslant Z_e \tag{4-9}$$

式中:Z_{end} 为调度期末计算的库水位;Z_e 为调度期末的控制水位。

4.闸门控制模型

闸门控制模型是指通过制定闸门的开启状况,模拟出水库的水位变化和流量的出库过程,确定防洪方案。该方案比较适用于对上级下达的闸门指令和上述3种模型求出的闸门开度修改后的模拟调度。

4.2.1.2 水库群联合防洪调度模型

1.库群最大削峰模型

库群最大削峰模型的目标函数有以下两种情况。

(1)对于 n 个并联水库、$n+1$ 个防洪点有:

$$\text{Min}\int_{t=1}^{m}[q_{1,t}^2+q_{2,t}^2+\cdots+q_{n,t}^2+(q_{1,t}+q_{2,t}+\cdots+q_{n,t})^2]\mathrm{d}t \tag{4-10}$$

式中:$q_{n,t}$ 为 n 水库 t 时刻的出库流量。

(2)对于 n 个串联水库、n 个防洪节点有:

$$\text{Min}\int_{t=1}^{m}(q_{1,t}^2+q_{2,t}^2+\cdots+q_{n,t}^2)\mathrm{d}t \tag{4-11}$$

当某些下游无防洪要求时,可去掉积分号下对应的项。

其约束条件有以下几个因素:

(1)水库水量平衡约束。

$$V_{n,t}=V_{n,t-1}+\left[\frac{Q_{n,t}+Q_{n,t-1}}{2}-\frac{q_{n,t}+q_{n,t-1}}{2}\right]\Delta t \tag{4-12}$$

式中:$V_{n,t}$、$V_{n,t-1}$ 为 n 水库 t 时段初、末的蓄水量;$Q_{n,t}$、$Q_{n,t-1}$ 为 n 水库 t 时段初、末的入库流量;$q_{n,t}$、$q_{n,t-1}$ 为 n 水库 t 时段初、末的下泄流量;Δt 为时段长度。

(2)水库特征水位约束。

$$Z_{n,t} \leqslant Z_{mn}(t) \tag{4-13}$$

式中:$Z_{n,t}$ 为 n 水库 t 时刻的库水位;$Z_{mn}(t)$ 为 n 水库 t 时刻的最高容许水位。

(3)水库泄流能力约束。

$$q_{n,t} \leqslant q(Z_{n,t}) \tag{4-14}$$

式中：$q(Z_{n,t})$ 为 n 水库 t 时刻相应于水位 $Z_{n,t}$ 的出库能力，包括溢洪道、泄洪底孔与水轮机的过水能力。

(4)水库出库流量变幅约束。

$$|q_{n,t} - q_{n,t-1}| \leqslant \Delta q_m \tag{4-15}$$

式中：$|q_{n,t} - q_{n,t-1}|$ 为 n 水库相邻时段出库流量的变幅。

库群最大削峰模型实际上是单库水位控制模型的推广和数学模型化。需要说明的是，上述目标函数是按最大削峰来定的，它只是在径流基本同步的情况下才使其最优解等价于最小洪灾损失的解；反之，如径流不同步，最大削峰模型的最优解不一定重合于最小损失的解。

2. 库群最大防洪安全保证模型

库群最大削峰模型应用的成效很大程度上取决于是否较准确地预知洪水全过程。实际上，由于气象、下垫面等多方面的影响，洪水的预报精度有待提高，针对上述情况，提出了逐时段库群最大防洪安全保证模型。

假设防洪水库(并联或者串联)共有 n 个，则整个库群某时刻的防洪安全库容以每一座水库余留可用库容的加权总和来表达，目标函数为

$$\mathrm{Max}R_t = \sum_{i=1}^{n} R_{i,t}\beta_i \tag{4-16}$$

式中：R_t 为整个水库群 t 时刻的总防洪安全库容；$R_{i,t}$ 为 t 时刻每座防洪水库的余留可用库容；β_i 为 i 座水库的防洪权重，此权重的引入是由于各水库的单位库容在库群防洪中的功效并不一定相同，它取决于各库所处的局部流域的降雨大小、流域面积及产流汇流等地貌及河道特征。

约束条件包括：

(1)水库水量平衡约束，见式(4-12)。

(2)水库特征水位约束，见式(4-13)。

(3)水库泄流能力约束，见式(4-14)。

(4)水库出库流量变幅约束，见式(4-15)。

(5)非负约束：

$$q_{i,t} \geqslant 0;\quad R_{i,t} \geqslant 0 \tag{4-17}$$

在此应用模型中，由于不知道洪水过程，因此防洪库容的调度功效不一定最理想，这正是预报条件的限制造成的。

3. 库群逐级交互调度模型

库群逐级交互调度模型是单库调度模型的延伸。在单库防洪调度中，各库的入库流量均采用本库洪水预报模型提供的预报值，不考虑各库之间的水力联系和协调关系。在库群逐级交互调度模型中，根据各水库之间的水力联系建立上、下游以及干、支流水库之间的“控制-反馈-控制”机制，并通过人机交互机制，在各种实时信息反馈过程中进行逐级交互，实现区域乃至全流域防洪效益的最大化。

4.2.1.3 模型优化算法

梯级水库群联合调度的优化与计算机的发展密切相关,主要包括由常规方法,到模拟方法,再到优化方法,最后发展到模拟优化方法相结合的几个发展过程。其模拟优化调度求解方法主要包括6大类:线性规划法、非线性规划法、网络流法、大系统法、动态规划法以及启发式算法。

1. 线性规划法

线性规划(linear programming,LP)是一种最简单、应用最广泛的计算方法,决策变量、约束条件、目标函数是线性规划的3个要素 ,满足线性约束条件的解为可行解 。线性规划法是最早应用于水库调度的方法之一,由于不需要初始决策,且计算结果能得到全局最优解,因此在处理一定规模优化问题时应用非常广泛 ,由于防洪目标多以线性形式表达,所以以处理水库群防洪问题居多。目前,线性规划方法的求解技术成熟、易于求解。但由于线性规划模型与水库群系统之间存在一定的差异,对于模型中含有发电等兴利目标时 ,单纯的线性规划模型不一定能很好地反映库群联合调度的基本规律。

2. 非线性规划法

目标函数或约束条件中包含非线性函数时,称为非线性规划(nonlinear programming,NLP)。一般说来,解非线性规划要比解线性规划问题困难得多,而且也不像线性规划有单纯形法这一通用方法,非线性规划目前还没有适于各种问题的一般算法,各个方法都有自己特定的适用范围,对于一些特定的非线性规划,也常常进行线性化处理使之变为线性规划问题来解。对于一般的非线性规划问题,局部解不一定是整体解,只有是凸规划问题的局部解才是全局最优解。水库群发电调度问题不一定能当成线性规划问题来处理,非线性规划在处理此类问题时有更强的适用性。

3. 网络流法

网络流(network flow optimization)是图论中的一种理论方法,是研究网络上的一类最优化问题。针对水库群优化调度具有目标函数为非线性,约束条件一般为线性集合的特点,若把整个库群的时空关系展开为一张网络图,就成了库群调度的非线性网络模型,可由线性网络技术及图论知识进行求解。网络上的流就是由起点流向终点的可行流,它是定义在网络上的非负函数,一方面受到容量的限制,另一方面除去起点和终点外,在所有中途点要求保持流入量和流出量是平衡的。水库群优化调度的特殊结构使得此类问题也可用网络流模型来表示,该方法具有存储量小、计算速度快、对初始值要求不高的特点。

4. 大系统法

大系统(large-scale system)分解协调技术的原理是将大系统分解成相对独立的若干子系统,每个子系统视为下层决策单元,并在其上层设置协调器,形成递阶结构形式。整个大系统的求解过程是首先应用现有的优化方法实现各子系统的局部优化;然后根据大系统的总目标,使各个子系统相互协调,即通过上层协调器与下层子系统之间不断地进行信息交换,来达到整个系统的决策优化。因此,大系统分解协调原理具有两个显著的特点:①目标函数(或总体指标函数)和耦合条件是可分的;②各子系统的寻优次序是任意的。库群联合优化调度模型可分解为两层谱系结构模型,第1层为子系统模型,第2层为总体协调模型。先进行各水库优化计算,然后对水库群系统的目标进行整体协调求出全局最优解,它克服了一般动态规划中“维数灾”问题,具有明显的优越性。

5. *动态规划法*

动态规划方法(dynamic programming)把复杂问题化成了一系列结构相似的最优子问题,而每个子问题的变量个数比原问题少得多,约束集合也相对简单,特别是一类指标、状态转移和允许决策不能用解析形式表示的最优化问题,用解析方法无法求出最优解,而动态规划法很容易。动态规划对于连续的或离散的、线性的或非线性的、确定性的或随机性的问题,只要是能构成多阶段决策过程,便可用来求解。但随着决策阶段数的增加会出现“维数灾”问题,使其应用受到很大的限制,为此人们提出了一些改进算法,主要有离散微分动态规划(DDDP)、逐次渐进动态规划(DPSA)和逐次优化算法(POA 算法)等。

DDDP 法是由一个满足约束条件和边界条件的初始试验轨迹开始,并在这个试验轨迹的某一定邻域内将状态离散化,然后使用动态规划递推方程,在各离散状态间寻找一条改善轨迹,重复进行直到寻找最优轨迹。由于每次迭代时每一阶段的离散点数较少,从而大大减少了存储量和计算时间,为求解水库群联合调度的高维问题提供了方便。其主要优点在于用逐次逼近的方法寻优,每次寻优只在某一个状态系列的小范围内进行,这样大大地减少了参加计算的状态点和可能决策数,可以节省大量的时间。但是由于动态规划问题中的函数不一定是凸函数,只从一个初始轨迹出发求得的最优解不一定是全局最优解,由于受初始轨迹的影响有时可能难以得到全局最优解。因此,一般应通过设置多种初始试验轨迹,重复上述计算步骤求得与其相应的最优解。

DPSA 法的基本思想是把包含若干决策变量的问题,变为仅仅包含一个决策变量的若干子问题,每个子问题的状态变量比原问题的状态变量少,因而可显著降低问题的维数,也可减少所需的存储空间。当状态变量数等于决策变量数时,每个子问题只有一个状态变量。对于决策向量维数不等于状态向量维数的问题,同样可以通过 DPSA 法进行寻优:一般按照决策向量维数将问题划分为若干子问题(个数等于决策向量维数),对每个子问题采用动态规划法求解。该方法可大大节省计算机的存储量和计算时间,但也不能确保收敛到全局最优解。为了提高算法寻求全局最优解的可能性,可从不同初始轨迹开始寻优,选取最好的作为最终计算结果。

POA 算法是一种求解多阶段决策问题的数值计算方法,该方法能使计算收敛于全局最优解,且是唯一最优解。其优化的最优路线具有这样的特征:每对决策集合相对于它的初始值和终止值来说都是最优的,运用此原理可把一个复杂的序列决策问题化为一系列的二阶段极值问题,使原问题得到简化,但该方法对初始轨迹的依赖性较强。

6. *启发式算法*

随着现代计算机技术的进步,一类基于生物学、物理学和人工智能的具有全局优化性能、稳健性强、通用性强且适于并行处理的现代启发式算法得到了发展。在水库优化调度领域,近年来关于启发式算法的研究主要包括遗传算法(GA)、人工神经网络算法(ANN)、微粒子群算法(PSO)和蚁群算法(ACO)等。

GA 算法是一种基于模拟自然基因和自然选择机制的寻优方法,该方法按照“择优汰劣”的法则,将适者生存与自然界基因变异、繁衍等规律相结合,采用随机搜索,以种群为单位,根据个体的适应度进行选择、交叉及变异等操作,最终可收敛于全局最优解。在求解梯级水库群联合优化调度问题时显示出明显的优势,与传统的动态规划法相比,GA 算法采用概率的变迁规则来指导搜索方向,而不采用确定性搜索规则,搜索过程不直接作用于变量上,状态变量和控制变量无须离散化,所需内存小、稳定性强,在确定性优化调度方面得到了较为广泛的应用。

ANN 算法是一种由大量简单非线性单元广泛连接而成的具有并行处理能力的系统。该方法具有快速收敛于状态空间中一稳定平衡点的优点,对于诸如动态规划等方法在目前串行计算机上模拟求解时存在着不同程度的“维数灾”问题,此方法提供了一条新途径,在水文预报、水库优化调度等方面得到了广泛应用。

PSO 算法采用“群体”与“进化”的概念,模拟鸟群飞行觅食的行为,通过个体之间的集体协作和竞争来实现全局搜索。PSO 算法是通过粒子记忆、追随当前最优粒子,并不断更新自己的位置和速度来寻找问题的最优解,所以存在早熟收敛、难以处理问题约束条件,易陷入局部最优解等缺点。近年来,一些改进的 PSO 算法能以较快的速度收敛到全局最优解。

ACO 算法是一种用来在图中寻找优化路径的概率型算法,该方法来源于蚂蚁在寻找食物过程中发现路径的行为,该算法具有正反馈、分布式计算和富于建设性的贪婪启发式搜索的特点,可求解组合最优化问题。模拟蚂蚁群体觅食路径的搜索过程来寻找梯级水电站中长期最优调度计划,把问题解抽象为蚂蚁路径,利用状态转移、信息素更新和邻域搜索以获取最优解,将复杂的问题变为一种非线性全局寻优问题,有效地避免了“维数灾”问题,为解决梯级水库中长期优化调度问题提供了一种有效的方法。

4.2.2 珠江流域水库群多区域协同防洪调度模型

4.2.2.1 研究水库对象

面向多区域防洪的珠江流域水库群多区域协同防洪调度模型,旨在解决水库防洪库容应用不明确、大尺度流域空间多水系、多防洪对象需求下的库群多区域协同防洪调度等问题,科学调配水库群防洪库容,以挖掘珠江流域水库群防洪调度潜力,有效拓展库群防洪效益,进而提升流域防洪调度管理水平。

随着珠江流域水库规模的不断增大,加之经济社会快速发展对防洪安全提出了更高要求,水库群多区域协同防洪调度日趋复杂,亟须以防洪调度整体效益最优为目标,开发满足多区域防洪的流域水库群协同调度模型。珠江流域干支流众多,洪水组成和遭遇复杂多变,防洪需求众多,防洪对象分散,且还需兼顾发电、航运、供水、生态、库区安全等多种因素,决定了水库群联合防洪调度具有面向大尺度流域空间、多水系、多区域防洪需求协同的特征。因此,如何构建一个合理、完备、精细的珠江流域水库群多区域协同防洪调度模型,科学调配流域水库群防洪库容,充分发挥流域水库群防洪调度潜力,对落实流域防洪规划指导思想、保障流域安澜具有重大意义。

流域已建大型水库 87 座,总库容约 983 亿 m^3,总防洪库容 162.86 亿 m^3,其中龙滩水库(一期工程)、大藤峡水库、飞来峡水库、百色水库、老口水库、乐昌峡水库、新丰江水库、枫树坝水库、白盆珠水库等流域主要防洪水库总防洪库容 139.97 亿 m^3,另外,北江中下游还建有潖江蓄滞洪区及芦苞涌、西南涌分洪工程。

按照防洪目标与防洪任务，系统梳理了珠江流域防洪工程体系以及重点防洪保护区，如表 4-1 所示。

表 4-1 珠江流域防洪工程体系现状

<table>
<tr><th>工程体系</th><th>主要工程</th><th>重点防洪保护区</th><th>现状防洪能力</th></tr>
<tr><td>西、北江中下游</td><td>龙滩水库(一期工程)、大藤峡水库、飞来峡水库、潖江蓄滞洪区，芦苞涌、西南涌分洪水道，西、北江中下游及三角洲堤防工程</td><td rowspan="3">珠江下游三角洲防洪保护区、珠江三角洲滨海防潮保护区、郁江中下游防洪保护区、柳江下游及红柳黔三江、汇流地带防洪保护区、浔江防洪保护区、西江防洪保护区</td><td>西江中上游型洪水和全流域型洪水 100 年一遇，北江洪水 300 年一遇</td></tr>
<tr><td>东江中下游</td><td>新丰江水库、枫树坝水库、白盆珠水库、东江中下游及三角洲堤防工程</td><td>100 年一遇</td></tr>
<tr><td>郁江中下游</td><td>百色水库、老口水库、郁江中下游堤防工程</td><td>200 年一遇</td></tr>
<tr><td>桂江中上游</td><td>斧子口水库、川江水库、小榕江水库，桂江中上游堤防工程</td><td>桂江中上游防洪保护区</td><td>100 年一遇</td></tr>
<tr><td>北江中上游</td><td>乐昌峡水库、湾头水库、北江中上游堤防工程</td><td>北江中上游防洪保护区</td><td>100 年一遇</td></tr>
</table>

珠江流域已初步建成郁江中下游、桂江中上游、北江中上游和东江中下游防洪工程体系；西、北江中下游防洪工程体系中的北江部分已基本建成，西江部分只建成龙滩一期水库工程、大藤峡水库和沿江堤防工程；柳江中下游防洪工程体系中沿江堤防工程已基本建成。

(1)龙滩水库是西江堤库结合防洪工程体系的骨干工程，控制面积占西江流域面积的 28%，主要调蓄来自红水河以上的洪水。龙滩水库对于西江中上游型洪水、全流域型洪水作用显著，使西江中下游防洪能力显著提高；而对于暴雨发生在柳江、桂江、郁江的中下游型洪水以及晚发型洪水，防洪作用有限。

(2)大藤峡水库是西江堤库结合防洪工程体系的骨干工程，与龙滩水库联合调度，可基本控制西江中上游型和全流域型洪水，对于暴雨发生在柳江、桂江、郁江的中下游型洪水，调洪效果显著，还可兼顾对浔江西岸的调洪效果。

(3)天生桥一级水库是南盘江上的多年调节水库，光照水库是北盘江上的不完全多年调节水库，控制流域面积分别占龙滩水库的 51%和 14%，对龙滩的入库洪水具有较好的调节作用，可配合龙滩水库等实施防洪调度，减轻下游防洪压力。

(4)岩滩水库位于龙滩水库下游，具有距离下游柳江近、调洪灵活性高的优势，在保证自身安全的前提下，可用于错柳江洪峰削减下游洪水。在柳江来水较大时，及时组织红花水库预泄，龙滩、岩滩、大化、百龙滩、乐滩、桥巩等水库开展联合补偿调度，对柳江洪水实行错峰调度，削减下游洪峰量级；红水河以上来水较大时，天生桥一级、光照、龙滩、岩滩、大化、百龙滩、乐滩、桥巩等水库联合补偿调度，拦蓄上游洪水，削减下游洪峰量级。

(5)百色水库集水面积占南宁集水面积的27%，包括左江在内的73%的区间流域来水不受百色水库控制；老口水库完全控制了左江、右江洪水。由于百色水库控制集水面积较小，区间洪水来流较大，水库防洪调度采用补偿防洪调度方式，利用百色防洪库容错区间(左江)洪峰；老口水库控制集水面积较大，距离防洪控制点很近，采用固定泄量调洪方式。郁江来水较大时，开展百色、老口等水库联合调度，削减郁江中下游洪水，减轻郁江中下游南宁市、贵港市等防洪压力。

(6)飞来峡水库是北江堤库结合防洪工程体系的骨干工程，控制面积占北江流域面积的73%，可以调蓄横石以上的北江洪水。当北江流域发生大洪水时，以飞来峡水库为核心，适时联合调度乐昌峡、湾头等水库拦洪，努力减少飞来峡水库入库洪水，适时运用潖江蓄滞洪区滞洪，减轻北江中下游及西、北江三角洲防洪压力。

(7)潖江蓄滞洪区是西、北江中下游防洪工程体系中的重要组成部分，随着区域经济社会的迅速发展，滞洪区内堤防有不同程度的加高加固，导致其难以按设计方式自然溃决滞洪。根据对潖江蓄滞洪区调度方式的优化研究成果，潖江蓄滞洪区采用天然滞洪与人工分洪相结合的调度方式，适当优化堤围溃决水位等调度方式，可进一步挖潜潖江蓄滞洪区的滞洪作用。

(8)西、北江三角洲受西江和北江洪水共同威胁，当三角洲受较大洪水影响时，开展西、北江水库群联合调度。北江来水较大时，适时运用西江水库群错北江洪峰；西江来水较大时，适时运用北江水库群与潖江蓄滞洪区错西江洪峰。

(9)枫树坝、新丰江和白盆珠水库是东江堤库结合防洪工程体系的防洪水库，三库控制面积占东江流域面积的43%。当东江流域发生洪水时，结合气象水文预报，适时联合调度枫树坝、新丰江和白盆珠等水库，保障惠州、东莞等城市防洪安全，兼顾河源市及下游堤防保护区安全。

4.2.2.2　模型拓扑结构构建

1.防洪总体格局与水库角色定位

按照珠江流域联合防洪调度总体布局、水库位置及洪水地区组成，通过各水库群组的防洪作用和调节能力，按照大系统协调的理论和思路，将流域水库群分为1组骨干水库，6个群组水库。珠江流域水库群示意见图4-5。

骨干水库为龙滩水库、大藤峡水库和飞来峡水库，水库群组分别为西江中上游水库群、郁江水库群、桂江水库群、柳江水库群、北江中上游水库群、东江水库群，按照水库群的防洪任务和重要防洪对象多区域分布属性，各水库群在珠江流域多区域协同防洪调度格局中的定位为：

(1)骨干水库在其他水库群组的配合下，保障干流沿程重要城市的防洪安全。龙滩水库、大藤峡水库是西江堤库结合防洪工程体系的骨干工程，可基本控制西江中上游型、全流域型洪水，对中下游型洪水调洪作用显著；飞来峡水库是北江堤库结合防洪工程体系的骨干工程，可以调蓄横石以上的北江洪水。

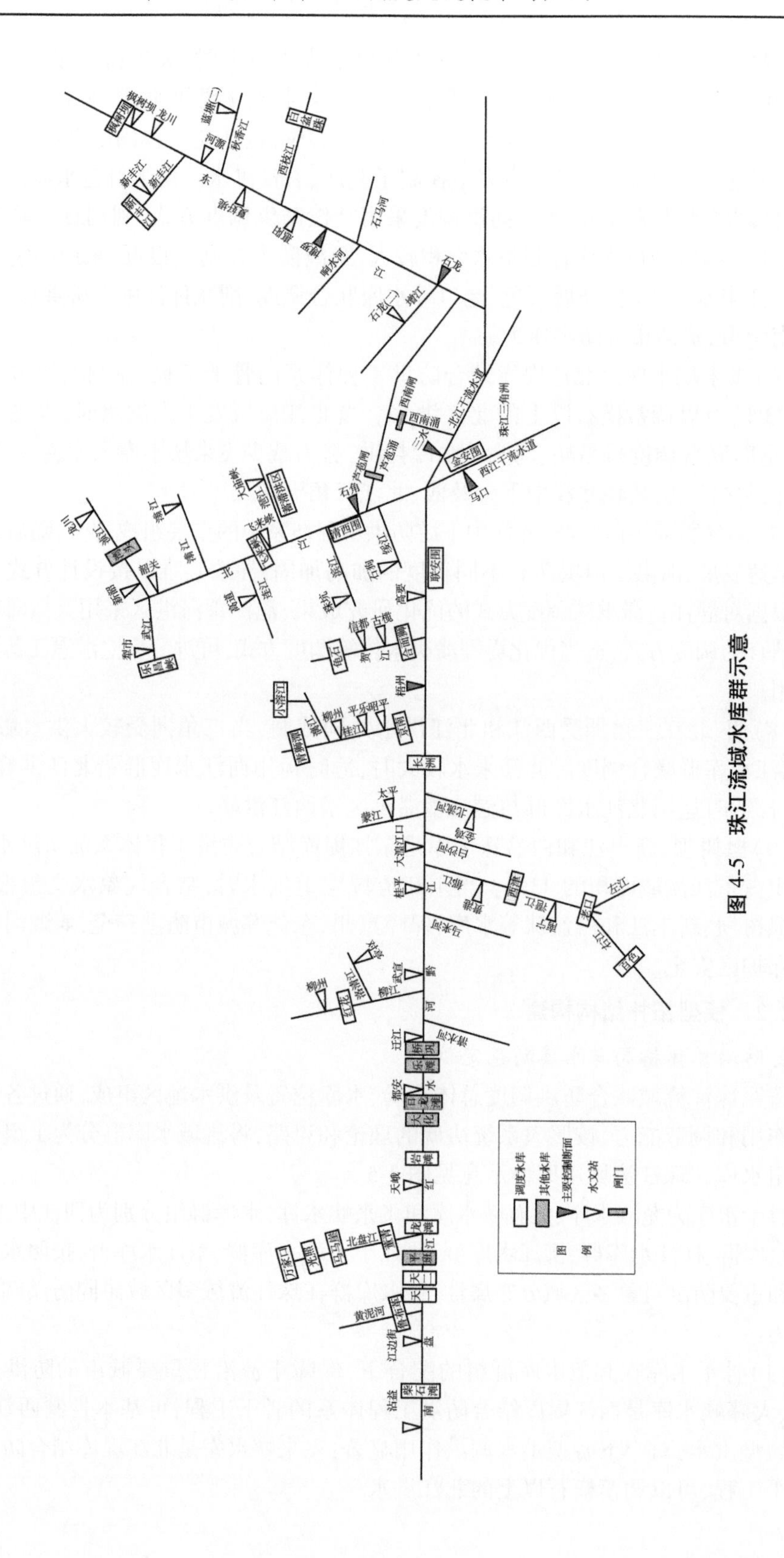

图 4-5 珠江流域水库群示意

(2)群组水库通过自身的防洪调度,减轻所在支流下游的防洪压力,以及配合骨干水库调度减轻流域中下游地区防洪压力。西江中上游天一、光照等水库对龙滩的入库洪水具有较好的调节作用,配合龙滩水库等实施防洪调度,可有效减少龙滩水库入库洪量;西江中上游岩滩、大化、桥巩、乐滩等水库群,可用于错柳江洪峰,达到减轻下游洪水压力的目标;郁江水库群削减郁江中下游洪水量级,减轻郁江中下游南宁市、贵港市等防洪压力,错黔江洪峰;北江上游水库群可减少飞来峡水库入库洪水,适时运用潖江蓄滞洪区滞洪,减轻北江中下游及西、北江三角洲防洪压力;东江水库群保障惠州、东莞等城市防洪安全,兼顾河源市及下游堤防保护区安全。

2. 模型拓扑结构

按照各水库群的角色定位,提出水库群多区域协同防洪调度模型的拓扑结构,厘清干支流水库群之间的联系、水库群与各防洪对象之间的映射关系,水库群多区域协同防洪调度模型的拓扑结构如图4-6所示。通过分析珠江流域水库群多区域协同防洪的客观实际,根据水库群防洪调度库容分配方式和重要防洪对象多区域分布属性,珠江流域水库群多区域协同防洪调度模型包括本流域单一目标调度、不同防洪目标间的区域协同调度方式,以及保障珠江流域整体防洪安全总体协调层,主要涵盖以下内容:

(1)西江中上游的天生桥一级水库、光照水库主要配合龙滩水库对流域中下游的防洪调度。

(2)西江中上游的岩滩、大化、乐滩、桥巩水库群,本河流无重要防护对象,主要配合龙滩水库对流域中下游的防洪调度。

(3)柳江拉浪、浮石、麻石、落久、红花水库群。①拉浪、浮石、麻石、落久、红花水库群联合调度,尽力减轻下游柳州的防洪压力;②落久水库、红花水库配合干流龙滩水库、岩滩水库对流域中下游的防洪调度。

(4)郁江百色水库、老口水库。①百色水库、老口水库对南宁市、贵港市的防洪调度;②百色水库、老口水库配合龙滩水库对流域中下游的防洪调度。

(5)桂江斧子口水库、川江水库、小榕江水库、青狮潭水库。①斧子口水库、川江水库、小榕江水库、青狮潭水库对桂林的防洪调度;②斧子口水库、川江水库、小榕江水库、青狮潭水库配合龙滩水库对流域中下游的防洪调度。

(6)北江乐昌峡水库、湾头水库、飞来峡水库、潖江蓄滞洪区。①乐昌峡水库、湾头水库对韶关的防洪调度;②乐昌峡水库、湾头水库配合飞来峡水库防洪调度,削减飞来峡入库洪量;③乐昌峡水库、湾头水库、飞来峡水库、潖江蓄滞洪区对北江中下游的防洪调度;④乐昌峡水库、湾头水库、飞来峡水库、潖江蓄滞洪区配合西江水库群对流域下游三角洲的防洪调度。

(7)东江枫树坝水库、新丰江水库和白盆珠水库。①枫树坝水库对龙川的防洪调度;②枫树坝水库、新丰江水库对河源的防洪调度;③枫树坝水库、新丰江水库、白盆珠水库对惠州市、东莞市的防洪调度。

4.2.2.3　调度模型构建

1. 模型的特点

根据上述水库群防洪调度节点和拓扑结构,可见水库群多区域协同防洪调度模型涉及面大、影响因素多,在调度模型构建过程中,要充分结合珠江流域水库分布和调度特点,

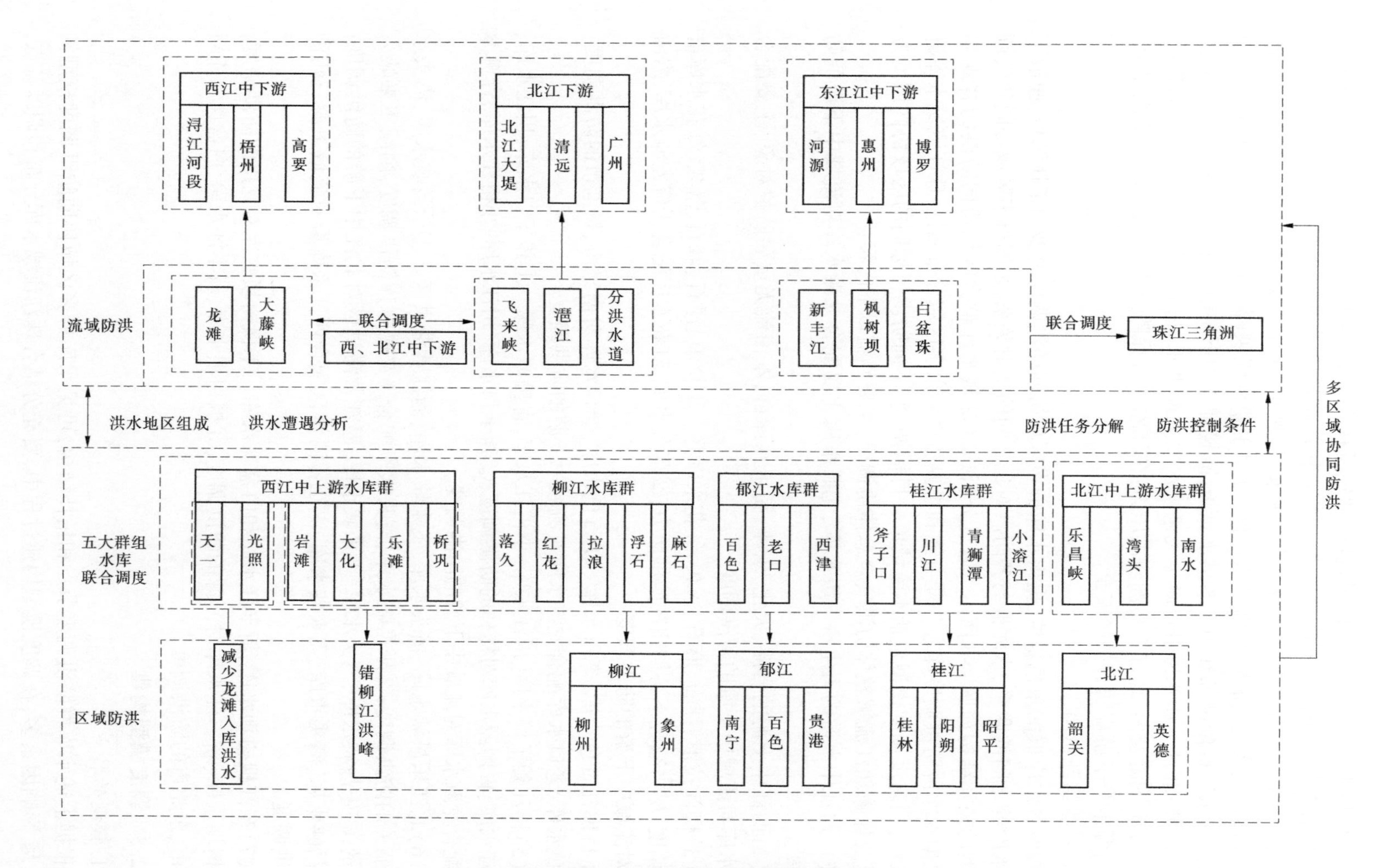

图 4-6 水库群多区域协同防洪调度模型的拓扑结构

综合考虑以下特点：

(1)骨干水库和群组水库按照防洪要求，确定启动时机和启动条件，有效利用防洪库容。

(2)各调度节点达到防洪标准所需的水库预留防洪库容，并在协同防洪调度过程中实时计算水库尚可配合的剩余防洪库容，充分利用防洪库容。

(3)厘清各防洪目标发生的常遇、标准、超标准洪水等不同量级洪水，启动相应的调度方式和驱动模式，使得调度方式更有针对性和可操作性。

(4)根据水文预报和洪水地区组成，厘清上述骨干水库、各群组水库的调度次序，以及骨干水库、群组水库内部各水库的投入次序，实现骨干水库、群组水库库容利用最优。

(5)在水库群协同防洪调度过程中不断优化和细化联合调度方案，评价反馈调度决策，滚动修正，形成“以调测效，以效优策”的闭环，实现科学合理利用防洪库容，确保多区域协同防洪安全，兼顾兴利效益，实现珠江流域水资源高效利用的整体防洪目标。

2. 模型的功能结构

按照水库群防洪调度的特点，在保证模型的整体性、逻辑性、实用性的前提下，搭建水库群多区域协同防洪调度模型，并通过方案制订、效果评价、反馈修正，达到整体防洪目标。模型功能结构分为多区域协同防洪对象分解、调度水库选择、防洪控制条件、嵌套式多区域协同防洪调度、4 个模块，如图 4-7 所示。

1)多区域协同防洪对象分解

基于大系统分解原理，按照珠江流域游防洪对象位置和分布特性，将防洪对象分为水库自身，西、北江中下游，东江中下游，郁江中下游，桂江中上游，北江中上游主要防洪控制断面。

2)调度水库选择

根据不同水库的调度运用方式，构建防洪调度规则库，对于不同量级和不同组成的洪水，选取相应的水库对该类洪水进行调度。

3)防洪控制条件

将参与防洪调度的水库群的控制断面、防洪标准、水位流量控制条件以及判断是否启用蓄滞洪区配合运用，作为防洪调度的边界约束条件。

4)嵌套式多区域协同防洪调度

依据水库群防洪调度方案，形成水库群防洪调度规则库，制定珠江流域水库群的防洪调度的启用时机、调度方式，按照不同洪水类型开展常遇洪水调度、标准洪水调度、超标准洪水调度。上述 3 种调度方式在局部区域时，按照区域洪水类型进行嵌套优选应用，比如开展常遇洪水调度时，若北江来水大，启用北江防洪调度标准洪水调度规则库。

(1)常遇洪水调度目标函数。

$$f_1 = \mathrm{Max} \sum_{n=1}^{N} E(C_n)$$

$$s.t. \begin{cases} A \leqslant 20 \\ \mathrm{Max}(Z) \leqslant Z_j \\ \vdots \\ Q_C \leqslant Q_a \end{cases} \tag{4-18}$$

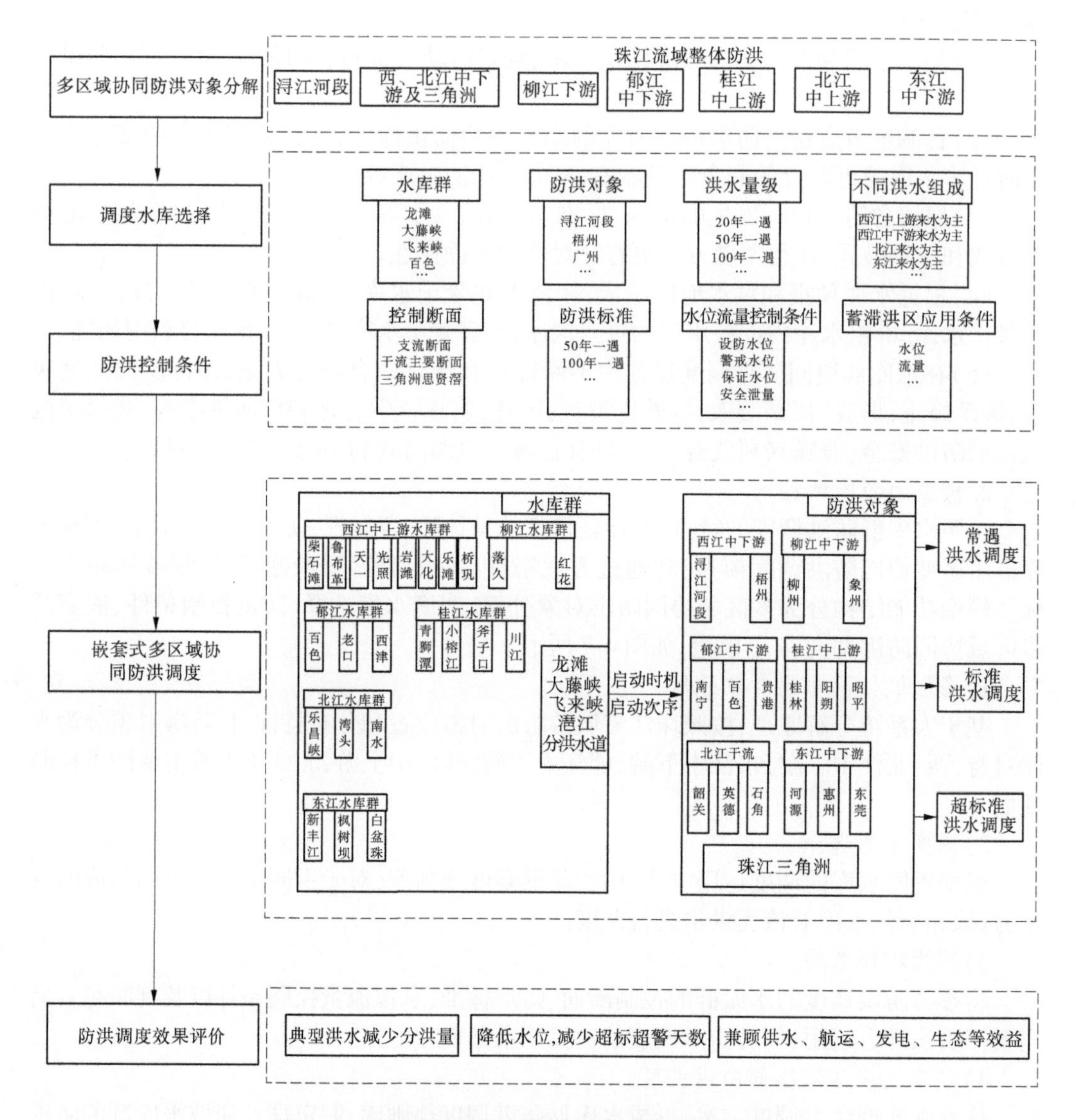

图 4-7　水库群多区域协同防洪调度模型的功能结构

式中:N 为水库群总数,主要针对某条江上的梯级水库而言; $E(C_n)$ 为第 n 个水库的兴利效益;A 为洪水重现期; $\max(Z)$ 为洪水调度过程防洪控制点最高水位,按不超过警戒水位 Z_j 进行控制; Q_C 为梯级水库下泄流量,不超下游安全泄量 Q_a 。

在调度过程中尚需兼顾水位变幅、流量变幅、最小下泄流量等各种约束,参照 4.1.2 小节介绍。该调度方式主要针对 20 年一遇以下洪水进行常遇洪水调度,在确保防洪安全、满足水位流量约束条件的基础上,实现梯级水库群兴利效益最大。当然,如果多条干支流同时满足实施常遇洪水调度条件,则需要扩展目标函数。

(2)标准洪水调度目标函数。

$$f_2 = \begin{cases} \text{Max}\sum_{n=1}^{N} V_n(C_n,\cdots,Q), \text{Loss}(A_i,B_j,\cdots,Q) = 0 \\ \text{MinLoss}(A_i,B_j,\cdots,Q), \text{Loss}(A_i,B_j,\cdots,Q) > 0 \end{cases}$$

$$s.t. \begin{cases} 20 < A_i \leqslant 100 \\ \text{Max}(Z_m) \leqslant Z_{m,j},\ m = 1,2,\cdots,M \\ \vdots \\ Q_{m,C} \leqslant Q_{m,a},\ m = 1,2,\cdots,M \end{cases} \tag{4-19}$$

式中:N 为水库群总数,即为研究对象中的所有水库;$V_n(C_n,\cdots,Q)$ 为第 n 个水库 C_n 的剩余防洪库容;当遭遇洪水重现期为 A_i 、洪水地区组成为 B_j 、来水过程 Q 时,经水库群联合调度后分洪量记为 $\text{Loss}(A_i,B_j,\cdots,Q)$ 。$\text{Max}(Z_m)$ 为第 m 个防洪控制点的最高水位,按不超过相应安全水位 $Z_{m,j}$ 进行控制;如果考虑流量约束,$Q_{m,C}$ 为第 m 个防洪控制点的最大流量,按不超过安全流量 $Q_{m,a}$ 进行控制;M 为防洪对象总数,包括各水库本身和防洪控制站。

该调度方式主要针对 20~100 年一遇洪水进行标准洪水调度,若有分洪量,则按分洪量最小进行调度;否则调度目标为水库群预留防洪能力 $\sum_{n=1}^{N} V_n(C_n,\cdots,Q)$ 最大,以提高对后续洪水的防洪能力。

(3)超标准洪水调度目标函数。

$$f_3 = \text{Min}\{\text{Max}(Q_1^m, Q_2^m, \cdots, Q_T^m)\}$$

$$s.t. \begin{cases} A_i > 100 \\ \text{Max}(V_n) \leqslant V_{n,\text{Max}}, n = 1,2,\cdots,N \\ \vdots \\ \text{Loss}(A_i,B_j,\cdots,Q) \leqslant Q_K, k = 1,2,\cdots,K \end{cases} \tag{4-20}$$

Q_T^m 为第 m 个防洪控制点第 T 时段的最大流量;$\text{Max}(V_n)$ 为第 N 个水库的最大使用库容,按水库防洪库容控制。针对超标准洪水进行防御调度时,在有效运用防洪库容和分蓄洪区条件下保证流域控制断面洪峰流量最小。

4.3　珠江流域多目标多区域协同调度方式

4.3.1　调度目标和任务

4.3.1.1　干支流协同防洪调度

珠江流域水库群联合防洪调度的关键是协调各支流的防洪和流域防洪的关系,实现不同区域的协同防洪,既能实现各水库的防洪目标,又能提高流域的整体防洪效益。水库群联合防洪调度时,应首先确保各枢纽工程的自身安全,对兼有所在支流防洪和承担流域下游防洪任务的水库,应协调好所在支流与流域下游防洪的关系,在满足所在支流防洪要求的前提下,根据需要尽可能承担下游防洪任务。对于不同地区组成的洪水,珠江流域水库防洪调度任务如下。

1. 西江中上游

充分利用河道下泄洪水;适时利用柴石滩等水库拦蓄洪水,减轻南盘江防洪压力;调度运用龙滩等骨干水库拦蓄洪水,控制西江梧州站流量不超过 50 400 m^3/s;调度运用郁江百色水库、老口水库拦蓄洪水,控制南宁站流量不超过 18 400 m^3/s,兼顾贵港防洪安全;适时运用川江水库、小溶江水库、青狮潭水库拦洪、削峰、错峰,减轻桂江防洪压力;适时运用龟石、合面狮、爽岛等水库拦洪削峰,减轻贺江中下游防洪压力。

2. 北江中上游

充分利用河道下泄洪水;调度运用北江中上游乐昌峡、湾头水库拦蓄洪水,控制韶关站流量不超过 8 900 m^3/s,兼顾韶关市防洪现状,尽可能保障韶关市防洪安全。

3. 西、北江下游及其三角洲

充分利用河道下泄洪水;当珠江流域发生中下游型洪水时,根据气象水文预报和干支流洪水不同遭遇情况,在确保水库工程自身安全和设计防洪保护目标安全的前提下,以龙滩水库、大藤峡水库和百色水库为核心,适时联合调度天生桥一级、光照、岩滩、西津、红花、长洲、京南等水库拦洪错峰,适时运用飞来峡水库、潖江蓄滞洪区调蓄洪水,芦苞涌和西南涌分洪水道分洪,控制西江高要站流量不超过 50 500 m^3/s、北江石角站流量不超过 19 000 m^3/s。

4. 东江及其三角洲

充分利用河道下泄洪水;调度运用新丰江、枫树坝、白盆珠等东江干支流水库拦蓄洪水,控制东江博罗站流量不超过 12 000 m^3/s。

4.3.1.2　多目标协同调度

珠江流域内干支流水库群防洪调度的目标是在保证各枢纽工程自身安全的前提下,充分发挥水库拦洪、削峰、错峰的作用,减轻下游防洪压力,保障重点防洪保护区安全,同时,应兼顾综合利用需求,结合水文气象预报,在确保防洪安全的前提下,合理利用水资源。

随着粤港澳大湾区、珠江—西江经济带与北部湾经济区建设等国家战略的实施,立足于"防洪安全、供水安全、粮食安全、经济安全、生态安全、国家安全"的目标需求,西江流域梯级水库群的调度运行需考虑对其上下游防洪保护对象的防洪安全、生产和生活用水需求、电力系统的发电、下游航道的通航、水生态环境保护等综合利用效益。

位于珠江三角洲的粤港澳大湾区城市供水受枯水期咸潮上溯影响,供水安全难以得到保证。近年来,河口咸潮影响区域从番禺、东莞、中山、新会、珠海扩大到广州、南海等,影响范围从农业扩大至工业和生活用水,严重威胁区域人民生活和社会安定。因此,流域水库群需要在汛期末提前蓄水,在枯水期对下游三角洲地区进行压咸补淡调度,使目标河段内的取水系统有足够的时间抢蓄淡水,满足供水需求。汛期末阶段的防洪调度需兼顾供水。

红水河、黔江河段是西江流域水力资源最丰富的河段,也是全国十二大水电基地之一。流域梯级水电站的中长期优化调度一般以调度期内总发电量最大与电网稳定为调度目标。为了减少弃水,水库群在汛期的发电目标与防洪目标存在一定的互斥关系;枯水期水库加大供水,能够适当增加水电系统出力,对于提高电力系统供电安全具有重要意义;但加大供水会导致电站坝前水位下降加快,从而损失电站水头效益,减少电站年总发电量。因此,防洪调度需兼顾电网发电需求,同时发电调度目标与供水目标存在一定的互斥。

西江梯级水库群调度不可避免地改变了水文节律,导致鱼类产卵行为紊乱;水温改变导致鱼类产卵时间推迟;大坝阻隔洄游通道导致上下游鱼类基因交流受阻,可能导致四大家鱼数量锐减、鱼类日趋小型化。为此,需要采取措施加强水生态保护与修复,一定程度上恢复自然流量过程,推进自然水生态系统保护与修复,提升水生态系统稳定性和生态服务功能。然而,恢复自然流量过程一方面会影响下游防洪区的防洪安全,另一方面会增加水电站的弃水量,减少梯级水库的发电效益。因此,还需兼顾生态调度目标。同时,生态调度目标与发电调度目标存在一定互斥。

西江航运干线为珠江水系内河航道的主要通道,上连西南水运出海南线、中线、北线通道,下接珠江三角洲航道网,并与左江、桂江、贺江、北江、东江等航道和出海口门航道相连,组成以Ⅲ级航道为基础的内河航道网。然而,受西江航运干线上游来水不足的影响,时而会发生船舶滞航或者船舶搁浅事件,对航道通航产生较大的影响。西江流域梯级水库群的航运调度目标是在西江航运干线上游来水不足时加大出库流量,保证通航稳定,提高通航保证率。与供水目标相似,枯水期加大下泄流量会导致电站坝前水位下降加快,减少电站发电效率,航运目标与发电量目标存在一定互斥关系。

通过西江流域水库群防洪、供水、发电、生态和航运的调度目标分析可知,各个调度目标之间存在一定的互斥关系,为此,流域水库群在汛前、汛期、汛末和枯水期等不同调度时期均有不同的调度策略,且同一调度期内需要考虑流域水资源多目标综合调度,在保障防洪安全的前提下,协同流域发电、航运、生态、供水等任务之间的竞争关系和补偿效益,寻求多目标之间协调、统一的调度模式,最大限度提高水资源的利用效率。

4.3.2　多目标多区域协同调度方式

水库群多目标多区域协同调度是在保障防洪安全的前提下,协同流域各支流水库群,协同发电、生态、供水等任务之间的竞争关系和补偿效益,寻求多目标多区域之间协调、统一的调度模式。

从珠江流域防洪系统来看,水库群是防洪系统的重要组成部分。水库群利用其蓄水容积调节径流及调控洪水,共同承担兴利和防洪的目标,通过水库群相互配合、相互补偿、统一调度可以达到最佳的联合运用效果,从而实现综合开发水资源和有效防治洪水灾害的目的。在研究水库群防洪调度时,还必须考虑到与其他防洪工程措施(如堤防、河道整治、分蓄洪工程)及防洪非工程措施(如洪水预报、防洪优化调度)联合运用和统一调度。

水库群共同承担下游防洪保护区的防洪任务时,应研究如何统一调度,充分发挥水库群整体的最优防洪效果。通常是首先按照水库所处的地理位置、控制洪水来源的比例、所设置防洪库容的大小以及承担综合利用任务的情况等,分别拟定各水库的调洪方式,然后根据洪水地区可能遭遇组合,拟定水库群统一调度方式。研究水库群统一调度时,可先对子系统分别按梯级水库联调方式安排各水库的运用次序及调洪方式。并联子系统与下游单个水库之间的联调方式可根据洪水组合遭遇及调洪能力的具体情况,参照前述并联水库的梯级水库考虑补偿调度的一般原则,确定合理的联合调洪方式,尽可能充分发挥水库群防洪统一调度的效果。

4.3.2.1　西江水库群防洪调度方式

在珠江流域防洪规划所构建的防洪体系中,对西江洪水的控制主要依靠龙滩和大藤峡两库调洪，为进一步提高西江防洪能力，考虑在调度运用龙滩、大藤峡水库的基础上，进一步挖潜西江现有干支流水库防洪能力，发挥西江水库群整体防洪效益。

龙滩水库位于红水河上，控制西江梧州以上30%的集水面积，大藤峡水库可有效调节支流柳江、郁江洪水及中下游型洪水，是流域控制性防洪工程，两库合计防洪库容65亿m^3，对流域防洪具有重大作用，本次选择龙滩水库、大藤峡水库作为主要调洪水库。

岩滩水库正常蓄水位223.00 m，调洪库容12亿m^3，其中正常蓄水位以下调洪库容4.31亿m^3，岩滩水库在龙滩水库下游，距离武宣较近（传播时间约2 d），调洪的主动性、时效性均较龙滩水库好，但调洪库容小，辅助龙滩水库调洪，可用于错柳江洪峰。据分析，武宣洪水由红水河和柳江来水组成，其中柳江洪水在武宣较大洪水的组成中占主导位置，因此可以考虑利用岩滩错开红水河和柳江的洪峰，以达到削减武宣洪峰的效果。

百色、老口水利枢纽是西江支流郁江上的主要防洪水库，保护对象为郁江中下游区域，其启用条件以郁江洪水为判断。因此，当郁江上游来水较大时，可启用百色水库、老口水库拦蓄郁江上游洪水配合龙滩水库调洪。西津水电站是郁江中下游库容最大的一个梯级水电站，当郁江中下游来水较大时，利用西津拦蓄郁江洪峰配合龙滩水库调洪，进一步提高调洪效果。

南盘江下游天生桥一级水库调洪库容为29.96亿m^3，其中正常蓄水位以下调洪库容为11.35亿m^3，正常蓄水位以下有较大库容可利用；北盘江光照水库具有不完全多年调节性能，汛限水位（正常蓄水位）以下调节库容20.37亿m^3。天生桥一级水库和光照水库正常蓄水位以下合计可用调蓄库容31.72亿m^3，且根据多年实际调度运行情况来看，两库汛期在汛限水位（正常蓄水位）以下的库容较大，充分利用两库汛限水位（正常蓄水位）以下可用库容削减龙滩入库洪水效果显著，因此当西江中上游来水较大时，选择天生桥一级水库和光照水库配合龙滩水库调洪。

红水河龙滩水库下游有大化水库、百龙滩水库、乐滩水库、桥巩水库等水利工程，其中乐滩水库和桥巩水库调节库容分别为0.46亿m^3和0.27亿m^3，当西江中下游来水较大时，乐滩水库和桥巩水库可辅助龙滩水库调洪。

综上所述，西江水库群联合调度选择龙滩水库、大藤峡水库作为主要调度水库，当柳江来水较大时，选择岩滩水库错柳江洪峰；当发生西江上游型洪水时，选择天生桥一级、光照水库配合龙滩水库调洪；当发生西江中下游型洪水时，选择乐滩、桥巩水库配合龙滩、大藤峡水库调洪；当郁江来水较大时，选择百色水库、老口水库、西津水库配合红水河梯级联合调洪。

根据以上调度方式，对“1998 · 6”和“2005 · 6”实测典型洪水和设计洪水进行调洪计算，计算成果见表4-2。根据调洪效果分析，在加大龙滩水库调控洪水力度的基础上，启动岩滩和西津水库参与调洪，可将“2005 · 6”年型梧州200年一遇洪水削减为100年一遇以下洪水，100年一遇洪水削减为50年一遇以下洪水，50年一遇以下洪水削减为30年一遇以下洪水。对于中下游型“1998 · 6”年型洪水，可将梧州100年一遇洪水削减为47年一遇洪水，低于50年一遇洪水，实现洪水降级效果。大湟江口站调洪后削峰值“1998 · 6”年型洪水为1 400~1 600 m^3/s，“2005 · 6”年型洪水为3 400~4 300 m^3/s。

表 4-2　西江洪水调度效果分析

年型	重现期/年	大湟江口	梧州		龙滩	
		削峰值/(m^3/s)	削峰值/(m^3/s)	调洪后重现期/年	最高库水位/m	最大动用库容/亿 m^3
“1998·6”	典型	1 400	1 400	74	363.89	13.80
	200	1 600	1 500	150	365.15	17.70
	100	1 400	1 400	70	363.59	12.87
	50	1 600	1 500	34	362.19	8.54
“2005·6”	典型	3 900	2 500	67	364.10	14.46
	200	4 300	3 000	100	364.72	16.38
	100	3 800	2 600	47	363.95	14.01
	50	3 400	1 900	30	363.39	12.26

4.3.2.2　北江水库群防洪调度方式

北江中上游防洪工程体系包括乐昌峡水库和湾头水库。北江中下游防洪工程体系包括飞来峡水库、潖江蓄滞洪区、芦苞涌和西南涌分洪水道，本次重点分析飞来峡水库和潖江蓄滞洪区联合调度。

1. 北江中上游

为解决北江中上游的防洪问题，特别是解决以韶关市为中心区域的防洪问题，在北江上游的武水兴建乐昌峡水利枢纽、浈水兴建湾头水利枢纽，两库联合调洪，将韶关市的 100 年一遇洪水削减为 20 年一遇，乐昌峡水利枢纽单库将乐昌市的 50 年一遇洪水削减为 10 年一遇。

乐昌峡水库和湾头水库的联合调度规则采用其设计调度规则。“1994·6”年型洪水为浈江、武江同时发生大水的年型，“2006·7”年型洪水为武江来水较大的年型。对“1994·6”和“2006·7”两场典型设计洪水进行调洪计算，100 年一遇设计洪水过程调洪效果见表 4-3。仅靠乐昌峡水库单库调洪，“1994·6”年型洪水可将韶关站 100 年一遇洪水削减至 10 283 m^3/s，相当于削减至 50 年一遇量级，“2006·7”年型洪水可将韶关站 100 年一遇洪水削减至 9 876 m^3/s，相当于削减至 30~50 年一遇量级，两个年型对韶关站的削峰比分别为 9.0%、12.6%。

湾头水库加入乐昌峡水库联合调度后，“1994·6”年型和“2006·7”年型洪水均可将韶关站由 100 年一遇削减至 20 年一遇安全泄量 8 900 m^3/s。

表 4-3 100 年一遇设计洪水过程调洪效果

年型	乐昌峡水库/(m^3/s)		湾头水库/(m^3/s)		韶关站/(m^3/s)		
	入库	出库	入库	出库	天然	乐昌峡水库调节后	乐昌峡水库和湾头水库共同调节后
“1994 · 6”	6 040	3 748	4 820	3 755	11 300	10 283	8 900
“2006 · 7”	6 040	3 190	4 820	4 820	11 300	9 876	8 900

2. 北江中下游

北江中下游防洪体系由飞来峡水利枢纽、北江大堤、潖江蓄滞洪区、西南涌和芦苞涌分洪闸等组成,体系已基本建成,这些设施为北江中下游地区广州、佛山、清远、三水等城市的防洪安全提供了保障,使清远市的清东、清西堤围防洪标准从 50 年一遇提高到 100 年一遇,并使北江大堤区内及广州、佛山等城市防御北江洪水的能力达到 300 年一遇。

飞来峡水利枢纽是北江下游防洪体系“上蓄、中防、下泄” 联合调度的“上蓄”部分,通过与潖江蓄滞洪区、芦苞涌和西南涌分洪水道联合运用,使北江大堤防洪保护对象(包括广州市)达到防御北江 300 年一遇洪水的标准,北江下游其他重点防洪保护对象达到 100 年一遇的防洪标准;与西江龙滩、大藤峡水库联合运用,可使广州市具备防御西、北江 1915 年型特大洪水的能力。

潖江蓄滞洪区是北江中下游防洪工程体系的重要组成部分,是珠江流域唯一列入国家蓄滞洪区名录中的蓄滞洪区。潖江蓄滞洪区位于飞来峡水利枢纽下游约 10 km 的左岸,属清远市管辖范围,主要涉及清远市飞来峡镇、源潭镇和龙山镇 3 个乡镇 31 个行政村。潖江蓄滞洪区内总面积 79. 8 km^2,总容积 4. 11 亿 m^3,区内有独树围、叔伯塘围、果园围、高桥围、林塘围及大厂围等 17 宗堤围。蓄滞洪区采取天然与工程措施相结合的运用方式,启用标准为 20~300 年一遇。潖江蓄滞洪区现行运用方式为天然滞洪,当区内江口圩水位超过 19. 00 m 时,启用独树围和叔伯塘围滞洪,当江口圩水位超过 20. 80 m 时,区内堤围全部自然溃决,滞洪区进入全面滞洪。

4. 3. 2. 3 西、北江水库群联合调度方式

西江防洪工程体系主要有龙滩水库、大藤峡水库,北江防洪工程体系有飞来峡水库和潖江蓄滞洪区,对于全流域型洪水,实施西江、北江水库群错峰调度,龙滩、大藤峡等西江骨干水库群联合调度,尽力削减西江中下游洪水,飞来峡水库错西江洪峰调度,潖江蓄滞洪区采用设计调度规则启用,避免“西江、北江洪水恶劣遭遇”,进一步减轻西江、北江下游防洪压力。

采用上述调度规则,对 1968 年型、1994 年型 100 年一遇洪水进行调洪计算,思贤滘断面调节效果如表 4-4 所示。从调洪效果看,通过西、北江联合调度,可将思贤滘断面 1968 年型 100 年一遇洪水削减为 50 年一遇;1994 年型 100 年一遇洪水削减为 25 年一遇。通过西、北江联合调度,有利于减轻西、北江三角洲的防洪压力。

表 4-4 西、北江联合调度思贤滘断面调节效果

年型	频率/%	设计流量/(m^3/s)	调度后洪峰流量/(m^3/s)	重现期/年
1968	1	63 900	60 700	50
1994	1	63 900	57 400	25

4.4 西江中上游水库群配合龙滩水库调度研究

在流域规划防洪体系和现状防洪需求的基础上,为充分发挥西江中上游天生桥一级、光照、岩滩等调节能力较强的水库的防洪调蓄作用,本书拟在分析天生桥一级、光照等已建水库可用调洪库容的基础上,选择不同类型典型洪水,研究天生桥一级、光照、岩滩与龙滩水库联合优化调度方式,在确保水库工程安全的前提下,充分利用中上游水库群配合龙滩水库调洪,分析调度效果和运用风险,以充分挖掘西江中上游水库群的防洪调度潜力。

4.4.1 调度水库的选择

在珠江流域防洪规划所构建的防洪体系中,对西江干流洪水的控制主要依靠龙滩和大藤峡两库调洪,龙滩、大藤峡水库分别设置防洪库容 50 亿 m^3、15 亿 m^3,但龙滩水库位于流域中上游,控制面积有限,西江中下游地区支流多,尤其是柳江、郁江、桂江等支流的洪水组成与遭遇复杂多变,要想取得较好的防洪效果,需对西江中上游(包括南盘江、北盘江)现有水库防洪能力进行挖潜,进行水库群联合调度是较为经济可行的。

南盘江上游已建大中型水库有花山、白浪、潇湘、西山及柴石滩水库。其中,花山水库、白浪水库、潇湘水库、西山水库均为中型水库,有一定防洪作用,但各水库防洪、调洪库容均较小,仅 1 000 万 m^3 左右,这部分防洪库容对南盘江上游地区防洪作用较大,但对远在几千里外的西江梧州控制断面的作用非常有限,基本可忽略。柴石滩水库虽设置有 0.56 亿 m^3 防洪库容,对下游高古马洪峰削减效果显著,但削减的洪峰传播到西江梧州站距离太远,到达梧州站时已无明显削减效果,对梧州影响不大,因此西江中上游南盘江水库群联合调度暂不考虑南盘江的花山水库、白浪水库、潇湘水库、西山水库、柴石滩水库等库群。

水库北盘江已建大中型水库为光照、董箐、马马崖一级 3 座水库。光照水库、董箐水库、马马崖一级水库正常蓄水位分别为 745.00 m、490.00 m、585.00 m,正常蓄水位以下可用调节库容分别为 20.37 亿 m^3、1.438 亿 m^3、0.307 亿 m^3。光照水库具有不完全多年调节性能,正常蓄水位(汛限水位同正常蓄水位,均为 745.00 m)以下可用调节库容大,可用来调节北盘江洪水,进而削减龙滩水库入库洪水。董箐和马马崖一级水库可用调节库容较小,仅具有日调节性能,对下游干流洪水调节作用有限。因此,北盘江的光照水库可纳入西江中上游水库群联合调度体系。

西江中上游干流还建设有鲁布革、天生桥一级、天生桥二级、平班、岩滩等大型水库。

其中,天生桥一级水库、鲁布革水库正常蓄水位分别为780.00 m、1 130.50 m,水库调洪库容分别为29.96亿m^3、0.66亿m^3,其中正常蓄水位以下可用库容分别为11.35亿m^3、0.56亿m^3,正常蓄水位以下有较大库容可利用,可考虑将鲁布革水库和天生桥一级水库纳入西江中上游水库群联合调度体系。岩滩水库正常蓄水位223.00 m,调洪库容12亿m^3,其中正常蓄水位以下可用调洪库容4.31亿m^3,岩滩水库在龙滩水库下游,距离武宣较近(传播时间约2 d),调洪的主动性、时效性均较龙滩水库好,但调洪库容小,可用于错柳江洪峰。据分析,武宣洪水由红水河和柳江来水组成,其中柳江洪水在武宣较大洪水的组成中占主导位置,可以考虑利用岩滩错开红水河和柳江的洪峰,以达到削减武宣洪峰的效果。

综合以上分析,西江中上游水库群联合调度可考虑鲁布革水库、天生桥一级水库、光照水库、岩滩水库作为调度水库,配合龙滩水库调度,减轻西江中下游防洪压力。

4.4.2　天生桥一级水库、光照水库调度可行性分析

光照水电站是北盘江上最大的一个梯级水电站,也是北盘江干流茅口以下梯级水电站的龙头电站。开发任务是"以发电为主,航运次之,兼顾灌溉、供水及其他"。水库正常蓄水位(汛限水位)745.00 m,相应库容31.35亿m^3,死水位691.00 m,死库容10.98亿m^3,总库容32.45亿m^3,调节库容20.37亿m^3,为不完全多年调节水库。6—8月为主汛期,水库维持汛限水位745.00 m运行。

光照水库具有不完全多年调节性能,水库调洪计算采用正常蓄水位(汛限水位)745.00 m开始起调,水库淹没标准耕地、园地采用水库运行20年泥沙淤积情况下,正常蓄水位745.00 m加5年一遇洪水水库回水水面线计算,对于回水不显著的坝前段,增加0.5 m以策安全。人口、房屋、农村集镇、一般工矿企业采用水库运行20年泥沙淤积情况下,正常蓄水位745.00 m加20年一遇洪水水库回水水面线计算,对于回水不显著的坝前段,增加1.0 m以策安全。考虑尽量降低水库工程防洪风险和不增加水库临时淹没,在日常防洪调度运用中,可相机使用汛限水位(正常蓄水位)745.00 m以下库容调洪。

天生桥一级水电站是红水河梯级电站的第一级,坝址位于红水河上游的南盘江干流上,坝址下游约7 km是天生桥二级水电站的首部枢纽,上游约90 km是南盘江支流黄泥河下游鲁布革水电站厂房。天生桥一级水电站的开发任务主要是发电。

天生桥一级水库具有不完全多年调节性能。水库正常蓄水位780.00 m,死水位731.00 m,有效库容57.96亿m^3,水库汛期运行水位在龙滩水库投入前为773.10 m,龙滩水库投入后为776.40 m,水库总库容为102.56亿m^3。水库调洪库容为29.96亿m^3,其中正常蓄水位以下可用调洪库容为11.35亿m^3。天生桥一级水库虽不承担下游防洪任务,但水库调节对洪峰有一定的削减作用,考虑尽量降低水库工程防洪风险和不增加水库临时淹没,在日常防洪调度运用中,可使用汛限水位773.10 m以下库容调洪。

4.4.2.1　实际调度水库库容利用分析

天生桥一级水库于1997年底下闸蓄水,光照水库于2007年11月下闸蓄水,本次研究采用1997—2018年天生桥一级水库实际运行资料、2008—2018年光照水库实际运行资料,统计分析每年度天生桥一级水库、光照水库6月1日、7月15日及8月31日汛限水

位以下库容，结果见表4-5、表4-6，汛限水位以下库容按量级分级出现概率见表4-7、表4-8。由表可知，天生桥一级水库、光照水库建成运行后，汛限水位以下库容剩余较多，各量级汛限水位以下库容出现概率也较大。因此，可进一步挖掘利用天生桥一级、光照水库汛限水位以下的库容，进一步减小龙滩水库的入库洪水，从而减轻西江中下游防洪压力。

表4-5　天生桥一级水库汛限水位以下库容统计（实际运行情况下）

年份	6月1日		7月15日		8月31日	
	库水位/m	汛限水位以下库容/亿 m^3	库水位/m	汛限水位以下库容/亿 m^3	库水位/m	汛限水位以下库容/亿 m^3
1997	641.22	72.5	655.31	72.0	647.82	72.3
1998	668.07	70.9	718.97	56.1	733.70	44.6
1999	721.98	53.5	737.19	41.8	767.17	8.8
2000	743.92	35.9	763.34	14.1	776.94	0
2001	748.45	31.5	772.64	0.7	777.09	0
2002	747.68	32.2	758.13	20.7	775.51	0
2003	744.68	35.2	758.01	20.9	767.47	8.4
2004	747.02	32.9	749.20	30.7	766.89	9.3
2005	746.01	33.9	753.40	26.2	768.55	6.8
2006	746.79	33.2	763.46	13.9	769.06	6.0
2007	741.67	38.0	754.47	25.0	775.70	0
2008	744.90	35.0	759.97	18.4	775.43	0
2009	738.93	40.4	749.04	30.8	759.21	19.4
2010	738.14	41.0	749.66	30.2	765.16	11.6
2011	735.63	43.1	—	—	737.56	41.6
2012	739.64	39.8	757.34	21.7	766.97	9.1
2013	736.19	42.6	743.15	36.6	753.37	26.2
2014	737.07	41.9	752.85	26.8	774.60	0
2015	753.23	26.4	748.98	30.9	773.49	0
2016	744.91	35.0	749.82	30.0	754.46	25.0

续表 4-5

年份	6月1日		7月15日		8月31日	
	库水位/m	汛限水位以下库容/亿 m^3	库水位/m	汛限水位以下库容/亿 m^3	库水位/m	汛限水位以下库容/亿 m^3
2017	740.51	39.0	767.82	7.9	774.84	0
2018	737.07	41.9	750.32	29.6	769.69	5.1
平均	733.81	40.72	748.24	27.95	760.49	13.37

表 4-6　光照水库汛限水位以下库容统计(实际运行情况下)

年份	6月1日		7月15日		8月31日	
	库水位/m	汛限水位以下库容/亿 m^3	库水位/m	汛限水位以下库容/亿 m^3	库水位/m	汛限水位以下库容/亿 m^3
2008	661.24	26.5	705.10	16.3	725.51	9.0
2009	701.95	29.9	722.55	10.1	727.26	8.2
2010	703.58	16.8	729.06	7.5	731.81	6.3
2011	693.71	19.7	703.96	16.7	698.52	18.3
2012	713.36	13.6	724.01	9.6	727.26	8.2
2013	697.55	18.6	706.08	16.0	—	—
2014	705.99	16.1	731.27	6.5	738.76	3.1
2015	693.69	19.7	706.05	16.0	739.38	2.8
2016	698.08	18.5	709.05	15.0	714.75	13.1
2017	700.98	17.6	742.68	1.2	733.74	5.4
2018	698.52	18.3	718.26	11.8	728.94	7.5
平均	697.15	19.6	718.01	11.5	726.59	8.2

表 4-7 天生桥一级水库不同量级汛限水位以下库容出现概率(实际运行情况下)

量级	6月1日		7月15日		8月31日	
	出现次数	概率/%	出现次数	概率/%	出现次数	概率/%
5亿 m^3 以上	22	100	20	95.2	14	63.6
10亿 m^3 以上	22	100	19	90.5	7	31.8
20亿 m^3 以上	22	100	16	76.2	5	22.7
30亿 m^3 以上	21	95.5	9	42.9	3	13.6
40亿 m^3 以上	9	40.9	3	14.3	3	13.6

表 4-8 光照水库不同量级汛限水位以下库容出现概率(实际运行情况下)

量级	6月1日		7月15日		8月31日	
	出现次数	概率/%	出现次数	概率/%	出现次数	概率/%
5亿 m^3 以上	11	100	10	90.9	8	80.0
10亿 m^3 以上	11	100	7	63.6	2	20.0
20亿 m^3 以上	2	18.2	0	0	0	0

4.4.2.2 长系列调算情况下水库库容利用分析

根据1954—1996年43年长系列调算分析,6月初天生桥一级水库基本未蓄至汛限水位773.10 m,汛限水位以下库容多年平均为29.3万 m^3;1997—2018年天生桥一级水库汛限水位以下实际剩余库容平均40.7万 m^3。8月底,43年中有7年(发生概率16%)天生桥一级水库未蓄至汛限水位;1997—2018年中有14年未蓄至汛限水位,汛限水位以下库容多年平均为6亿 m^3。

根据1956—1999年44年长系列分析统计,6月初光照水库基本未蓄至汛限水位,汛限水位以下库容多年平均为15.8万 m^3;2008—2018年光照水库汛限水位以下库容平均19.6万 m^3。8月底,1956—1999年中有7年(发生概率16%)光照水库未蓄至汛限水位;2008—2018年中基本未蓄至汛限水位,汛限水位以下库容多年平均为2.6亿 m^3。

4.4.2.3 天生桥一级水库、光照水库防洪调度的可行性

综合以上分析,实际运行调度过程中,汛期天生桥一级水库、光照水库水位在汛限水位以下的概率较大,汛限水位以下库容剩余较多。可考虑使用天生桥一级水库汛限水位773.10 m以下的库容,光照水库汛限水位745.00 m以下库容拦洪削峰,减少下游龙滩水库入库洪水。

4.4.3 红水河、柳江错峰调度时机分析

4.4.3.1 岩滩蓄水时机分析

为了确定岩滩调控红水河洪水错柳江站洪峰较佳的拦蓄洪水时机，对梧州站 1951—2010 年洪峰流量与梧州站峰现前 3~4 d 内柳州站最大流量相关关系(见图 4-8)和柳州站历年洪峰流量与柳州站峰现后 3~4 d 内梧州站最大流量相关关系(见图 4-9)，以及梧州站峰现前 3~4 d 内柳州站最大流量概率分布(见表 4-9 和图 4-10)和柳州站峰现后 3~4 d 内梧州站最大流量概率分布(见表 4-10 和图 4-11)进行统计分析。

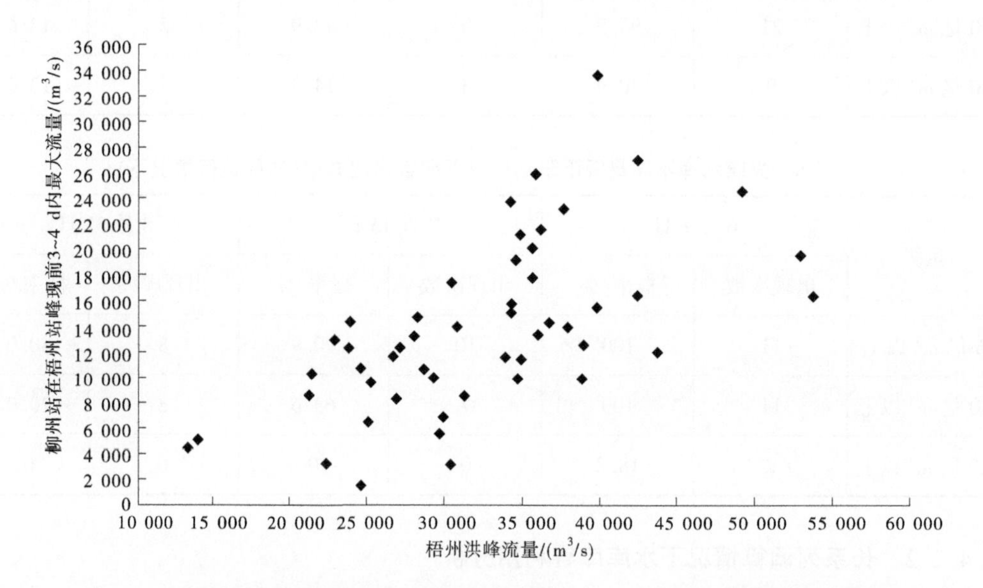

图 4-8　梧州站洪峰流量与柳州站在梧州站峰现前 3~4 d 内最大流量的相关关系

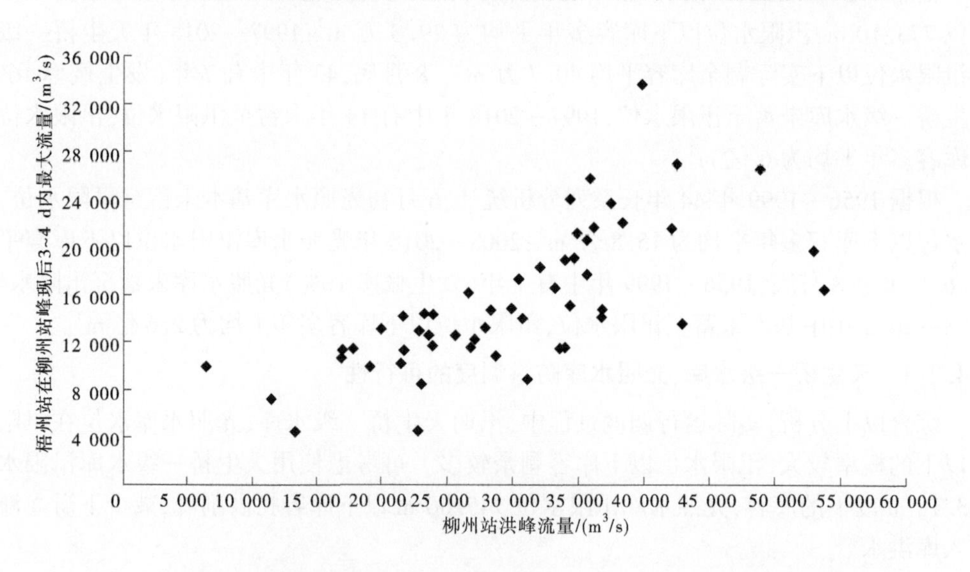

图 4-9　柳州站洪峰流量与梧州站在柳州站峰现后 3~4 d 内最大流量的相关关系

表 4-9　梧州站峰现前 3~4 d 内柳州站最大流量概率分布

流量级别/(m^3/s)	次数	概率/%	累计概率/%
1 000~1 999	1	2.0	2.0
3 000~3 999	2	3.9	5.9
4 000~4 999	1	2.0	7.8
5 000~5 999	2	3.9	11.8
6 000~6 999	2	3.9	15.7
8 000~8 999	3	5.9	21.6
9 000~9 999	3	5.9	27.5
10 000~10 999	4	7.8	35.3
11 000~11 999	3	5.9	41.2
12 000~12 999	5	9.8	51.0
13 000~13 999	3	5.9	56.9
14 000~14 999	4	7.8	64.7
15 000~15 999	3	5.9	70.6
16 000~16 999	2	3.9	74.5
17 000~17 999	2	3.9	78.4
19 000~19 999	2	3.9	82.4
20 000~20 999	1	2.0	84.3
21 000~21 999	2	3.9	88.2
23 000~23 999	2	3.9	92.2
24 000~24 999	1	2.0	94.1
25 000~25 999	1	2.0	96.1
27 000~27 999	1	2.0	98.0
33 000~33 999	1	2.0	100.0

注：概率为某流量级发生次数与总次数的比值，累计概率为不大于该流量级所有发生次数与总次数的比值。

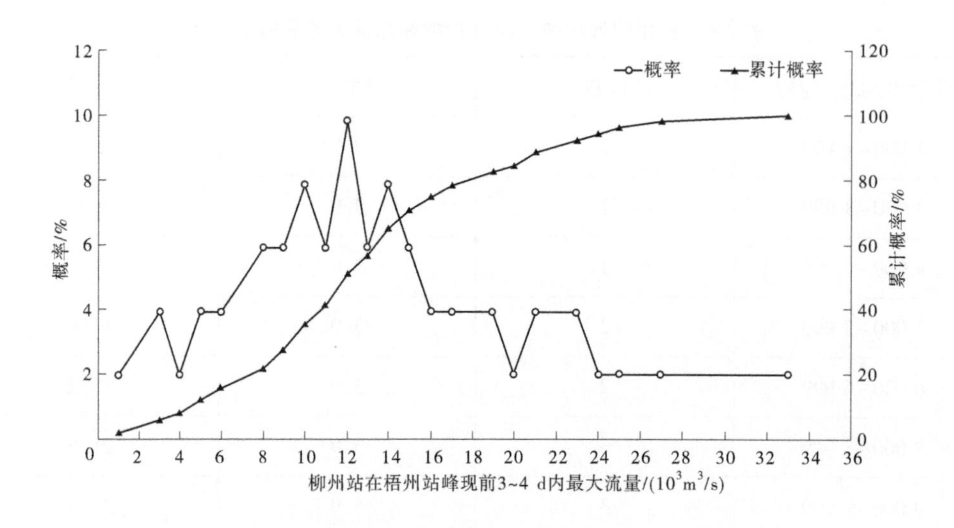

图 4-10　柳州站在梧州站峰现前 3~4 d 内最大流量概率分布

表 4-10　柳州站峰现后 3~4 d 内梧州站最大流量概率分布

流量/(m^3/s)	次数	概率/%	累计概率/%
6 000~6 999	1	1.9	1.9
11 000~11 999	1	1.9	3.8
13 000~13 999	1	1.9	5.7
16 000~16 999	1	1.9	7.5
17 000~17 999	2	3.8	11.3
19 000~19 999	1	1.9	13.2
20 000~20 999	1	1.9	15.1
21 000~21 999	3	5.7	20.8
22 000~22 999	2	3.8	24.5
23 000~23 999	5	9.4	34.0
25 000~25 999	1	1.9	35.8
26 000~26 999	2	3.8	39.6
27 000~27 999	1	1.9	41.5
28 000~28 999	3	5.7	47.2

续表 4-10

流量/(m^3/s)	次数	概率/%	累计概率/%
29 000~29 999	1	1.9	49.1
30 000~30 999	2	3.8	52.8
31 000~31 999	1	1.9	54.7
32 000~32 999	1	1.9	56.6
33 000~33 999	3	5.7	62.3
34 000~34 999	5	9.4	71.7
35 000~35 999	3	5.7	77.4
36 000~36 999	3	5.7	83.0
37 000~37 999	1	1.9	84.9
38 000~38 999	1	1.9	86.8
39 000~39 999	1	1.9	88.7
42 000~42 999	3	5.7	94.3
48 000~48 999	1	1.9	96.2
52 000~52 999	1	1.9	98.1
53 000~53 999	1	1.9	100.0

注:概率为某流量级发生次数与总次数的比值,累计概率为不大于该流量级所有发生次数与总次数的比值。

分析结果表明,梧州站洪峰流量与梧州站峰现前 3~4 d 内柳州站最大流量相关图中,虽然数据点分布比较散乱,但梧州站洪峰流量与柳州站流量总体趋势呈正相关,且当梧州站洪峰流量大于多年平均洪峰流量(32 000 m^3/s)时,梧州站峰现前 3~4 d 内相应柳州站最大流量一般大于 8 000 m^3/s。同时,梧州站峰现前 3~4 d 内相应柳州站最大流量概率分布分析表明,梧州站峰现前 3~4 d 内柳州站最大流量发生概率最高的流量级为 12 000 m^3/s,共发生 5 次,占 9.8%,梧州站峰现前 3~4 d 内相应柳州站最大流量在 8 000~16 000 m^3/s 的共发生 30 次,占 58.8%。综上分析,岩滩拦蓄洪水实现红水河洪水错柳江站洪峰的较佳启动时机是柳州站流量在 8 000~16 000 m^3/s。

同时,为了提高岩滩拦蓄洪水对减小中下游防洪压力的有效性,即避免在梧州站流量不大时拦蓄洪水,岩滩下闸蓄水仍需考虑梧州站洪水情况。根据柳州站洪峰流量与柳州站峰现后 3~4 d 内梧州站最大流量相关图,数据点分布相对集中,柳州站峰流量与梧州站流量呈正相关,说明柳江发生大洪水时,梧州站一般也相应发生大洪水。当柳江洪峰流

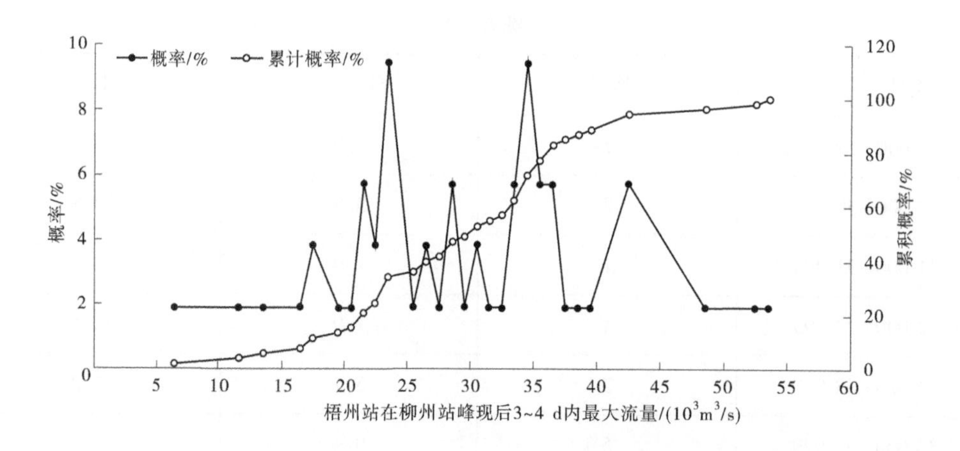

图 4-11　梧州站在柳州站现峰后 3~4 d 内最大流量概率分布

量大于多年平均洪峰流量(15 200 m³/s)时,柳州站峰现后 3~4 d 内梧州站最大流量一般大于 25 000 m³/s。同时,柳州站峰现后 3~4 d 内梧州站最大流量概率分布分析表明,柳州站峰现后 3~4 d 内梧州站最大流量发生概率最高的流量级为 23 000 m³/s 和 34 000 m³/s,均发生 5 次,均占 9.4%,柳州站峰现后 3~4 d 内梧州站最大流量在 23 000~36 000 m³/s 的共发生 31 次,占 58.4%。综合以上分析,当柳州站流量超过 10 000 m³/s 且梧州站流量超 25 000 m³/s 时,岩滩可拦蓄洪水错柳江洪峰。

4.4.3.2　岩滩水库控泄流量分析

根据岩滩水库初步设计成果,岩滩水库坝址多年平均洪峰流量为 12 100 m³/s,比龙滩水库坝址多年平均洪峰流量(11 200 m³/s)大 900 m³/s,龙滩至岩滩水库区间流域面积为 8 080 km²,区间多年平均洪峰流量为 2 689 m³/s。

根据龙滩初步设计成果,梧州站涨水期,龙滩水库下泄流量不大于 6 000 m³/s,当梧州站涨水超过 25 000 m³/s 时,泄量不超过 4 000 m³/s;梧州站退水期,且梧州站流量在 42 000 m³/s 以上时,龙滩水库仍按不大于 4 000 m³/s 下泄。

岩滩的调洪库容为 4.31 亿 m³,若岩滩按入库流量减少 1 000 m³/s 下泄,调洪库容约 5 d 蓄满;若按减少 2 000 m³/s 下泄,约 2.5 d 蓄满;若按减少 2 500 m³/s 下泄,约 2 d 蓄满。如控泄流量较小,岩滩拦截洪水流量较大,洪水削减值就较大,但因调洪持续时间较短而使得错柳江洪峰的概率就小;控泄流量越大,岩滩拦截洪水流量较小,洪水削减值就较小,但调洪持续时间较长而使得错柳江洪峰的概率就较大。

综合龙滩水库控泄流量、龙滩至岩滩水库区间洪水,权衡削峰值与错峰概率的关系,初步选定岩滩水库错峰期间控泄流量为 4 000 m³/s。

4.4.4　龙滩水库、岩滩水库防洪库容补偿调度分析

龙滩水库与岩滩水库为两个串联水库,因此龙滩水库与岩滩水库按防洪库容补偿方式联合调度运行的关键是防洪库容启用先后顺序问题。

根据研究结果,补偿调度时防洪库容启用先后顺序对梧州站流量调节在洪水量级上

没有明显差异,只是不同年型洪水在数量上有些差异。如果龙滩水库在岩滩水库蓄满后再启动,而龙滩水库至岩滩水库洪水传播时间为12 h,两库之间存在无调控洪水,岩滩水库失去调控手段,可能影响梧州断面洪峰流量。因此,龙滩水库、岩滩水库联合防洪补偿调度采用先启用龙滩水库,龙滩水库蓄满后再启用岩滩水库。

4.4.5　西江中上游水库群联合优化调度研究

4.4.5.1　优化调度规则拟定

对西江中上游水库群与龙滩水库联合调度,为尽可能寻求防洪调度效果最大化,拟订以下3个优化调度方案,分析西江中上游水库群联合调度对减轻梧州断面洪峰的作用。

方案1:仅龙滩水库按照设计调度规则调度,为基本方案。

方案2:在龙滩水库按照设计调度规则调度的基础上,纳入中上游天生桥一级水库、光照水库和岩滩水库,实施中上游水库群与龙滩水库联合调度。其中,岩滩水库利用汛限水位至正常蓄水位之间库容进行错峰调度或与龙滩水库防洪库容补偿调度,天生桥一级水库、鲁布革水库利用汛限水位至正常蓄水位之间库容拦洪削峰,光照水库利用汛限水位以下库容拦蓄洪水。

方案3:在方案2水库群联合调度的基础上,针对西江中下游型洪水,加大龙滩水库拦洪力度,在梧州站涨水阶段,当梧州断面流量小于25 000 m^3/s时,控制泄流量由原来的6 000 m^3/s调整为4 000 m^3/s;当梧州断面流量大于25 000 m^3/s时,控制泄流量由原来的4 000 m^3/s调整为2 000 m^3/s。在梧州站退水期,当其流量在42 000 m^3/s以上时,控制泄流量由原来的4 000 m^3/s调整为2 000 m^3/s,各水库具体调度规则见表4-11。

4.4.5.2　优化调度调洪效果分析

根据以上拟定的方案,选取的西江流域"1968·6"年型、"1970·7"年型、"1974·7"年型、"1988·9"年型、"1994·6"年型、"1996·7"年型、"1998·6"年型、"2005·6"年型典型和设计洪水进行调洪计算,计算结果见表4-12~表4-14。各方案效果对比见表4-15、表4-16。从各方案的调洪效果分析可看出:

(1)对于"1968·6"年型洪水,方案1、方案2均能实现梧州站洪水明显降级,削减梧州断面流量3 416~3 713 m^3/s。在龙滩水库单库调度(方案1)的基础上,西江中上游水库群联合调度(方案2)增加削减梧州断面流量173~415 m^3/s,其中岩滩水库动用库容4.31亿m^3,天生桥一级水库动用库容7.86亿~11.34亿m^3,鲁布革水库动用库容0.56亿m^3。

(2)对于"1970·7"年型洪水,方案1、方案2均能实现梧州站洪水明显降级,削减梧州断面流量6 858~8 014 m^3/s。在龙滩水库单库调度(方案1)的基础上,西江中上游水库群联合调度(方案2)增加削减梧州断面流量434~635 m^3/s,其中岩滩水库动用库容4.10亿~4.31亿m^3,天生桥一级水库动用库容5.28亿~11.34亿m^3,鲁布革水库动用库容0.56亿m^3。

表 4-11　各方案下

方案	涨退水	龙滩水库			天生桥一级水库		
		判断条件	水位	控制泄流量	判断条件	坝前水位	控制泄流量
方案 1	涨水期	$Q_{梧州}$<25 000 m^3/s	<375 m	6 000 m^3/s	不参与调洪		
			≥375 m	按入库流量下泄			
		$Q_{梧州}$≥25 000 m^3/s	<375 m	4 000 m^3/s			
			≥375 m	按入库流量下泄			
	退水期	$Q_{梧州}$≥42 000 m^3/s	<375 m	4 000 m^3/s			
		$Q_{梧州}$<42 000 m^3/s		按入库流量下泄			
方案 2	涨水期	$Q_{梧州}$<25 000 m^3/s	<375 m	6 000 m^3/s	$Q_{梧州}$<25 000 m^3/s	<780 m	按入库流量下泄
			≥375 m	按入库流量下泄		≥780 m	
		$Q_{梧州}$≥25 000 m^3/s	<375 m	4 000 m^3/s	$Q_{梧州}$≥25 000 m^3/s	<780 m	2 000 m^3/s
			≥375 m	按入库流量下泄		≥780 m	按入库流量下泄
	退水期	$Q_{梧州}$≥42 000 m^3/s	<375 m	4 000 m^3/s			按入库流量下泄
		$Q_{梧州}$<42 000 m^3/s		按入库流量下泄			
方案 3	涨水期	$Q_{梧州}$<25 000 m^3/s	<375 m	4 000 m^3/s	$Q_{梧州}$<25 000 m^3/s	<780 m	按入库流量下泄
			≥375 m	按入库流量下泄		≥780 m	
		$Q_{梧州}$≥25 000 m^3/s	<375 m	2 000 m^3/s	$Q_{梧州}$≥25 000 m^3/s	<780 m	2 000 m^3/s
			≥375 m	按入库流量下泄		≥780 m	按入库流量下泄
	退水期	$Q_{梧州}$≥42 000 m^3/s	<375 m	2 000 m^3/s			按入库流量下泄
		$Q_{梧州}$<42 000 m^3/s		按入库流量下泄			

注：涨水期、退水期以梧州站判断。

各水库调度规则

岩滩水库			鲁布革水库			光照
判断条件	坝前水位	控制泄流量	判断条件	坝前水位	控制泄流量	
不参与调洪			不参与调洪			不参与调洪
错峰调度：$Q_{梧州}\geqslant 25\ 000\ m^3/s$，且$Q_{柳州}\geqslant 10\ 000\ m^3/s$	<223 m	$4\ 000\ m^3/s$	$Q_{梧州}<25\ 000\ m^3/s$	<1 130 m	按入库流量下泄	充分利用745 m以下库容
库容补偿调度：$Z_{龙滩}\geqslant 375$ m，且$Q_{梧州}\leqslant 25\ 000\ m^3/s$		$6\ 000\ m^3/s$		≥1 130 m		
库容补偿调度：$Z_{龙滩}\geqslant 375$ m，且$Q_{梧州}>25\ 000\ m^3/s$		$4\ 000\ m^3/s$	$Q_{梧州}\geqslant 25\ 000\ m^3/s$	<1 130 m	减小$300\ m^3/s$	
	≥223 m	按入库流量下泄		≥1 130 m	按入库流量下泄	
		按入库流量下泄			按入库流量下泄	按入库流量下泄
错峰调度：$Q_{梧州}\geqslant 25\ 000\ m^3/s$，且$Q_{柳州}\geqslant 10\ 000\ m^3/s$	<223 m	$4\ 000\ m^3/s$	$Q_{梧州}<25\ 000\ m^3/s$	<1 130 m	按入库流量下泄	充分利用745 m以下库容
库容补偿调度：$Z_{龙滩}\geqslant 375$ m，且$Q_{梧州}\leqslant 25\ 000\ m^3/s$		$6\ 000\ m^3/s$		≥1 130 m		
库容补偿调度：$Z_{龙滩}\geqslant 375$ m，且$Q_{梧州}>25\ 000\ m^3/s$		$4\ 000\ m^3/s$	$Q_{梧州}\geqslant 25\ 000\ m^3/s$	<1 130 m	减小$300\ m^3/s$	
	≥223 m	按入库流量下泄		≥1 130 m	按入库流量下泄	
		按入库流量下泄			按入库流量下泄	按入库流量下泄

(3)对于“1974 · 7”年型洪水,方案 1、方案 2 均能实现梧州站洪水降级,削减梧州站流量 1 531~3 035 m^3/s。由于“1974 · 7”年洪水为多峰型洪水,主峰在后,且郁江来水较大,调度削峰效果较“1968 · 6”年型、“1970 · 7”年型洪水差。在龙滩水库单库调度(方案 1)的基础上,西江中上游水库群联合调度(方案 2)增加削减梧州断面流量 108~1 504 m^3/s,其中岩滩水库动用库容 4.31 亿 m^3,天生桥一级水库动用库容 4.31 亿~10.59 亿 m^3,鲁布革水库动用库容 0.56 亿 m^3。

(4)对于“1988 · 9”年型洪水,方案 1、方案 2 均能实现梧州站洪水明显降级,削减梧州站流量 4 412~5 477 m^3/s。在龙滩水库单库调度(方案 1)的基础上,西江中上游水库群联合调度(方案 2)增加削减梧州断面流量 480~778 m^3/s,其中岩滩水库动用库容 2.70 亿~4.31 亿 m^3,天生桥一级水库动用库容 0.03 亿~0.88 亿 m^3,鲁布革水库动用库容 0.56 亿 m^3。

(5)对于“1994 · 6”年型洪水,方案 1、方案 2 均能实现梧州站洪水降级,削减梧州站流量 1 673~2 351 m^3/s。在龙滩水库单库调度(方案 1)的基础上,西江中上游水库群联合调度(方案 2)增加削减梧州断面流量 375~523 m^3/s,其中岩滩水库动用库容 2.74 亿~3.68 亿 m^3,天生桥一级水库动用库容 2.38 亿~5.17 亿 m^3,鲁布革水库动用库容 0.56 亿 m^3。

(6)对于“1996 · 7”年型洪水,由于为柳江局部发洪,红水河来水不大,柳江无调控手段,方案 1、方案 2 仅能削减梧州站流量 219~596 m^3/s。在龙滩水库单库调度(方案 1)的基础上,西江中上游水库群联合调度(方案 2),增加削减梧州流量 280~285 m^3/s,其中岩滩水库动用库容 4.09 亿~4.31 亿 m^3,天生桥一级水库动用库容 0~0.25 亿 m^3,鲁布革水库动用库容 0.56 亿 m^3。

(7)对于中下游型的“1998 · 6”年型洪水,武宣以上流域的来量占梧州站洪量组成的 65%左右,龙滩—武宣区间洪量占梧州站的近 60%,龙滩断面以上来水较小,方案 1、方案 2 均不能实现梧州站洪水降级,调度前后洪水量级无明显变化,仅削减梧州断面流量 30~186 m^3/s。方案 2 较方案 1 削峰稍有增加,但增加较少。针对中下游型洪水,方案 3 龙滩水库加大拦洪力度,削减流量 843~966 m^3/s,较方案 1 增加 813~921 m^3/s,较方案 2 增加 673~780 m^3/s。方案 3 调度时龙滩水库较方案 1 增蓄 8.22 亿~11.44 亿 m^3,较方案 2 增蓄 8.25 亿~11.47 亿 m^3,岩滩水库、天生桥一级水库未动用库容,鲁布革水库动用库容 0.56 亿 m^3。

(8)对于中下游型的“2005 · 6”年型洪水,红水河以上来水较小,洪水主要来自中下游地区。方案 1、方案 2 仅削减梧州断面流量 844~1 076 m^3/s。针对中下游型洪水,方案 3 龙滩水库加大拦洪力度,削减梧州断面流量 1 376~1 690 m^3/s,较方案 1 增加 532~753 m^3/s,较方案 2 增加 408~614 m^3/s。方案 3 调度时龙滩水库较方案 1 增蓄 8.69 亿~10.05 亿 m^3,较方案 2 增蓄 9.08 亿~10.57 亿 m^3,岩滩水库、天生桥一级水库未动用库容,鲁布革水库动用库容 0.56 亿 m^3。

(9)对于不同年型的不同频率洪水,西江中上游水库群联合调度(方案 2)整体效果较龙滩水库单库调度(方案 1)好,洪水降级效果较好,削峰效果增加。针对中下游型洪水,采用加大龙滩水库拦洪力度(方案 3),整体效果较方案 1、方案 2 好,削峰效果增加。

各方案效果及它们的效果对比见表 4-12~表 4-16。

表 4-12 方案 1 调洪效果统计

年型	重现期/年	大湟江口站	梧州站		龙滩水库		岩滩水库		天生桥一级水库		鲁布革水库	
		削峰值/(m³/s)	削峰值/(m³/s)	调洪后重现期/年	最高库水位/m	最大动用库容/亿 m³	最高库水位/m	最大动用库容/亿 m³	最高库水位/m	最大动用库容/亿 m³	最高库水位/m	最大动用库容/亿 m³
“1968·6”	100	7 475	3 528	37	375.00	50	不参与调洪		不参与调洪		不参与调洪	
	50	6 669	3 416	21	375.00	50						
“1970·7”	100	7 802	7 379	12	375.00	50	不参与调洪		不参与调洪		不参与调洪	
	50	7 979	6 858	9	375.00	50						
“1974·7”	100	14	1 531	67	375.00	50	不参与调洪		不参与调洪		不参与调洪	
	50	657	2 473	26	375.00	50						
“1988·9”	100	6 393	4 412	32	375.00	30	不参与调洪		不参与调洪		不参与调洪	
	50	6 909	4 708	19	375.00	30						
“1994·6”	100	3 569	1 848	60	366.47	21.8	不参与调洪		不参与调洪		不参与调洪	
	50	3 271	1 673	32	365.60	19.1						
“1996·7”	100	559	311	93	364.91	16.97	不参与调洪		不参与调洪		不参与调洪	
	50	393	219	48	363.70	13.23						
“1998·6”	100	134	45	99	359.88	1.46	不参与调洪		不参与调洪		不参与调洪	
	50	90	30	50	359.42	0.3						
“2005·6”	100	1 861	937	80	361.43	6.21	不参与调洪		不参与调洪		不参与调洪	
	50	1 670	844	41	361.14	5.31						

表 4-13 方案 2 调洪效果统计

年型	重现期/年	大湟江口站	梧州站		龙滩水库		岩滩水库		天生桥一级水库		鲁布革水库	
		削峰值/(m^3/s)	削峰值/(m^3/s)	调洪后重现期/年	最高库水位/m	最大动用库容/亿 m^3	最高库水位/m	最大动用库容/亿 m^3	最高库水位/m	最大动用库容/亿 m^3	最高库水位/m	最大动用库容/亿 m^3
“1968·6”	100	8 158	3 713	35	375.00	50	223.00	4.31	780.00	11.34	1 130.00	0.56
	50	7 148	3 589	20	375.00	50	223.00	4.31	780.00	11.34	1 130.00	0.56
“1970·7”	100	8 407	8 014	10	375.00	50	223.00	4.31	779.32	10.16	1 130.00	0.56
	50	9 421	7 458	9	375.00	50	223.00	4.31	778.14	8.16	1 130.00	0.56
“1974·7”	100	893	3 035	42	375.00	50	223.00	4.31	778.34	8.5	1 130.00	0.56
	50	960	2 628	25	373.28	44.04	223.00	4.31	777.82	7.61	1 130.00	0.56
“1988·9”	100	7 153	5 071	28	375.00	30	223.00	4.31	773.24	0.21	1 130.00	0.56
	50	8 046	5 477	18	375.00	30	223.00	4.31	773.18	0.12	1 130.00	0.56
“1994·6”	100	4 331	2 351	49	364.90	16.93	222.12	3.37	775.69	4.11	1 130.00	0.56
	50	4 016	2 160	28	364.19	14.75	222.01	3.25	775.39	3.63	1 130.00	0.56
“1996·7”	100	1 105	596	87	364.78	16.57	223.00	4.31	773.26	0.25	1 130.00	0.56
	50	931	499	45	363.63	13.01	222.80	4.09	773.10	0	1 130.00	0.56
“1998·6”	100	355	186	96	359.87	1.43	219.24	0.25	773.10	0	1 130.00	0.56
	50	307	170	48	359.41	0.27	219.19	0.2	773.10	0	1 130.00	0.56
“2005·6”	100	2 214	1 076	77	361.27	5.69	219.92	0.94	773.10	0	1 130.00	0.56
	50	2 005	968	40	361.02	4.92	219.79	0.81	773.10	0	1 130.00	0.56

表 4-14 方案 3 调洪效果统计

年型	重现期/年	大湟江口站	梧州站		龙滩水库		岩滩水库		天生桥一级水库		鲁布革水库	
		削峰值/(m^3/s)	削峰值/(m^3/s)	调洪后重现期/年	最高库水位/m	最大动用库容/亿 m^3	最高库水位/m	最大动用库容/亿 m^3	最高库水位/m	最大动用库容/亿 m^3	最高库水位/m	最大动用库容/亿 m^3
“1998·6”	100	1 352	966	79	363.60	12.9	219.00	0	773.10	0	1 130.00	0.56
	50	1 205	843	41	362.18	8.52	219.00	0	773.10	0	1 130.00	0.56
“2005·6”	100	3 385	1 690	63	364.68	16.26	219.00	0	773.10	0	1 130.00	0.56
	50	2 922	1 376	36	363.95	14	219.00	0	773.10	0	1 130.00	0.56

表 4-15　方案 1、方案 2 梧州站调洪效果对比

年型	重现期/年	方案 1		方案 2		方案 2-方案 1	
		削峰值/（m^3/s）	调洪后重现期/年	削峰值/（m^3/s）	调洪后重现期/年	削峰值/（m^3/s）	调洪后重现期/年
“1968 · 6”	100	3 528	37	3 713	35	185	−2
	50	3 416	21	3 589	20	173	−1
“1970 · 7”	100	7 379	12	8 014	10	635	−2
	50	6 858	9	7 458	9	600	0
“1974 · 7”	100	1 531	67	3 035	42	1 504	−25
	50	2 473	26	2 628	25	155	−1
“1988 · 9”	100	4 412	32	5 071	28	659	−4
	50	4 708	19	5 477	18	769	−1
“1994 · 6”	100	1 848	60	2 351	49	503	−11
	50	1 673	32	2 160	28	487	−4
“1996 · 7”	100	311	93	596	87	285	−6
	50	219	48	499	45	280	−3

表 4-16 方案 3 较方案 1、方案 2 梧州站调洪效果对比

年型	重现期/年	方案 1		方案 2		方案 3		方案 3−方案 1		方案 3−方案 2	
		削峰值/(m^3/s)	调洪后重现期/年	削峰值/(m^3/s)	调洪后重现期/年	削峰值/(m^3/s)	调洪后重现期/年	削峰值/(m^3/s)	调洪后重现期/年	削峰值/(m^3/s)	调洪后重现期/年
“1998·6”	100	45	99	186	96	966	79	921	−20	780	−17
	50	30	50	170	48	843	41	813	−9	673	−7
“2005·6”	100	937	80	1 076	77	1 690	63	753	−17	614	−14
	50	844	41	968	40	1 376	36	532	−5	408	−4

4.4.5.3　调度风险分析

由于洪水的形成和发展受气候、地理条件、人类活动等众多不确定因素的影响，西江中上游水库群联合防洪调度研究在龙滩水库单库调度方案和水库群联合调度方案的基础上，针对难以达到调度效果的西江中下游型洪水制订了方案3，龙滩水库加大拦洪力度，该方案实施的前提是要准确地判断洪水的类型，准确判断洪水类型是保障该调度方案效果的决定性因素。由于西江流域洪水组成复杂，支流与干流洪水遭遇组合多变，洪水判型困难重重，实践中可能会出现误判情况。因此，需重点分析西江中上游型或全流域型洪水被误判为中下游型洪水对调洪效果的影响。

为了分析将中上游型或全流域型洪水误判为中下游型洪水给龙滩水库调度带来的风险，选择中上游型“1970 · 7”年型、“1988 · 9”年型、“1996 · 7”年型洪水和全流域型“1968 · 6”年型、“1974 · 7”年型、“1994 · 6”年型洪水，采用针对中下游型洪水的调度方案3进行调洪计算，分析调度风险，计算成果见表4-17、表4-18。根据调洪效果分析，得出以下几点结论：

(1)对于中上游型“1970 · 7”年型、“1988 · 9”年型、“1996 · 7”年型洪水误判为中下游型，方案3较方案1、方案2相比各有优劣。对于“1970 · 7”年型、“1996 · 7”年型洪水，方案3较方案1、方案2加大了龙滩水库的拦洪力度，起到了较好的削峰效果，方案3较方案1梧州站削减流量增加724~1 597 m^3/s，削峰效果增加。方案3较方案2梧州站削减流量增加444~997 m^3/s，削峰效果增加。但对于“1988 · 9”年型洪水，方案3效果较方案1、方案2差，由于加大了龙滩水库的拦洪力度后，致使其过早耗完龙滩防洪库容，后续无法起到削峰的效果，梧州站削减流量减小67~175 m^3/s。

(2)对于全流域型“1968 · 6”年型、“1974 · 7”年型、“1994 · 6”年型洪水误判为中下游型，方案3较方案1、方案2相比也各有优劣。对于“1968 · 6”年型、“1994 · 6”年型洪水，方案3较方案1、方案2加大了龙滩水库的拦洪力度，起到了削峰的效果，方案3较方案1梧州站削减流量增加901~1 117 m^3/s，削峰效果增加。方案3较方案2梧州站削减流量增加602~728 m^3/s，削峰效果增加，调度后重现期减小4~7年一遇。对于“1974 · 7”年型洪水，方案3效果较方案1、方案2差，由于加大了龙滩的拦洪力度后，致使其过早耗完龙滩防洪库容，后续无法起到削峰的效果，梧州站削减流量减小377~1 881 m^3/s，调度后重现期增加8~33年一遇。

综合以上分析，将中上游型或全流域型洪水误判为中下游型洪水，采用方案3加大龙滩水库拦洪力度调度，对于量级较大的洪水，由于龙滩水库防洪库容过早用完，其调洪效果劣于龙滩水库按照设计规则调度或纳入西江中上游水库群与龙滩水库联合调度。

表 4-17 误判为中下游型洪水采用调度方案 3 的调洪效果统计

年型	重现期/年	大湟江口站	梧州站		龙滩水库		岩滩水库		天生桥一级水库		鲁布革水库	
		削峰值/（m^3/s）	削峰值/（m^3/s）	调洪后重现期/年	最高库水位/m	最大动用库容/亿 m^3	最高库水位/m	最大动用库容/亿 m^3	最高库水位/m	最大动用库容/亿 m^3	最高库水位/m	最大动用库容/亿 m^3
“1968 · 6”	100	9 468	4 429	29	375.00	50	223.00	4.31	780.00	11.34	1 130.00	0.56
	50	8 663	4 317	16	375.00	50	223.00	4.31	780.00	11.34	1 130.00	0.56
“1970 · 7”	100	9 003	8 901	9	375.00	50	223.00	4.31	779.11	9.81	1 130.00	0.56
	50	8 737	8 455	8	375.00	50	223.00	4.31	778.14	8.16	1 130.00	0.56
“1974 · 7”	100	43	1 154	75	375.00	50	223.00	4.31	778.35	8.52	1 130.00	0.56
	50	45	1 396	35	375.00	50	223.00	4.31	777.45	6.98	1 130.00	0.56
“1988 · 9”	100	5 302	4 237	34	375.00	30	223.00	4.31	773.24	0.21	1 130.00	0.56
	50	6 404	4 641	20	375.00	30	223.00	4.31	773.16	0.10	1 130.00	0.56
“1994 · 6”	100	5 227	2 965	43	369.67	31.69	219.23	0.24	775.69	4.11	1 130.00	0.56
	50	4 884	2 762	25	368.66	28.56	219.22	0.22	775.39	3.63	1 130.00	0.56
“1996 · 7”	100	1 851	1 041	77	370.57	34.7	219.63	0.65	773.26	0.25	1 130.00	0.56
	50	1 681	943	40	369.00	29.64	219.42	0.43	773.10	0	1 130.00	0.56

表 4-18 误判为中下游型洪水各年型梧州站削峰值和调洪后洪水重现期对比

年型	重现期/年	误判为中下游型		方案 1		方案 2		误判为中下游型-方案 1		误判为中下游型-方案 2	
		削峰值/(m^3/s)	调洪后重现期/年	削峰值/(m^3/s)	调洪后重现期/年	削峰值/(m^3/s)	调洪后重现期/年	削峰值/(m^3/s)	调洪后重现期/年	削峰值/(m^3/s)	调洪后重现期/年
“1968 · 6”	100	4 429	29	3 528	37	3 713	35	901	−9	716	−7
	50	4 317	16	3 416	21	3 589	20	901	−5	728	−4
“1970 · 7”	100	8 901	9	7 379	12	8 014	10	1 522	−3	887	−1
	50	8 455	8	6 858	9	7 458	9	1 597	−1	997	−1
“1974 · 7”	100	1 154	75	1 531	67	3 035	42	−377	8	−1 881	33
	50	1 396	35	2 473	26	2 628	25	−1 077	9	−1 232	10
“1988 · 9”	100	4 237	34	4 412	32	5 071	28	−175	2	−834	6
	50	4 641	20	4 708	19	5 477	18	−67	0	−836	1
“1994 · 6”	100	2 965	43	1 848	60	2 351	49	1 117	−17	614	−6
	50	2 762	25	1 673	32	2 160	28	1 089	−8	602	−4
“1996 · 7”	100	1 041	77	311	93	596	87	730	−16	445	−10
	50	943	40	219	48	499	45	724	−8	444	−5

4.5　龙滩-大藤峡水库联合防洪优化调度研究

龙滩水库、大藤峡水库是西、北江中下游防洪工程体系的骨干防洪水库，龙滩水库位于红水河上游，防洪库容 50 亿 m^3，大藤峡水库位于下游的黔江干流，防洪库容 15 亿 m^3，龙滩、大藤峡两库联合调度，是提高西江中下游防洪能力的重要手段。本节通过建立梧州断面洪峰流量最小防洪优化调度模型，并寻求优化算法对龙滩、大藤峡两库优化调度进行研究，分析优化龙滩水库、大藤峡水库的调度过程后，相比两库原设计调度规则对梧州断面洪峰的影响。

4.5.1　防洪优化调度模型

水库防洪优化调度通常有 3 类优化准则：最大削峰准则、最大防洪安全保证准则和最短成灾历史准则。本小节重点研究通过优化利用上游水库群防洪库容，尽可能地削减西江控制断面梧州站洪峰流量，保障西江中下游防洪保护区的防洪安全，以西江干流龙滩水库、大藤峡水库为主要优化对象，以梧州断面洪峰流量最小为优化目标，并综合考虑柳江、郁江、桂江支流水库群调度作用，建立联合防洪优化调度模型。

4.5.1.1　目标函数

最大削峰准则是在防洪库容已定，且已经满足水库（群）工程和上游防护区安全的情况下，通过合理调蓄洪水，最大程度削减洪峰，同时保证下泄流量尽量均匀。在满足龙滩水库、大藤峡水库自身防洪安全的前提下，充分利用其防洪库容，使得下游梧州断面洪峰流量最小，从而减轻西江流域防洪压力。目标函数描述如下：

$$\mathrm{Min}F = \mathrm{Min}\{\mathrm{Max}\{Q_1^w, Q_2^w, \cdots, Q_T^w\}\} \tag{4-21}$$

式中：Q_t^w 为 t 时段梧州站经过上游水库调度后流量；T 为总调度时长。

4.5.1.2　约束条件

（1）库水位上下限约束：

$$Z_{i,t}^{\min} \leqslant Z_{i,t} \leqslant Z_{i,t}^{\max} \tag{4-22}$$

式中：$Z_{i,t}$ 为第 i 个水库 t 时段运行水位；$Z_{i,t}^{\min}$ 、$Z_{i,t}^{\max}$ 为第 i 个水库 t 时段允许的最低和最高水位。

（2）水库水量平衡约束：

$$V_{i,t} = V_{i,t-1} + (I_{i,t} - Q_{i,t})\Delta t \tag{4-23}$$

式中：$V_{i,t}$ 、$I_{i,t}$ 、$Q_{i,t}$ 为第 i 水库 t 时段的库容、入库流量、下泄流量。

（3）河道流量演进。

马斯京根法是将河流动力学中的连续方程、动力方程分别简化为河段水量平衡方程和槽蓄方程推导而来。其流量演算方程为

$$I_{1,t+\Delta t} = C_0 Q_{0,t+\Delta t} + C_1 Q_{0,t} + C_2 I_{1,t} \tag{4-24}$$

$$C_0 = \frac{0.5\Delta t - Kx}{K - Kx + 0.5\Delta t} \tag{4-25}$$

$$C_1 = \frac{0.5\Delta t + Kx}{K - Kx + 0.5\Delta t} \tag{4-26}$$

$$C_2 = 1 - C_0 - C_1 \tag{4-27}$$

式中：$Q_{0,t}$、$I_{1,t}$ 为 t 时刻区间上游断面和下游出口断面的流量；$Q_{0,t+\Delta t}$、$I_{1,t+\Delta t}$ 为 $t+\Delta t$ 时刻区间上、下游出口断面的流量；C_0、C_1、C_2 为 K、x 和 Δt 的函数；K 为稳定流情况下的河段传播时间；x 为流量比重因子，与洪水波经过河段时的坦化程度有关；Δt 为计算时段间隔。

(4)水库泄流能力约束：

$$Q_{i,t} \leqslant Q_i^{\max}(Z_t) \tag{4-28}$$

式中：$Q_{i,t}$ 为第 i 水库 t 时段下泄流量；$Q_i^{\max}(Z_t)$ 为相应水位下水库 i 在水位为 Z_t 时的最大泄流能力，一般为水库水位的函数。

(5)水库下泄流量约束：

$$Q_{i,t}^{\min} \leqslant Q_{i,t} \leqslant Q_{i,t}^{\max} \tag{4-29}$$

$$|Q_{i,t} - Q_{i,t-1}| \leqslant \Delta Q_i \tag{4-30}$$

式中：$Q_{i,t}$ 为第 i 水库 t 时段的下泄流量；$Q_{i,t}^{\min}$、$Q_{i,t}^{\max}$ 为该水库 t 时段允许的最小和最大下泄流量；ΔQ_i 为水库 i 的允许最大流量变幅。

(6)满足各水库汛期防洪调度规程和流域水库群联合防洪原则。

4.5.2　优化调度求解方法

采用逐次动态规划优化算法求解(DP-POA 算法)。20 世纪 70 年代中期，来自加拿大的学者 Howson 和 Sancho(1995)提出了逐次优化算法(POA 算法)，POA 算法用于求解多阶段决策问题非常方便，并得到了广泛的应用。POA 算法基本过程为：首先将多阶段的问题转化为多个两阶段问题，接着可以选定一个方向对这个两阶段中的决策变量进行寻优计算，使该两阶段的目标函数值达到最优的点即为该阶段的最优点，此时将得到的最优点替换原始解，继续下一个两阶段的求解，直到完成所有阶段的求解；将所有阶段遍历完成得到的解作为初始解并多次重复上述过程，直到获得最优解。同时，在该过程中可以增加变量离散的精度，以达到寻求更优解的目的。因此，POA 算法具有一些特点，它能够有效地减小存储量，只保存一套状态过程(最新)$S_1, S_2, \cdots, S_n$ 状态，不必离散化，计算结果精度可能更高；但是 POA 算法需要给定初始解，计算量和计算速度都和初始解有关；POA 算法计算的结果受初始解的影响非常大，且只能在给定的范围内寻求一个最优解，容易陷入局部最优。

根据 POA 算法的基本原理，是将整个汛期作为总的调度周期，以水库水位为变量，以目标断面最大流量最小为目标函数进行逐阶段遍历计算求解。因 POA 算法对初始解比较敏感，且以水库水位为变量离散在整个汛期进行计算时耗时较长，所以本书的初始解是通过单库动态规划(DP)求出的，并引入启发式廊道策略弃掉大量不可行解，缩小寻优空间，同时减少了求解计算时间。

初始解的确定：对于各个水库对应的各防洪控制断面构建的防洪调度模型，根据水库的拓扑优先级，按照水库优先级顺序依次对各单库采用动态规划方法求解，并依次将单库调洪后的水位流量过程代入下一个单库优化调度求解中，逐个计算出所有水库的优化调度结果，从而获得水库群联合调度的初始解。

廊道策略：联合调度求解时以各水库水位为变量，在各水库的最大、最小水位之间以一定计算精度离散。分析可知，各水库各时段来水具有一定的连续性，且水库的流量和水位的变化均有一定的幅度限制，采用POA算法求解时若以各水库最大、最小水位为离散空间，则将许多明显不满足约束条件的水位代入计算，浪费了计算的时间和空间。因此，可引入启发式廊道策略，求解时，可根据上一阶段确定的初始水位，根据来水的量级，以最大或最小下泄流量为该时段的可能下泄流量，可确定该时段的水位向上和向下的最大变动幅度，即可行廊道空间，进而在该可行廊道空间内离散水位求解。

以各水库各时段水位为决策变量，对多维逐步优化模型求解详细过程如下：

步骤1：初始化各水库水位、入库流量等基本信息，采用所述初始解的确定方法获得初始解。

步骤2：在确定各水库各时段的初始水位过程后，根据各水库各时段的入库流量信息及水库的流量、水位变幅等约束确定其水位离散的可行廊道区间，并将水位进行离散。

步骤3：固定i水库$t-1$时段和$t+1$时段的水位，遍历t时段的水位在廊道空间的所有离散点，计算每一个离散点对应的目标值，求得第i个水库t时段的最优水位。

步骤4：对水库i，从2个时段调整到第$T-1$个时段，获得i水库调度周期所有的水位过程。

步骤5：对所有水库所有时段进行遍历，多次重复步骤2~4，直到收敛，获得最优解。

4.5.3　优化调度结果及分析

以梧州断面洪峰流量最小为调度目标，建立了以龙滩、大藤峡水库群为调度对象的联合防洪优化调度模型，并采用DP-POA算法对其进行求解，获得了梧州站断面最大削峰防洪优化调度方案。

4.5.3.1　计算边界条件

根据流域洪水地区组成规律及有代表性的大洪水组成特性，结合各水库的工程特点、防洪要求，设计洪水地区组成采用典型年地区组成法，选择1974年、1998年、2005年等不同类型的大洪水作为典型，以梧州站作为防洪控制断面，上游各干支流洪水组成采用典型年地区组成法，天峨站、迁江站、武宣站、大湟江口站、柳州站、对亭站、贵港站、太平站、金鸡站、京南站等站点洪水过程线均采用梧州站倍比缩放。

防洪优化调度计算时，龙滩水库入库流量代表站为天峨站；大藤峡水库采用动库调洪模型，以迁江站、柳州站、对亭站及15个区间流量作为入流边界；此外，郁江流域的左江水库、百色水库、老口水库，柳江流域的洋溪水库、落久水库、木洞水库、勒马水库，桂江流域的青狮潭水库、斧子口水库、小溶江水库、川江水库和昭平水库共计12个水库以相应站点作为入库流量，在优化调度计算过程中采用设计防洪调度规则调洪。

4.5.3.2　优化调度结果

为了体现优化调度的削峰效果，“1974·6”年型、“1998·6”年型、“2005·6”年型3

种典型洪水分别考虑设计规则调度以及优化调度,此外,结合大藤峡水库防洪效益论证,额外增加龙滩水库 70 亿 m^3 防洪库容工况(仅针对"1974·6"年型洪水),因此共计 4 种计算工况。

经计算,"1974·6"年型、"1974·6"年型(龙滩水库 70 亿 m^3 防洪库容)、"1998·6"年型和"2005·6"年型 4 种典型洪水和工况下,龙滩、大藤峡两库优化调度后,梧州断面洪峰流量较设计规则调度的洪峰流量分别减少了 3 900 m^3/s、2 300 m^3/s、3 300 m^3/s、2 500 m^3/s,其中"1974·6"年型洪水优化效果最为明显。与设计调度规则对比,优化后的龙滩水库、大藤峡水库调度规则充分利用了所有防洪库容。

4.6 西江干支流水库群协同优化调度研究

在西江干流龙滩、大藤峡水库联合防洪优化调度研究的基础上,进一步研究柳江、郁江、桂江等支流水库群的优化调度方式,以梧州断面安全泄量为约束条件,建立支流水库群动用库容最小防洪优化调度模型,获取西江干支流水库群最优调洪过程,在满足梧州断面安全泄量的前提下尽可能地少动用支流防洪库容,以保证支流防洪安全。

4.6.1 防洪优化调度模型

水库防洪优化调度通常有 3 类优化准则:最大削峰准则、最大防洪安全保证准则和最短成灾历史准则。本小节重点研究通过优化调度干支流水库群,合理利用水库群防洪库容,尽可能地削减西江干流梧州断面洪峰流量,保障西江中下游防洪保护区的防洪安全。上一节以梧州断面洪峰流量最小为目标建立了西江干流水库联合防洪优化调度模型,本节则是在西江干流龙滩水库、大藤峡水库联合防洪优化调度的基础上,进一步优化柳江、郁江、桂江等支流水库群调度过程,以支流水库群动用防洪库容最小为目标建立防洪优化调度模型。

4.6.1.1 目标函数

最大防洪安全保证准则为在满足下游防洪控制断面安全泄量的条件下,尽可能多下泄,使水库群留出的防洪库容最大。因此,综合考虑下游防洪控制点的安全及水库自身基本约束,建立联合防洪优化调度模型。目标函数描述如下:

$$\mathrm{Min}F = \mathrm{Min}\left\{\mathrm{Max}\left(\sum_{i=1}^{n}\Delta V_{i,t},\ t = 2,3,\cdots,T+1\right)\right\} \tag{4-31}$$

式中:$\Delta V_{i,t}$ 为 t 时第 i 个水库动用的防洪库容;n 为支流水库个数,T 为总调度时长。

4.6.1.2 约束条件

约束条件(1)~(5)同 4.5.1.2 中约束条件(1)~(5)。

(1)防洪控制点流量约束:

$$Q'_t(t) + \Delta q_i(t) \leqslant q_i^{\max} \tag{4-32}$$

式中:$Q'_t(t)$ 为 t 时段水库出库流量经河道演算到下游防洪控制点 i 的流量;$\Delta q_i(t)$ 为 t

时段上游水库群至防洪控制点 i 之间的区间入流；q_i^{max} 为防洪控制点 i 的最大安全流量。

(2)满足各水库汛期防洪调度规程和流域水库群联合防洪原则。

4.6.2 优化调度求解方法

水库群联合防洪优化调度模型是一个多阶段决策问题，且满足最优化原理、无后效性和重叠性，适合用动态规划求解。但是，对于干支流水库群协同防洪优化调度模型，水库数目超过 10 个，每个水库优化时段超过 100 个，因此总优化决策变量超过 1 000 个维度，无论是用动态规划算法还是启发式算法求解，均容易产生“维数灾”等问题，从而无法获取最优解。针对上述联合防洪优化调度模型，为较好地克服“维数灾”问题，本小节拟采用 3 种求解方法：高维差分进化(DE)算法、逐次优化算法(POA 算法)和结合这两种算法提出的改进算法 POA-DE 算法。

4.6.2.1 高维 DE 算法求解

差分进化(DE)由 Storn 和 Price 于 1995 年首次提出，主要用于求解实数优化问题。该算法是一类基于群体的自适应全局优化算法，属于演化算法的一种，由于其具有结构简单、容易实现、收敛快速、鲁棒性强等特点，因而被广泛应用在数据挖掘、模式识别、数字滤波器设计、人工神经网络、电磁学等各个领域。1996 年在日本名古屋举行的第一届国际演化计算(ICEO)竞赛中，差分进化算法被证明是速度最快的进化算法。

DE 采用实数编码，主要包含差分变异、交叉和选择 3 个算子。DE 通过对父代个体叠加差分矢量进行变异操作，生成变异个体；然后按一定概率，父代个体与变异个体进行交叉操作，生成试验个体；父代个体与试验个体进行比较，较优的个体进入下一代种群。设种群规模为 N_P，个体决策变量维数为 n。

(1)差分变异算子。对第 g 代种群的每一个个体 x_i^g $(i=1,2,\cdots,N_P)$，随机选取 3 个互不相同的父代个体 $x_{r_1}^g$，$x_{r_2}^g$，$x_{r_3}^g$($r_1, r_2, r_3 \in [1, N_P]$且 $r_1, r_2, r_3 \neq i$)，进行差分变异操作，生成变异个体 v_i^{g+1}：

$$v_i^{g+1} = x_{r_3}^g + F(x_{r_1}^g - x_{r_2}^g) \tag{4-33}$$

式中：F 为差分比例因子，控制着差分变异的幅度，其取值一般在 0~2。

(2)交叉算子。对父代个体 x_i^g 和变异个体 v_i^{g+1} 进行交叉，生成试验个体 u_i^{g+1}：

$$u_{i,j}^{g+1} = \begin{cases} v_{i,j}^{g+1}, \ \text{if (rand()} \leqslant CR) \text{ or } j = \text{rand}(1,n) \\ x_{i,j}^g, \ \text{otherwise} \end{cases} \tag{4-34}$$

式中：CR 为设定的交叉概率，取值范围为 0~1，rand()产生[0, 1]之间服从均匀分布的随机数，rand(1, n)产生[1, n]间的随机整数。试验个体至少有一个变量来自于变异个体。

(3)选择算子。比较父代个体和试验个体的适应度值，其中较优者进入下一代种群：

$$x_i^{g+1} = \begin{cases} u_i^{g+1}, \text{若 } u_i^{g+1} \text{优于 } x_i^g \\ x_i^g, \text{其他} \end{cases} \tag{4-35}$$

然而，标准 DE 算法由于进化策略简单，参数少，在应用到大规模、高维度问题时，极易陷入局部最优解，在求解多水库联合调度问题时，往往得不到理想的结果。为了应对大规模、高维度优化问题，Zille 在 2017 年提出一种加权优化框架 WOF，通过变量分组和加权实施对原始优化问题的转化（问题重构）。其核心思想在于利用分组策略将变量分成若干组，每一组变量关联一个权重，即同组内的决策变量具有相同的权重，从而把对大规模决策变量的优化转换为对较低维度权重向量的优化，实现对搜索空间的降维。令 Z 为 n 维决策向量的优化问题，其数学表达式如下：

$$Z:\mathrm{Min}f(x)\;;\; s.t.\; x \in \Omega \subseteq \boldsymbol{R}^n \tag{4-36}$$

对于任意决策向量 $\boldsymbol{x}'$，可通过变换函数 ψ 与权重向量 $\boldsymbol{w}$ 将其转化为另一决策向量 $\boldsymbol{x}$，数学表达式如下：

$$\boldsymbol{x} = \psi(\boldsymbol{w},\boldsymbol{x}') \tag{4-37}$$

在 ψ 内参数 x′给定的情况下，改变 w 的值即可获得不同的决策向量 $\boldsymbol{x}$，由此将 Z 转换为新的问题 $Z_{x'}$，将待优化对象由决策向量 $\boldsymbol{x}$ 转变为权重向量 $\boldsymbol{w}$：

$$\left.\begin{aligned} & Z_{x'}:\mathrm{Min}f_{x'}(\boldsymbol{w}) \\ & s.t.\; \boldsymbol{w} \in \Phi \subseteq \boldsymbol{R}^n \\ & f_{x'}(\boldsymbol{w}) = f[\psi(\boldsymbol{w},x')] \end{aligned}\right\} \tag{4-38}$$

转换后搜索空间的维数依然为 n，为实现降维进行变量分组，将 n 维决策变量划分为 γ 组 $\{g_1,\cdots,g_\gamma\}$，接着修改权重变量与决策变量间的对应关系，由一一对应改为一个权重变量与一组决策变量相对应，由此将待优化的权重向量 $\boldsymbol{w}$ 由 n 维降至 γ 维。通过上述方法将 n 维决策空间的多目标优化问题 Z 变换为 γ 维的问题 $Z_{x'}$，再利用 DE 算法进行求解，即可在降维后的子空间内更快更彻底地搜索优秀个体。

4.6.2.2 逐次优化算法求解

算法同 4.5.2 优化调度求解方法。

4.6.2.3 POA-DE 算法求解

POA 算法虽然被大量应用于水库优化调度求解中，但由于其每次只迭代循环两个阶段，而防洪优化调度中尤其是多库群调度，水库距离较远，洪水传播时间较长，使得当前时段的洪水受上游水库多个时段下泄流量的影响，两阶段迭代无法较好的寻优。同时，DE 算法也是智能算法的一种，具有智能算法的随机性和不确定性等缺点。因此，结合这两种算法，本书提出了 POA-DE 算法，在以 POA 算法为框架的基础上，可同时离散多个水库的多个水位，从而将两阶段迭代寻优变成多阶段问题，在此多阶段问题中，利用高维 DE 求解。此种方式弥补了两阶段问题逐水库求解时将水库孤立离散的缺陷，能够在寻优过程中很好地考虑水库之间的耦合作用。利用 POA-DE 改进算法，求解步骤如下：

步骤 1：初始化各水库水位、入库流量等基本信息，生成初始解。

步骤 2：初步拟定 POA 算法的寻优阶段 V_p 为 2，从第 0 个节点开始，固定第 i 个节点和第 $i+V_p$ 个节点的水位，针对该 V_p 阶段问题，采用高维 DE 算法求解。

步骤 3：设置种群规模及相应参数，初始化个体，计算个体的适应度，根据高维 DE 算法算子对每个父代进行更新，重复计算，直到算法收敛或达到设定的迭代次数，得到 V_p 阶段下的结果。

步骤4：调整阶段数 V_p 的大小，重复步骤2、步骤3，直到结果收敛。

4.6.3　优化调度结果及分析

以梧州断面洪峰流量最小为调度目标，建立了以干流龙滩-大藤峡水库群和柳江、郁江、桂江等支流水库群为调度对象的多库联合防洪优化调度模型，并采用 POA-DE 算法对其进行求解，获得了梧州断面最大削峰防洪优化调度方案。

4.6.3.1　计算边界条件

根据流域洪水地区组成规律及有代表性的大洪水组成特性，结合各水库的工程特点、防洪要求，设计洪水地区组成采用典型年地区组成法，选择1974年、1998年、2005年等不同类型的大洪水作为典型，以梧州站作为防洪控制断面，上游各干支流洪水组成采用典型年地区组成法，天峨站、迁江站、武宣站、大湟江口站、柳州站、对亭站、贵港站、太平站、金鸡站、京南站等站点洪水过程线均采用梧州站倍比缩放。

防洪优化调度计算时，龙滩水库入库流量代表站为天峨站；大藤峡水库采用动库调洪模型，以迁江站、柳州站、对亭站及15个区间流量作为入流边界；郁江流域的左江水库、百色水库、老口水库，柳江流域的洋溪水库、落久水库、木洞水库、勒马水库，桂江流域的青狮潭水库、斧子口水库、小溶江水库、川江水库和昭平水库共计12个水库以相应站点作为入库流量。

4.6.3.2　优化调度结果

为了验证优化调度的削峰效果，“1974·6”年型、“1998·6”年型、“2005·6”年型3种典型洪水分别考虑设计规则调度以及优化调度，此外，结合大藤峡水库防洪效益论证，增加龙滩水库70亿 m^3 防洪库容工况（仅针对“1974·6”年型洪水），因此共计4种计算工况。

经计算，在干支流共计14座水库的优化防洪调度作用下，能够将“1974·6”年型、“1974·6”年型（龙滩水库70亿 m^3 防洪库容）、“1998·6”年型和“2005·6”年型梧州断面洪峰流量削减到梧州断面安全泄量50 400 m^3/s 以下，其中，14座水库动用防洪库容均在设计防洪库容范围内，贵港、柳州、桂林断面洪峰流量均未超过各自断面的安全泄量。郁江流域水库群优化调度后能够同时削减南宁断面洪峰流量及梧州断面洪峰流量，而柳江和桂江水库群采用优化调度后，部分年型柳州站和桂林站洪峰流量会大于按照设计规则调度的洪峰流量，这是由于西江干流洪水与柳江和桂江支流洪水不同期发生，优化调度过程一定程度上进行了错峰调度，使得梧州断面流量最小。

综合以上优化调度结果分析，可以发现原有龙滩水库设计调度规则在面对流域中下游型洪水时存在削峰不足、防洪库容利用率不高等问题。优化调度的过程是在原有设计规则的基础上加大龙滩水库拦洪力度，因此在实时调度过程中，若预判将发生流域中下游型洪水，推荐龙滩水库在原有设计调度规则的基础上加大拦洪力度，减少出库，从而能够进一步保障下游防洪断面防洪安全。

4.7 水库群多区域协同防洪调度实例分析

4.7.1 珠江 1994 年 6 月大洪水优化调度

1994 年 6 月大洪水为全流域型大洪水,西江洪水主要来自龙滩—武宣区间,洪量占梧州站的 67%,大于其面积比的 2 倍,武宣站以上流域的来量占梧州站洪量组成的 80% 以上。武宣站洪峰 44 400 m^3/s,超 20 年一遇。柳江与红水河洪水在黔江相遭遇,郁江洪水来得比较迟,且量不大,但桂江洪水与浔江洪水相遭遇,且在梧州站峰前,致使梧州站洪峰早于大湟江口站洪峰出现。实测大湟江口站洪峰流量 43 900 m^3/s,近 20 年一遇;梧州站实测天然洪峰流量为 49 200 m^3/s,近 50 年一遇;北江石角站洪峰流量 18 200 m^3/s,达 50 年一遇。西、北江几乎同时出现大洪水,且西、北两江洪峰几乎同时在思贤滘相遭遇,珠江三角洲河网区大多测站出现历史实测最高洪潮水位,洪潮遭遇给珠江三角洲带来严重洪涝灾害。

以珠江 1994 年 6 月全流域型大洪水为典型洪水,通过流域水库群协同调度方式模拟该场洪水的调度。首先模拟分析各水库按原设计调度规则调度的方案,考虑到西、北江洪水在思贤滘遭遇,在确保工程自身安全的前提下,联合调度西江龙滩水库和北江飞来峡水库拦蓄洪水。龙滩水库采用设计调度规则调度,调度后效果见表 4-19,调度过程见图 4-12。从调度效果看,龙滩水库最大动用库容 17.89 亿 m^3,通过龙滩水库调度后大湟江口站流量可削减至 40 700 m^3/s,近 10 年一遇,梧州站流量削减至 47 700 m^3/s,约 20 年一遇,削减流量 1 600 m^3/s,可削减至现状梧州断面河道安全泄量 50 400 m^3/s 以下。北江飞来峡水库按设计调度规则调度,石角站流量可削减至 16 400 m^3/s,量级削减至 20 年一遇,小于石角站安全泄量 19 000 m^3/s,可基本保障北江的防洪安全。

表 4-19 1994 年 6 月全流域型大洪水调度后站点调节效果

规则	大湟江口站			梧州站				龙滩水库	
	调度前洪峰流量/(m^3/s)	调度后洪峰流量/(m^3/s)	削峰值/(m^3/s)	调度前洪峰流量/(m^3/s)	调度后洪峰流量/(m^3/s)	削峰值/(m^3/s)	调洪后重现期/年	最高库水位/m	最大动用库容/亿 m^3
设计	43 900	40 700	3 200	49 200	47 700	1 500	20	365.21	17.89
优化	43 900	40 900	3 000	49 200	47 800	1 400	20	362.26	8.75

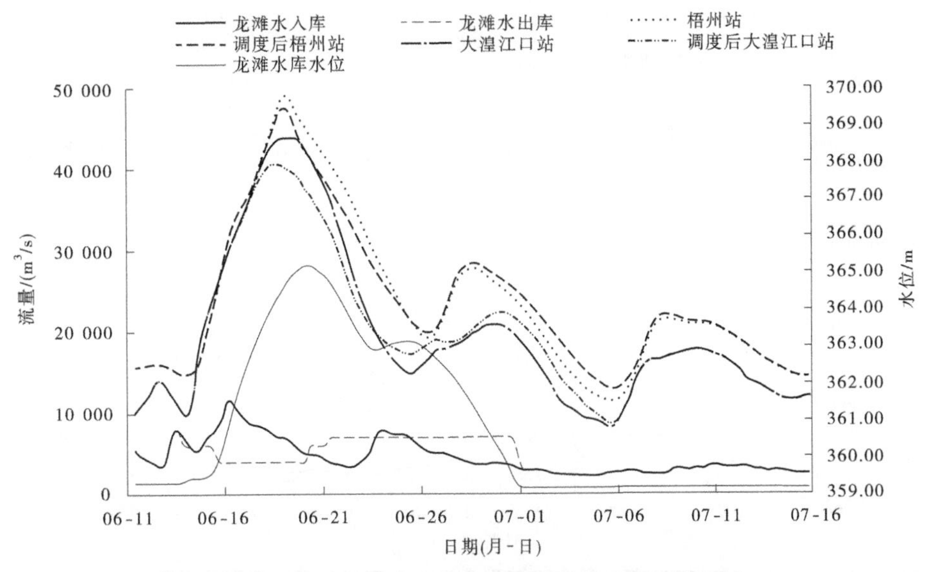

图 4-12 1994 年 6 月全流域型大洪水设计调度效果图

在龙滩水库采用设计调度规则调度能基本保证西江中下游防洪安全的基础上,结合水情预报预测,进一步模拟分析龙滩水库的优化调度方案,尽可能少地使用龙滩水库防洪库容,为后续洪水调度留出库容。考虑到西江洪水主要来自龙滩水库下游的龙滩—武宣区间,支流柳江洪水与干流红水河洪水遭遇、支流桂江洪水与干流浔江洪水遭遇的特点,借助水情预测预报技术,根据大湟江口站及梧州站预报来水,优化龙滩水库调度规则:涨水段,预报梧州站、大湟江口站不超安全泄量的前提下,适当加大泄量,预留库容以防后续洪水;退水段,在预报梧州站、大湟江口站不超警戒流量的前提下,加大泄量及时将龙滩水库水位退至汛限水位。优化调度过程见图 4-13。从调度效果看,涨水段龙滩水库防洪库容比按设计调度规则防洪库容少使用 9.14 亿 m³,为后续洪水预留了更多库容;退水段在保证下游大湟江口断面、梧州断面不超警戒流量的前提下,龙滩水库可及时腾空库容,为后续龙滩水库防洪应用留有余地。

4.7.2 西江 2005 年 6 月大洪水优化调度

2005 年 6 月大洪水为西江中下游型洪水,红水河干流迁江水文站洪峰流量为 16 700 m³/s,约 5 年一遇,属一般洪水,但红水河与支流柳江洪水相遇,使下游干流武宣站洪峰流量达 38 500 m³/s。黔江洪水又与支流郁江洪水遭遇,演进至下游浔江大湟江口站时形成大洪水,大湟江口站(加甘王水道分流量)实测归槽洪峰流量 45 100 m³/s,达 20 年一遇,7 d 洪量 220 亿 m³,约 10 年一遇。浔江大洪水在继续向下传播的过程中,与支流蒙江、北流河、桂江洪水遭遇,浔江、西江段堤防没有出现溃决、漫顶的现象,洪水全部归槽,至下游梧州站洪峰流量 53 700 m³/s,达 30~50 年一遇归槽洪水量级(大于天然 100 年一遇),7 d 洪量 262 亿 m³,达 20 年一遇。下游高要站实测洪峰流量达 55 000 m³/s,约相当于天然 200 年一遇。北江石角站洪峰流量 13 500 m³/s,约 10 年一遇。西、北江洪水进入珠江三角洲后,恰逢天文大潮,造成珠江三角洲发生特大洪水,马口站洪峰流量 52 100 m³/s,三

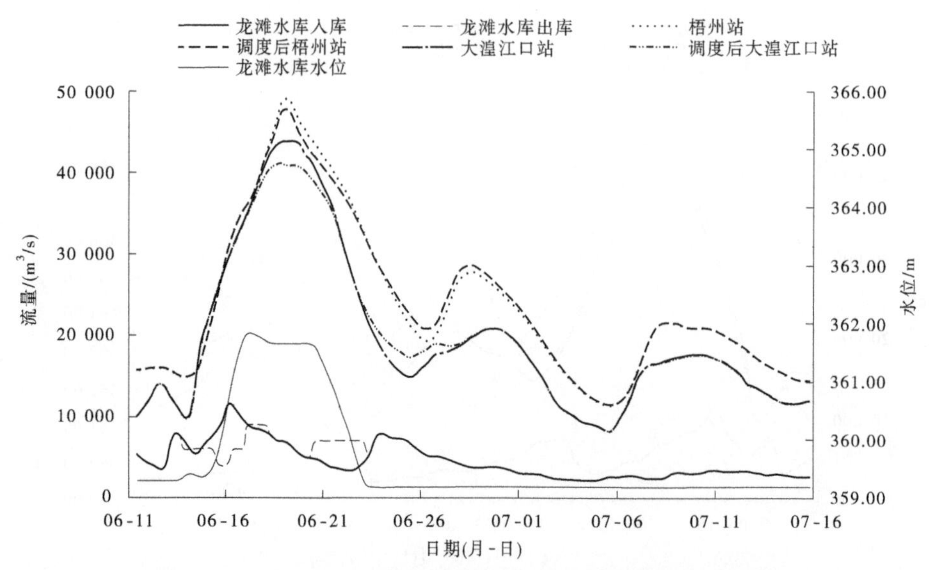

图 4-13　1994 年 6 月全流域型大洪水水库优化调度规则效果图

水站洪峰流量 16 400 m^3/s,两站洪峰均为历史最大,重现期超过 200 年一遇。

以西江 2005 年 6 月中下游型大洪水为典型洪水,通过流域水库群协同调度方式模拟该场洪水的调度。首先模拟分析各水库按原设计调度规则调度的方案,在确保工程自身安全的前提下,联合调度西江龙滩水库、岩滩水库、西津水库和北江飞来峡水库。龙滩水库按设计调度规则调度,调度后效果见表 4-20,调度过程见图 4-14。从调度效果看,由于龙滩水库以上来水较少,按设计调度规则拦蓄洪水较少,龙滩水库调度后大湟江口站流量削减 1 900 m^3/s,梧州站流量削减 980 m^3/s,调度后梧州站洪峰流量仍超出其安全泄量 50 400 m^3/s。西北江水库群联合调度后,思贤滘洪峰削减了 1 300 m^3/s,调度后洪峰流量为 67 200 m^3/s,仍超思贤滘安全泄量。

表 4-20　2005 年大洪水调度后梧州站调节效果

站名	项目	设计调度规则	优化调度规则
大湟江口站	调度前洪峰流量/(m^3/s)	41 500	41 500
	调度后洪峰流量/(m^3/s)	39 600	37 500
	削峰值/(m^3/s)	1 900	4 000
梧州站	调度前洪峰流量/(m^3/s)	53 700	53 700
	调度后洪峰流量/(m^3/s)	52 700	51 200
	削峰值/(m^3/s)	1 000	2 500
	调洪后重现期/年	100	>50

续表 4-20

站名	项目	设计调度规则	优化调度规则
龙滩水库	最高库水位/m	361.6	365.3
	最大动用库容/亿 m^3	6.64	18.18
岩滩水库	最高库水位/m	219	220.5
	最大动用库容/亿 m^3	0	1.55
西津水库	最高库水位/m	59.6	61.6
	最大动用库容/亿 m^3	0	2.0

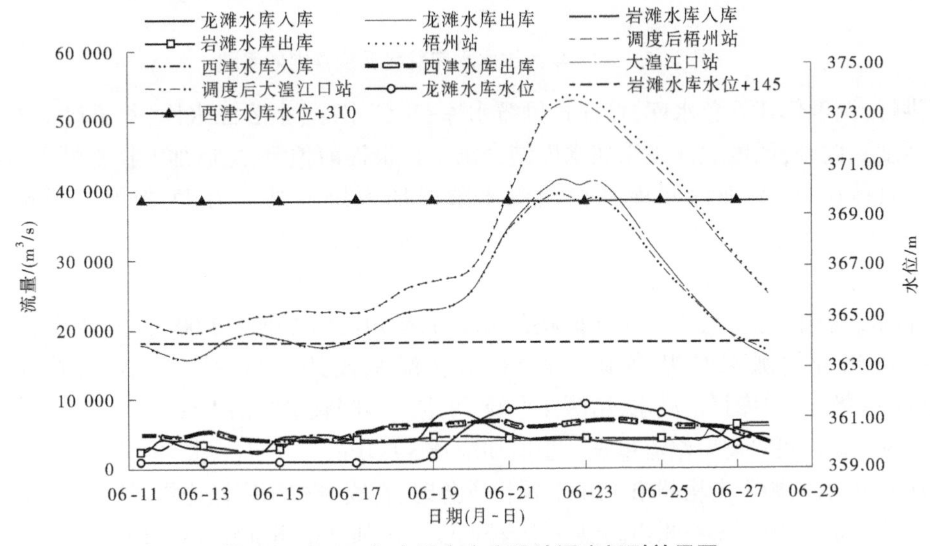

图 4-14　2005 年大洪水水库设计调度规则效果图

在龙滩水库采用设计调度规则调度能基本保证西江中下游防洪安全的基础上,结合水情预报预测,针对西江中下游型洪水,进一步分析龙滩水库的优化调度方案,尽可能减轻西江中下游防洪压力。优化龙滩水库在梧州涨水阶段洪水调节力度,当梧州流量小于25 000 m^3/s 时,控泄流量由原来的6 000 m^3/s 调整为4 000 m^3/s;当梧州流量大于25 000 m^3/s 时,控泄流量由原来的4 000 m^3/s 调整为2 000 m^3/s,同时启动岩滩水库拦蓄红水河洪水,调度过程见图 4-15。从调度效果看,通过龙滩水库、岩滩水库联合调度后西江梧州站流量削减2 100 m^3/s,洪水量级减小为51 500 m^3/s,仍无法削减至现状梧州站安全泄量48 500 m^3/s 以下,思贤滘洪峰削减了 2 800 m^3/s,量级为 65 700 m^3/s,仍超 100 年一遇。

在龙滩水库优化调度的基础上,考虑红水河洪水与柳江洪水遭遇,黔江洪水与郁江洪水遭遇,浔江洪水与支流蒙江、北流河、桂江洪水遭遇,西江洪水与北江洪水遭遇极端不利洪水组成特点,结合水情预测预报,龙滩水库进一步加大拦蓄洪水,同时调度岩滩水库错

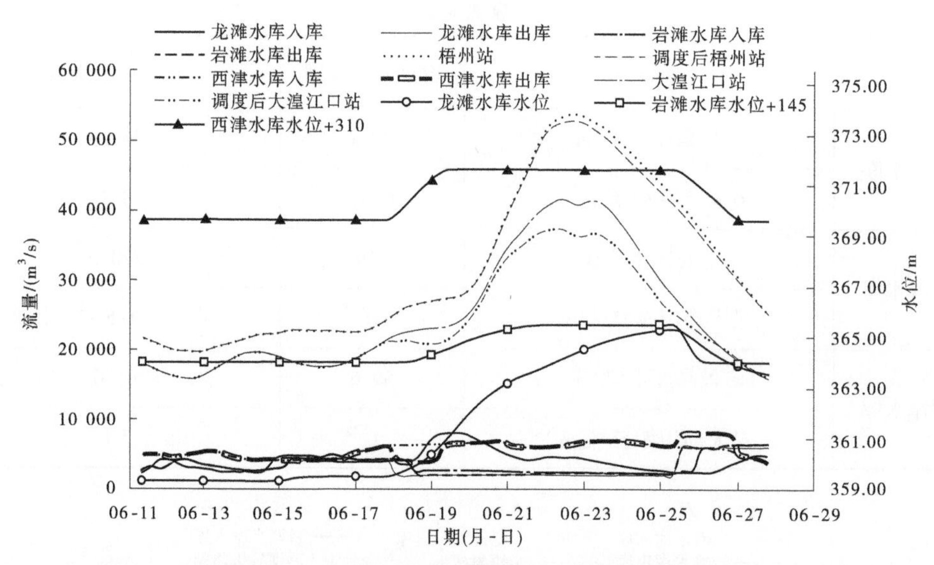

图 4-15　2005 年大洪水水库优化调度规则效果图

柳江洪峰,调度郁江百色水库,桂江青狮潭水库、川江水库、小溶江水库、斧子口水库进行联合调度。此外,调度北江飞来峡水库结合洪水预报提前预泄,之后加大拦蓄洪水错西江洪峰。具体调度为:龙滩水库在梧州涨水阶段加大调节洪水力度,控泄流量减小为 1 000 m^3/s,同时启动岩滩水库错柳江洪峰(按 1 000 m^3/s 控泄);郁江上游百色水库拦蓄郁江洪水(按 500 m^3/s 控泄),桂江上游青狮潭水库、川江水库、小溶江水库、斧子口水库按设计调度规则调度。经上述水库群联合调度后,梧州可增加削减 2 000 m^3/s 左右;飞来峡水库在梧州开始涨水时提前预泄至 18 m,在涨水段按照(6 月 22—24 日按照出库 8 500 m^3/s 控泄)出库拦蓄洪水,错西江洪峰,可进一步削减思贤滘 1 500 m^3/s;西北江水库群联合应急调度可将思贤滘流量进一步增加削减 3 000 m^3/s 左右。此外,长洲水利枢纽位于浔江下游河段,距下游梧州市 12 km,汛情紧急时,在充分权衡库区淹没风险的前提下,可临时拦洪错峰,保障下游梧州市防洪安全,经调度后可削减梧州洪峰 500~1 000 m^3/s。

4.8　小　结

流域干支流水库群协同调度是珠江流域防洪调度的重要关注点,本章从流域统一防洪的角度分析当前珠江流域防洪形势和流域水库群防洪调度重难点技术问题,结合当前主要控制断面的防洪需求,建立水库群防洪调度模型,提出了珠江流域多目标多区域协同防洪调度方式,并研究了龙滩、大藤峡骨干水库群联合防洪优化调度,西江中上游水库群配合龙滩水库优化调度,西江干支流水库群协同优化调度,以及西、北江水库群协同错峰调度。主要研究成果如下:

(1)结合珠江流域的暴雨洪水特性和防洪工程体系布局,系统分析了珠江流域面临着防洪调度能力不足、洪水归槽现象明显和极端气候频发等不利的防洪形势。首先,流域水库群的防洪调度的重难点问题包括流域干支流洪水的复杂、多变的遭遇规律特性研究；其次是流域防洪保护对象分散，防洪调度库容不足，需要实行干支流、上下游的统一协同调度方能达到较好的防洪效果；最后，流域水库群联合调度的利益主体呈现多元化的趋势，为最大限度提高水资源的利用效率，流域水库群协同调度还需关注多目标协同的优化调度的研究。

（2）建立了珠江流域多区域协同调度模型。按照珠江流域联合防洪调度总体布局、水库位置及洪水地区组成，通过各水库群组的防洪作用和调节能力，按照大系统协调的理论和思路，将流域水库群分为1组骨干水库群和6个群组水库。骨干水库为龙滩水库、大藤峡水库和飞来峡水库，群组水库分别为西江中上游水库群、郁江水库群、桂江水库群、柳江水库群、北江中上游水库群、东江水库群。珠江流域水库群多区域协同防洪调度模型包括本流域单一目标调度、不同防洪目标间的区域协同调度方式，以及保障珠江流域整体防洪安全总体协调层。模型功能结构分为多区域协同防洪对象分解、调度规则选择、防洪控制条件、嵌套式多区域协同防洪调度、防洪调度效果评价5个模块。

（3）提出了珠江流域多目标多区域协同调度方式。针对珠江流域防洪对象的多区域性和多目标性，统筹干支流、上下游防洪关系，提出了多目标多区域的水库群协同调度方式。基于该协同调度方式提出了龙滩-大藤峡骨干水库群联合优化调度、西江中上游水库群联合优化调度、西江干支流水库群协同优化调度，以及西、北江水库群协同错峰调度，为珠江防洪调度决策提供重要技术依据。

（4）西江干支流水库群协同优化调度能全面提高对流域中下游的防洪作用。龙滩、大藤峡两库优化调度后，不同年型梧州断面洪峰流量较设计规则调度的洪峰流量分别减少了2 300~3 900 m^3/s；西江中上游水库群联合龙滩水库调度效果较龙滩单库调度洪水降级效果好，不同年型削峰效果增加70~1 504 m^3/s，针对中下游型洪水，结合水情预报采用加大龙滩水库拦洪力度的调度方式，削峰效果显著。

5　基于预报的洪水调度风险控制策略

一定精度的中长期水文预报,是合理调度的重要或参考性依据,是研究实时预报调度方式的基础。长中短期预报相结合进行调度,既可减少不蓄电能损失和降低破坏深度,又可增加季节性电能和减少弃水。年初和汛前,如有较准确的长期旱涝趋势预报,则可争取一定程度的抗灾主动权,提高防汛抗旱物资利用率。另外,水库及河道流量中长期预报,可以增强航运计划性,提高运输效率。而短期的水文预报为水库实时预报预泄调度提供了依据,根据一定精度和预见期的水文气象预报成果,在洪水来之前腾出库容以蓄纳即将到来的洪水;同时在充分利用水文气象预报水平、适度承担防洪风险的前提下合理利用水库的防洪库容、实现洪水资源化的水库预报调度理念得到了逐步推广。目前,珠江流域龙滩、岩滩、长洲、百色等水库正在开展基于中小洪水预报的洪水资源化调度,有效提高了水资源利用效率,是贯彻落实国家节能减排、发展绿色经济的具体体现。

5.1　珠江流域气象水文预报现状及可利用性分析

洪水预报(多时间尺度)是一项直接服务于国民经济建设不可或缺的重要基本工作,能帮助人类有效地防御洪水、减少洪灾损失、更好地控制和利用水资源,是一项重要的防洪减灾非工程措施。

我国是一个洪涝灾害频繁发生的国家。洪水预报作为全国水文工作的一个重要组成部分,在过去的几十年里发展迅速,积累了丰富的宝贵经验。特别是随着计算机、网络等现代信息技术在水文预报中的推广应用及水文预报理论和方法的不断发展,我国洪水预报技术有了新的进展。20 世纪 90 年代以来,随着计算机、通信、网络、遥感、地理信息系统等现代信息技术在水文预报领域的推广应用,以及水文理论和方法的不断发展,当前多源降水信息融合技术、基于 DEM 的分布式水文模型、基于水文气象耦合的洪水预报、利用专家经验的人机交互预报及大范围洪水预测预警技术等正成为世界上洪水作业预报技术研究和发展的方向。

珠江流域洪水预报遵循由粗到细、由长期到中短期、由定性到定量的原则,环环深入,层层细化,充分考虑降水预报及江河来水实况,对各种预测预报方法的预测结论进行分析研判,从而给出最终的预测结果。

以珠江流域现有水文站网和历史雨水情资料为基础,分析研究西江重要控制断面武宣站、大湟江口站、梧州站的 24 h、48 h、72 h 预见期的短期洪水预报方案精度,见表 5-1。经统计,不考虑降雨预报误差情况下,武宣站 24 h 预见期的洪水预报方案精度均达到甲级,武宣站 48 h 和 72 h 预见期洪水预报方案精度均达到乙级以上;大湟江口站 24 h 和

48 h 预见期洪水预报方案精度均达到甲级，72 h 预见期洪水预报方案精度均达到乙级以上；梧州站 24 h、48 h 和 72 h 预见期洪水预报方案精度均达到乙级以上。其中，影响武宣站 48 h、72 h 预见期和大湟江口站 72 h 预见期洪水预报方案总体精度的断面主要是红水河岩滩站和都安站，影响梧州站洪水预报方案总体精度的断面是北流河金鸡站，初步分析是上述两条河流修建的水利工程对预报断面水流情势影响较大，但就洪水组成而言，黔江武宣站洪水以柳江洪水为主，红水河来水影响较小，西江梧州站洪水以上游干流洪水为主，北流河来水所占比例不大，因此西江主要控制站点武宣站、大湟江口站、梧州站总体洪水短期预报精度可以满足调度需求。

表 5-1　主要预报断面总体检验精度

序号	预报断面	过程确定性系数	方案评级	主要控制站点及预见期/h								
				武宣站			大湟江口站			梧州站		
				24	48	72	24	48	72	24	48	72
1	武宣	0.97	甲	●	●	●	●	●	●		●	●
2	迁江	0.97	甲	●	●	●		●				●
3	都安	0.79	乙		●	●			●			
4	柳州	0.97	甲		●	●		●	●			●
5	对亭	0.92	甲		●	●		●	●			●
6	岩滩	0.78	乙			●						
7	融水	0.89	甲			●			●			
8	三岔	0.91	甲			●			●			
9	大湟江口	0.98	甲				●	●	●		●	●
10	贵港	0.92	甲					●	●			●
11	南宁	0.94	甲						●			
12	梧州	0.99	甲							●	●	●
13	太平	0.91	甲							●	●	●
14	金鸡	0.82	乙							●	●	●
15	平乐	0.90	甲								●	●
16	桂林	0.88	甲									●

注：主要控制站点不同预见期的洪水预报方案使用到某预报断面，在交叉方框中画“●”。

5.2 珠江流域洪水实时预报调度风险控制技术

针对现状雨水情中长期预测预报技术存在较多技术难题难以突破,中长期预测预报精度相对较低的实际情况,为降低实时调度风险,珠江流域首次提出“长短结合、逐步优化”的实时调度风险控制策略。按照“宏观计划、动态调节、节点控制”的原则,在调度前期根据中长期水文预报、考虑防汛形势及水库长期运行效益,根据各水库所处地理位置及能发挥的作用,系统提出整个调度期各水库运行控制方案,实现对整个调度过程的宏观控制;在具体实施过程中再根据水情、工情的滚动更新,对调度方案进行滚动优化,得到具体实施的动态调节方案。长期调度是短期调度的宏观控制,短期调度是长期调度的安全保障,“长短结合”保障调度的有序安全运行。

5.2.1 宏观计划

中长期水文预报具有较长的预见期,年初和汛前,如有较准确的长期旱涝趋势预报,能够使决策者协调防洪与抗旱、蓄水与弃水及各部门之间的用水矛盾,及早采取措施,进行统筹安排,以获取最大的效益。

气象部门的雨水情预报都存在着预报误差,目前气象部门对空间范围较大、时间尺度较长的天气预报准确率比较高,例如未来 2~3 d 的晴雨预报准确率可以达到 70%~80%,但对很强的局地性、突发性天气预报准确率低,例如 24 h 暴雨预报的准确率仅为 20%左右。对于流域性大洪水,由于西江流域集水面积大、流程长,大洪水和特大洪水通常是在稳定的天气系统和大气环流背景下,持续几天以上的大范围、高强度的暴雨过程中形成的。采用气象中长期预测预报方法,提前 10~15 d 进行的前瞻性来水趋势预测虽存在不确定性,但在前期气候特征无异常征兆、大气环流较稳定的前提下,结合气象部门环流形势的数值预报,制作的江河来水预报的可靠性将大大增加,对汛期是否出现大洪水的分析预测具有重要的参考价值。

以 2017 年汛期为例,在 6 月,根据 7~10 d 的中长期流域水情预报,结合电网发电等相关需求,提出自 6 月 25 日开始组织实施西江中上游水库群联合调度的宏观控制计划。西江天生桥一级、龙滩、百色等大型水库在汛前通过加大发电腾库迎洪,有效增加调蓄库容,增强了流域的防洪能力,岩滩、红花等水库做好度汛各项准备。依据方案部署,西江天生桥一级、龙滩、百色等流域重点防洪水库腾空库容约 100 亿 m^3,以应对主汛期流域洪水过程。2017 年 7 月“西江 1 号”洪水到来之前,根据来水预报,岩滩水库、红花水库实施预泄调度,岩滩水库、红花水库预泄分别腾出汛限水位以下调蓄库容 1.74 亿 m^3、2.39 亿 m^3。

汛末到来之前,根据中长期来水预报制订各水库汛末蓄水方案。2017 年 8—9 月西江来水主要预测成果为:龙滩水库平均入库流量 2 780 m^3/s,与多年同期基本持平,其中 8 月龙滩水库入库较多年同期偏多约 1 成,9 月与多年同期基本持平;龙滩水库至岩滩水库区间平均来水量 230 m^3/s，较多年同期偏多 1 成；梧州站平均流量 9 750 m^3/s，与多年同期基本持平，其中 8 月与多年同期偏多近 2 成、9 月与多年同期基本持平。根据对汛末来水的预报，制订龙滩水库、岩滩水库汛末联合蓄水方案。

枯水期到来之前，根据中长期来水预报制订枯水期水量调度实施方案。比如 2016 年 9 月，采用相似年、数理统计等方法对 2016 年枯水期流域的降雨量进行分析预测，并参考气象部门模式预测产品，综合分析确定预测结果：2016 年 10 月至 2017 年 3 月，珠江流域西江和北江流域降雨量均偏少 2 成左右，西江天然来水出现枯水期（$P=75\%\sim90\%$）的可能性较大，平均流量为 1 900～2 100 m^3/s。根据枯水期来水预报，制定当年枯期水量调度方案。

5.2.2　动态调节

结合水情预报预测技术，提前 3～5 d 可较准确地预报大洪水和特大洪水，对防洪水库的调度控制有很好的指导作用；对于局部洪水，往往是由短时间内发生的强降雨形成的，短时局地强降雨是决定水库防洪调度风险的关键因素。准确率相对较低的雨水情中长期预报可以为防汛特别是水库调度工作提供时间上的宽裕度和一定参考依据，24～48 h 来水预报可以精确地对预见期内的洪水进行定性定量判断，并准确预报洪峰量级和洪峰出现时间，是实时调度防洪水库的主要依据。

结合对未来 3～5 d 水情预报成果，开始西江中上游水库群系统性动态调节，首先在确保工程自身安全和防洪目标安全的前提下，调度西江干流天生桥一级、龙滩水电站及郁江百色水利枢纽等流域骨干水库拦蓄上游洪水，充分发挥梯级水库的拦洪、削峰作用，同时组织西江干流岩滩、柳江红花等水库提前预泄。下面以 2017 年编号洪水的预报调度实例，说明根据短期预报优化调整各水库调度方案的过程。

5.2.2.1　**洪水雨水情**

1. 2017 年西江第 1 号洪水

2017 年 6 月下旬，珠江流域出现强降雨过程，6 月 20 日至 7 月 3 日，受冷暖空气共同影响，强降雨长期徘徊在西江中下游一带，其中红水河中游、柳江中上游、桂江、粤西沿海、桂南沿海等地累积降雨量 250～400 mm，桂江上游、粤西沿海局地超过 400 mm。经统计，西江流域面平均降雨量为 180.6 mm，过程累积降雨量超过 100 mm 笼罩面积 29.47 万 km^2，约占西江流域总面积的 87%，过程累积降雨量超过 250 mm，笼罩面积 5.59 万 km^2，约占西江流域的 17%；桂江流域面平均降雨量 308.2 mm，黔江柳江面平均降雨量 248.0 mm，浔江面平均降雨量 224.6 mm。至 7 月 2 日 20 时，西江梧州站水位超过警戒水位，西江出现 2017 年第 1 号洪水，支流柳江、桂江等水位快速上涨，干流武宣至梧州河段全线超警。

2. 2017 年西江第 2 号洪水

7 月 7—11 日，流域中西部又出现一次较强降雨过程，强降雨中心集中在红水河中游、柳江中上游一带，其中南盘江下游、北盘江下游、红水河中下游、柳江中上游、桂南沿海等地累积降雨量 100～250 mm，局地 250～400 mm。经统计，红水河面雨量 90.8 mm，黔江柳江面雨量 119.3 mm,左江面雨量 89.5 mm,右江面雨量 83.7 mm,桂南沿海面雨量 134.7 mm。

5.2.2.2 天生桥一级水库调度过程

1. 水库概况

天生桥一级水库位于贵州省安龙县与广西壮族自治区龙林县交界的南盘江干流上,坝址控制流域面积 5.01 万 km^2,多年平均流量 612 m^3/s。水库正常蓄水位 780.00 m,死水位 731.00 m,总库容 102.6 亿 m^3,兴利库容 57.96 亿 m^3,死库容 25.99 亿 m^3,属年调节水库。电站以发电为主,兼有防洪、拦沙、航运及旅游等综合利用效益。

天生桥一级水库调洪库容 29.96 亿 m^3,其中正常蓄水位以下调洪库容 11.35 亿 m^3。天生桥一级水库于 1997 年底下闸蓄水,根据 1997 年以来天生桥一级水库实际运行资料统计分析每年度 6 月 1 日、7 月 15 日及 8 月 31 日汛限水位以下平均库容,分别为 40.7 亿 m^3、27.9 亿 m^3、13.4 亿 m^3,说明天生桥一级水库建成运行后,汛期汛限水位以下库容剩余较多,可结合水情预报合理利用天生桥一级水库汛限水位以下的库容,减小龙滩水库的入库洪水,从而减轻西江中下游防洪压力。

2. 动态调节洪水过程

7 月 17 日 16 时,天生桥一级水库水位 770.66 m,水库入库流量为 2 700 m^3/s,出库流量为 762 m^3/s。根据 7 月 17 日来水预测,7 月 19 日水库水位可能达到汛限水位 773.10 m。7 月 17 日 17 时,天生桥一级水库请示从 7 月 19 日 15 时开闸泄洪,水库合计出库流量为 1 000~3 000 m^3/s。为保障水库安全运行,尽快降低库水位,同时尽量减小水库泄洪带来的影响,根据来水预测和水库调洪演算分析,经征求贵州、广西防总意见,珠江水利委员会批复天生桥一级水库开闸泄洪时间提前至 7 月 18 日 18 时,采用溢洪道闸门逐级开启的方式泄洪,总出库流量逐步加大至 2 000 m^3/s。

7 月 20 日 8 时,天生桥一级水库水位涨至 771.86 m,入库流量 2 800 m^3/s,根据来水预测,水库水位仍将持续上涨。为了保障防洪安全,天生桥一级水库自 7 月 20 日 14 时起逐步加大总出库流量至 2 600 m^3/s。

由于前期拦蓄洪水,至 7 月 27 日 8 时天生桥一级水库水位为 773.87 m,超汛限水位 0.77 m。鉴于流域后期降雨减弱,天生桥一级水库自 7 月 27 日 18 时总出库流量调整为 2 000 m^3/s,将水库水位降至汛限水位以下。7 月 31 日 4 时,天生桥一级水库水位降至汛限水位以下。

受前期降雨影响,8 月 26 日 8 时,天生桥一级水库水位涨至 774.74 m,超汛限水位 1.64 m,且受台风“帕卡”影响,预报未来几天仍有降雨过程。经研究,珠江水利委员会调度天生桥一级水库自 8 月 26 日 15 时逐步加大出库流量至 2 100 m^3/s。8 月 27 日 8 时,天生桥一级水库水位涨至 775.43 m,超汛限水位 2.33 m,且受台风“帕卡”影响,水库库区未来几天仍有较强降雨过程,经来水滚动预测和调度分析,天生桥一级水库自 8 月 27 日 15 时起逐步加大出库流量至 2 600 m^3/s。

9 月 5 日 8 时,天生桥一级水库水位降至 773.69 m,超汛限水位 0.59 m,结合来水滚动预测和调度分析,天生桥一级水库自 9 月 5 日 13 时总出库流量调整为 2 000 m^3/s。

5.2.2.3 龙滩水库调度过程

1. 水库概况

龙滩水库坝址位于红水河中上游河段，是西江干流骨干防洪水库。坝址以上流域面积为9.85万km^2，占红水河流域面积的71.2%，占西江流域面积的28%。水库正常蓄水位375.00 m（珠江基面），汛限水位359.30 m（5月1日至7月15日）/366.00 m（7月16日至8月31日），设计洪水位377.26 m，校核洪水位381.84 m，总库容188.09亿m^3，一期工程防洪库容50亿m^3。

2. 动态调节洪水过程

5月1日至8月9日，龙滩运行水位在335.87～366.86 m。由于上游光照水库、天生桥一级水库分别于7月17、18日开闸泄洪，24日21时两座水库合计下泄流量3 800 m^3/s，预计25—31日龙滩水库入库流量维持在4 000～5 000 m^3/s。至7月25日8时，龙滩水库水位365.54 m，接近汛限水位。龙滩水库7月25日15时开闸泄洪，出库流量由2 000 m^3/s逐步加大至3 000 m^3/s。

7月28日8时，由于天生桥一级水库—龙滩水库区间来水继续加大，龙滩水库水位涨至366.75 m，超汛限水位0.75 m，且未来仍将持续上涨。为了确保防洪安全，龙滩水库自7月28日18时起逐步加大出库流量至3 500 m^3/s。8月3日8时，龙滩水库水位降至366.48 m，考虑到龙滩水库库区降雨减弱，经水情滚动预报调度分析，自8月3日15时起，龙滩水库日均总出库流量不低于2 800 m^3/s，保持水库水位逐步下降。8月3日16时，龙滩水库关闭泄洪闸门，7月25日至8月3日，龙滩水库总共弃水14.23亿m^3。

根据《珠江防总办关于2017年龙滩、岩滩水电站汛末联合蓄水方案的批复》（珠汛办〔2017〕43号），龙滩水库8月10—31日开始分时段蓄水。汛末蓄水期间，龙滩水库最大日平均入库为5 400 m^3/s，最大日平均出库3 100 m^3/s，运行水位在366.28～369.80 m。由于天生桥一级水库—龙滩水库区间来水较大，预报未来3～5 d流域下游来水较小，8月28—31日，龙滩水库运行水位在367.54～370.13 m，在确保流域防洪安全的前提下，有效地拦蓄了汛末洪水，避免弃水。汛末蓄水期间，龙滩水库总入库水量66亿m^3，总出库水量54.8亿m^3，发电水量54.8亿m^3，弃水量为0，相比原设计方案，减少弃水12.65亿m^3。

至9月6日8时，龙滩水库水位373.83 m，接近正常蓄水位375.00 m。由于龙滩水库以上流域大范围持续性降雨，为减轻库区防洪压力，龙滩水库于9月6日15时左右开闸泄洪，总下泄流量为5 800 m^3/s左右。9月11日，鉴于库区降雨减弱，龙滩水库于9月11日15时关闭泄洪闸门。9月6—11日龙滩水库总共弃水16.64亿m^3。

5.2.2.4 岩滩水库调度过程

1. 水库概况

岩滩水库位于红水河中游河段上，是红水河梯级的骨干水库，开发任务以发电为主。水库正常蓄水位223.00 m，相应库容为26.1亿m^3，死水位219.00 m，调节库容4.32亿m^3，水库总库容34.3亿m^3。水库汛期（5月1日至9月30日）限制水位为219.00 m。

2. 动态调节洪水过程

根据《珠江防总办关于下达岩滩水电站2017年汛期调度运用计划的通知》（珠汛办

〔2017〕32 号),岩滩水库 5—7 月实施汛期水位动态控制方案,原则同意岩滩水库水位 5 月按 219.00~220.60 m 动态控制(其中龙滩水库水位低于 359.30 m 可按 219.00~221.00 m 控制)、6—7 月按 219.00~220.50 m 动态控制,并服从有管辖权防汛指挥机构的实时调度。

汛期水位动态控制期间,岩滩水库运行水位在 217.45~221.34 m,由于龙滩水库—岩滩水库区间来水较大,7 月 4 日 8 时岩滩水库水位达到 221.11 m,超过批复的汛期水位动态控制方案中的 220.50 m,为减轻库区防洪压力,结合水情滚动预报调度分析,岩滩水库于 7 月 4 日 23 时开闸泄洪,于 7 月 7 日 8 时水位降至 220.50 m 以下,岩滩水库 7 月 4—7 日短时间超汛期运行控制水位 220.50 m。汛期水位动态控制期间,岩滩水库最大日平均入库流量为 4 220 m^3/s,最大日平均出库流量为 4 240 m^3/s,入库总水量 163.27 亿 m^3,出库总水量 162.97 亿 m^3,总共拦蓄水量 0.3 亿 m^3;其中发电水量 126.75 亿 m^3,发电 19.22 亿 kW · h,弃水量 36.22 亿 m^3。

根据《珠江防总办关于 2017 年龙滩、岩滩水电站汛末联合调度蓄水方案的批复》(珠汛办〔2017〕43 号),岩滩水库 8—9 月实施汛末联合蓄水优化调度方案。岩滩水库原则上按不增加库区淹没预报预泄方式运行。8 月中下旬,岩滩水库水位在 219.00~220.50 m 运行。9 月,当龙滩水库水位低于 373.00 m 时,岩滩水库水位在 219.00~222.00 m 运行;当龙滩水库水位高于 373.00 m 时,岩滩水库水位在 219.00~220.50 m 运行。

汛末联合蓄水期间,岩滩水库运行水位在 219.71~222.88 m,由于龙滩—岩滩水库区间来水较大及下游电站安全等,在流域下游基本没有防洪压力的情况下,岩滩水库于 9 月 5—9 日、9 月 20—25 日、9 月 28—30 日短时间超汛期控制水位。汛末联合蓄水期间,岩滩水库最大日平均入库流量为 7 000 m^3/s,最大日平均出库流量为 8 260 m^3/s,入库总流量 183.45 亿 m^3,出库总水量 181.03 亿 m^3,总共拦蓄水量 2.42 亿 m^3;其中发电水量 104.45 亿 m^3,发电 14.82 亿 kW · h,总共弃水 76.58 亿 m^3,相比原设计方案,减少弃水 3.98 亿 m^3。

5.2.2.5 红花水库调度过程

1. 水库概况

红花水库是柳江干流最下游一个梯级水库,是以发电、航运为主,兼顾灌溉、旅游、养殖的综合利用工程,工程坝址以上集水面积 4.67 万 km^2,占柳江流域总面积的 78%。红花水库正常蓄水位 77.50 m,相应库容 5.7 亿 m^3,汛限水位 77.50 m,死水位 72.50 m,调洪库容 2.59 亿 m^3。根据《广西柳江红花水电站泄水闸运行调度设计专题报告》,红花水电站发电运行调度规则为根据目前已建成的柳江水情自动测报系统的持续 24 h 精确流量预报分 3 个流量段进行,当 24 h 预报流量小于 4 800 m^3/s 时,维持正常蓄水位 77.50 m 运行;24 h 预报流量在 4 800~9 000 m^3/s 时,为保证柳州大桥水位不超过 78.50 m 又方便水库回蓄,按坝前水位、预报流量及面临流量进行泄蓄调度;当 24 h 预报流量大于 9 000 m^3/s 时,水库水位泄至 72.50 m,直至预报流量小于 4 800 m^3/s、面临流量小于 8 200 m^3/s,水库逐渐回蓄至 77.50 m。

2. 动态调节洪水过程

6 月下旬,西江流域出现强降雨过程,其中柳江洪峰流量 19 400 m^3/s,达到 5 年一遇,形成“西江第1号洪水”。6月26日,红花水库入库流量达到6 000 m³/s,根据水文预报,柳江后期来水将继续加大,红花水库于26日开始预泄,至29日预泄至71.60 m,随后敞泄,敞泄过程中红花水库水位壅高至79.00 m,随后在退水过程中水位逐渐回落至77.50 m以下。

7月中旬,西江流域再次出现强降雨过程,其中柳江洪峰流量16 600 m³/s,形成“西江第2号洪水”。7月9日,红花水库入库流量达到3 500 m³/s,根据水文预报,柳江后期来水将继续加大,红花水库于10日凌晨开始预泄,至10日晚上预泄至71.50 m,随后敞泄,敞泄过程中红花水库水位壅高至77.50 m。

8月中旬,西江流域再次出现强降雨过程,其中柳江洪峰流量19 200 m³/s,达到5年一遇,形成“西江第3号洪水”。8月12日,红花水库入库流量达到4 800 m³/s,根据水文预报,柳江后期来水将继续加大,红花水库于12日开始预泄,至14日晚上预泄至70.92 m,随后敞泄,敞泄过程中红花水库水位壅高至77.61 m。

5.2.2.6 百色水库调度过程

1. 水库概况

百色水库位于右江中上游河段,是珠江流域规划中郁江上的防洪控制性工程,开发任务以防洪为主,兼顾发电、灌溉、航运、供水等综合利用效益。坝址以上集水面积1.96万km^2,年径流量82.9亿m^3。水库正常蓄水位228.00 m,设计洪水位229.66 m,校核洪水位231.49 m,总库容56.6亿m^3,防洪库容16.4亿m^3,属年调节水库。

2. 动态调节洪水过程

百色水库4月至5月19日处于汛前腾库过程,最大日均入库流量161 m³/s,最大日均出库流量506 m³/s,水库运行水位205.02~211.29 m(在控制水位226.00 m以下),水位逐渐下降。

5月20日至8月10日,百色水库最大日均入库流量2 119 m³/s,最大日均出库流量1 463 m³/s,百色运行水位在202.72~215.92 m。由于百色水库库区来水较大,7月9日20时百色水库水位开始超汛限水位214.00 m,根据水情滚动调度分析,百色水库7月11日12时起开始泄洪,流量按1 200~1 500 m³/s控制,直至水库水位低于汛限水位。至7月29日15时水位降至汛限水位214.00 m以下,整个泄洪过程百色水库共计弃水9.37亿m^3。

根据《珠江防总办关于百色水库2017年汛末蓄水方案的批复》(珠汛办〔2017〕44号),百色水库8月中旬开始分阶段实施汛末蓄水方案,百色水库8月中旬按214.00~219.70 m控制运行;8月下旬按214.00~222.30 m控制运行。

汛末蓄水期间,8月11—20日百色水库最大日均入库流量1 370 m³/s,最大日均出库流量1 460 m³/s,水库运行水位213.66~217.04 m,低于批复的蓄水位上限219.7 m。8月21—31日百色水库最大日均入库流量2 686 m³/s,最大日均出库流量1 195 m³/s,水库运行水位217.06~222.89 m。由于百色水库区来水较大,8月29日7时百色水库水位超汛期运行控制水位222.30 m,根据水情滚动预报调度分析,水库8月27日12时起开始泄洪,流量按1 000~1 500 m³/s控制,至8月31日23时达到最高水位222.89 m,此后水位逐渐下降。9 月 1—30 日百色水库最大日均入库流量 1 200 m^3/s,最大日均出库流量 1 100 m^3/s,水库运行水位 222.91~226.08 m。9 月 23 日 5 时,百色水库水位超汛期运行控制水位 226.00 m,百色水库在争取发电负荷的基础上,增加溢流 100~200 m^3/s,至 9 月 27 日 0 时水位降至汛限水位 226.00 m 以下。相比原设计方案,百色水库实施汛末蓄水方案减少弃水 13.60 亿 m^3。

5.2.3　节点控制

在防洪调度过程中,通过流域骨干水库动态调节重要断面大湟江口站、武宣站、梧州站流量过程,强化防洪安全风险控制。同样以 2017 年西江编号洪水调度为例说明流域骨干水库动态调节控制节点流量的过程。

2017 年 7—8 月上旬,受高空槽和切变线降雨天气系统东移影响,西江中上游地区迎来一次强降雨过程,红水河、柳江、桂江等西江干支流出现明显涨水过程。采用“长短结合、逐步优化”的实时调度风险控制策略,按照“宏观计划、动态调节、节点控制”的原则,在调度前期,根据 7 d 的中长期流域水情预报,结合电网发电等相关需求,提出组织实施西江水库群联合调度,在发挥拦洪错峰作用的同时统筹安排实施骨干水库汛末蓄水工作,为枯水期珠江水量调度备足水源的宏观控制计划。随水情进一步滚动,结合 3~5 d 预报成果,开始西江中上游水库群动态调节,首先在确保工程自身安全和设计防洪目标安全的前提下,调度西江干流天生桥一级、龙滩水电站、百色水利枢纽等流域骨干水库拦蓄上游洪水,充分发挥梯级水库的拦洪、削峰作用,同时组织西江干流岩滩水库柳江红花水库提前预泄。随着水情进一步滚动,结合 3 d 预报成果,开始水库群重要节点精确控制调度,在确保工程自身安全和设计防洪目标安全的前提下,精确调度西江龙滩水库拦蓄上游来水,同时统筹实施龙滩水库汛末蓄水,增加龙滩水库蓄水量,为枯水期珠江水量调度备足水源。

5.2.3.1　2017 年西江第 1 号洪水

2017 年西江第 1 号洪水期间,天生桥一级水库入库洪峰流量 4 420 m^3/s,相应最大出库流量 637 m^3/s 左右,削峰率 85%,拦蓄洪量 22.7 亿 m^3;光照水库入库洪峰流量 2 430 m^3/s,相应最大出库流量 687 m^3/s 左右,削峰率 71%,拦蓄洪量 10.4 亿 m^3;龙滩水库入库洪峰流量 7 380 m^3/s,相应出库流量 400 m^3/s 左右,削峰率 94%,拦蓄洪量 30.8 亿 m^3;百色水库入库洪峰流量 2 790 m^3/s,相应最大出库流量 260 m^3/s 左右,削峰率 90%,拦蓄郁江洪量 8.6 亿 m^3。4 座水库累计拦蓄红水河和郁江上游水量 72.5 亿 m^3。柳江于 26 日开始涨水,至 30 日出现 16 000 m^3/s 洪峰,岩滩水库 6 月 25 日开始拦蓄洪水错柳江洪峰,削减大湟江口站洪峰流量 900 m^3/s,削减梧州站洪峰流量 700 m^3/s,最大拦蓄洪水 2.13 亿 m^3,并于退水期 7 月 5 日晚上开始开闸弃水;柳江红花水库 27 日开始预泄,至 29 日预泄至最低 71.60 m,水位最大壅高至 79.00 m,利用红花水库滞洪作用有效减小了出库流量。天生桥一级水库、龙滩水库和百色水库调度过程线如图 5-1~图 5-3 所示。

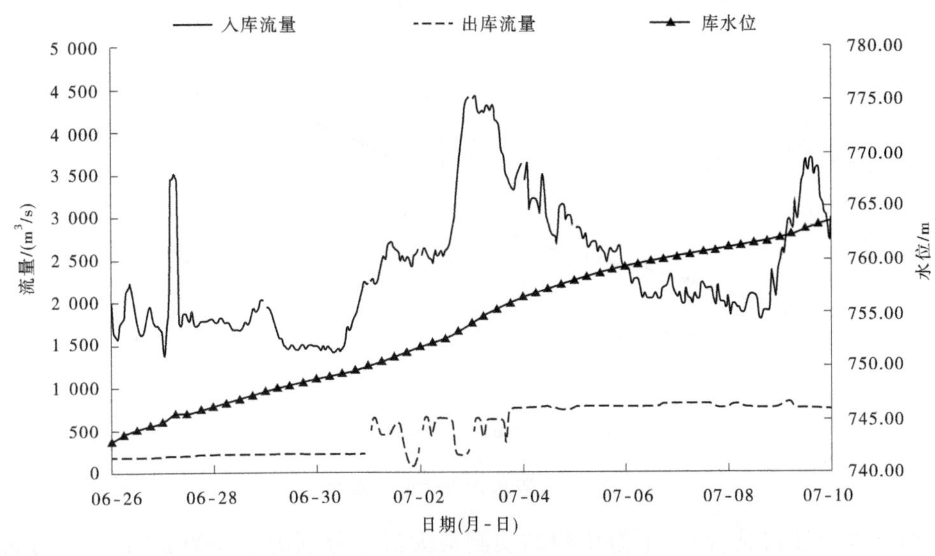

图 5-1 天生桥一级水库调度过程线

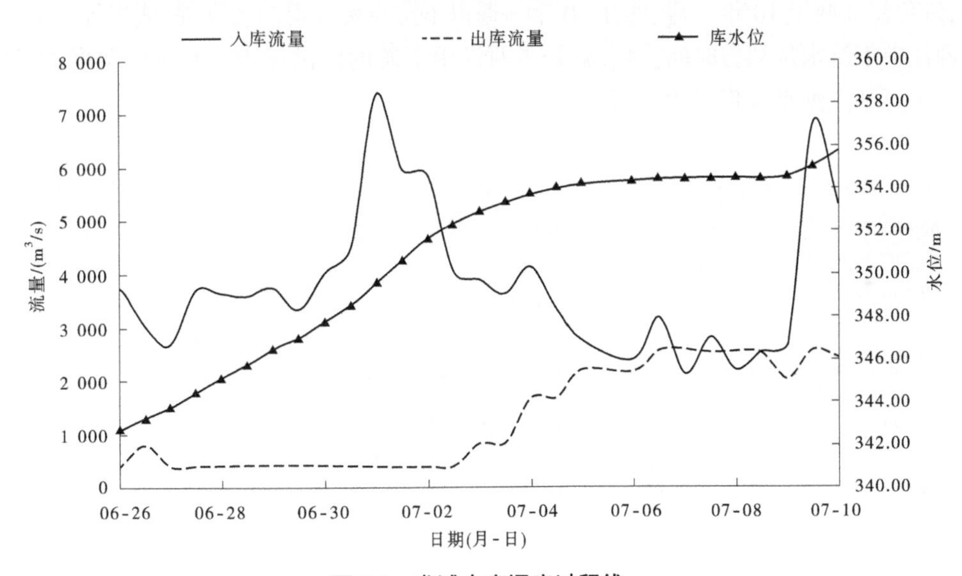

图 5-2 龙滩水库调度过程线

通过实施西江中上游水库群联合调度,全线削减西江中下游干流各控制站洪峰流量 6 000 m^3/s 以上,其中削减武宣站洪峰流量约 7 600 m^3/s,降低洪峰水位约 2.80 m,缩短超警时间 24 h;削减大湟江口站洪峰流量约 8 000 m^3/s,降低洪峰水位约 2.60 m,缩短超警时间 24 h;削减梧州站洪峰流量约 7 300 m^3/s,降低洪峰水位约 1.80 m,缩短超警时间 40 h;削减高要站洪峰流量约 6 000 m^3/s,降低洪峰水位约 1.00 m,缩短超警时间 60 h。本次洪水过程,如果不考虑上游水库群调洪作用,武宣站、大湟江口站、梧州站天然最大流量将分别为 38 200 m^3/s、43 500 m^3/s、49 400 m^3/s,西江中上游骨干水库群调蓄后,黔江武

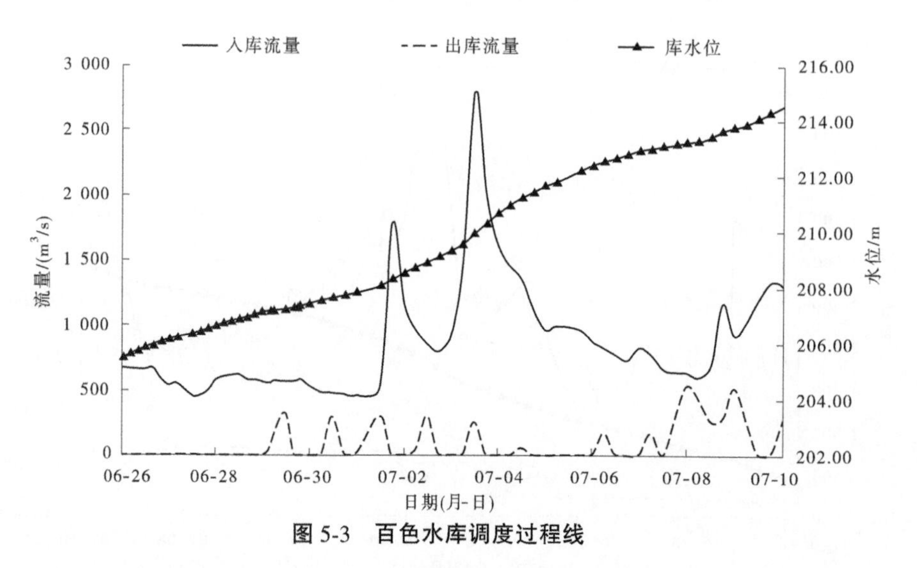

图 5-3　百色水库调度过程线

宣站、浔江大湟江口站、西江下游梧州站实测最大流量分别为 30 600 m³/s、35 400 m³/s、42 100 m³/s。通过水库群的联合调度，确保了大藤峡水利枢纽南木江副坝施工围堰安全，避免浔江两岸 10 年一遇、西江 30 年一遇以下防洪标准堤防的漫堤、溃堤等灾害，缩短了西江中下游水位超警时间，显著减轻了西江中下游的防洪压力。水库群调度前后西江下游主要站点洪水过程对比见图 5-4。

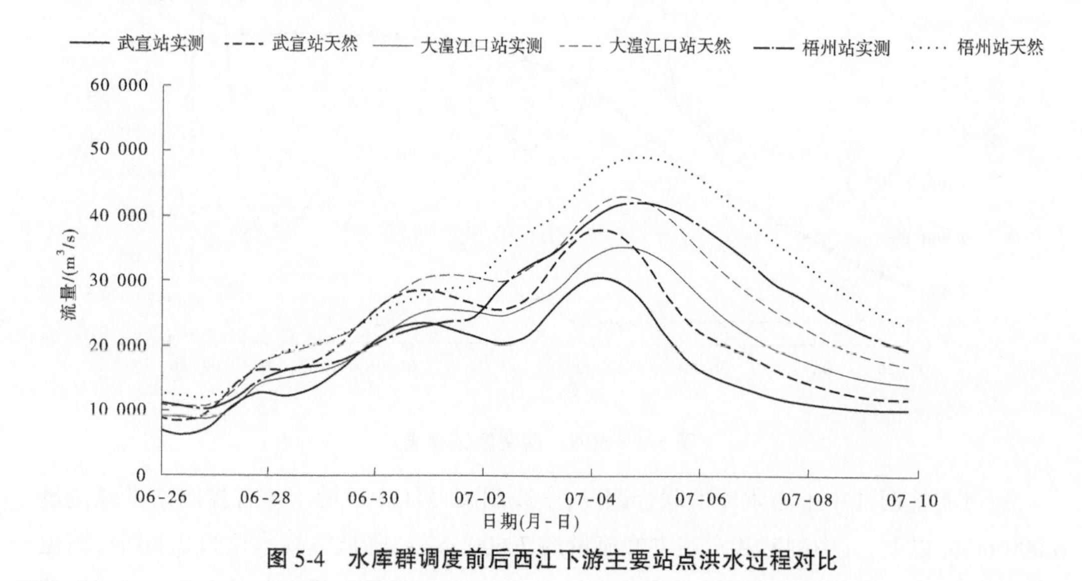

图 5-4　水库群调度前后西江下游主要站点洪水过程对比

5.2.3.2　2017 年西江第 2 号洪水

2017 年西江第 2 号洪水期间，天生桥一级、龙滩、百色等水库共拦蓄洪水 51.3 亿 m³。其中天生桥一级水库拦蓄洪水 16.3 亿 m³，最大入库流量 3 670 m³/s，最大出库流量为 752 m³/s，削峰率为 79%；龙滩水库拦蓄洪水 32.1 亿 m³，最大入库流量 6 810 m³/s，最大出库流量为 2 580 m^3/s,削峰率为 62%;百色水库拦蓄洪水 2.9 亿 m^3,最大入库流量 2 230 m^3/s,最大出库流量为 1 500 m^3/s,削峰率为 32%。天生桥一级水库、龙滩水库和百色水库调度过程线如图 5-5~图 5-7 所示。

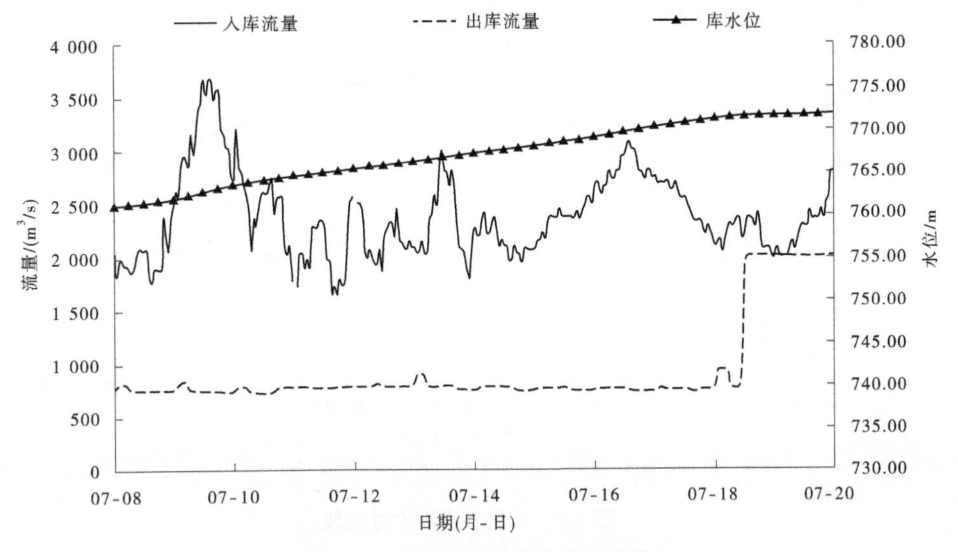

图 5-5 天生桥一级水库洪水过程线

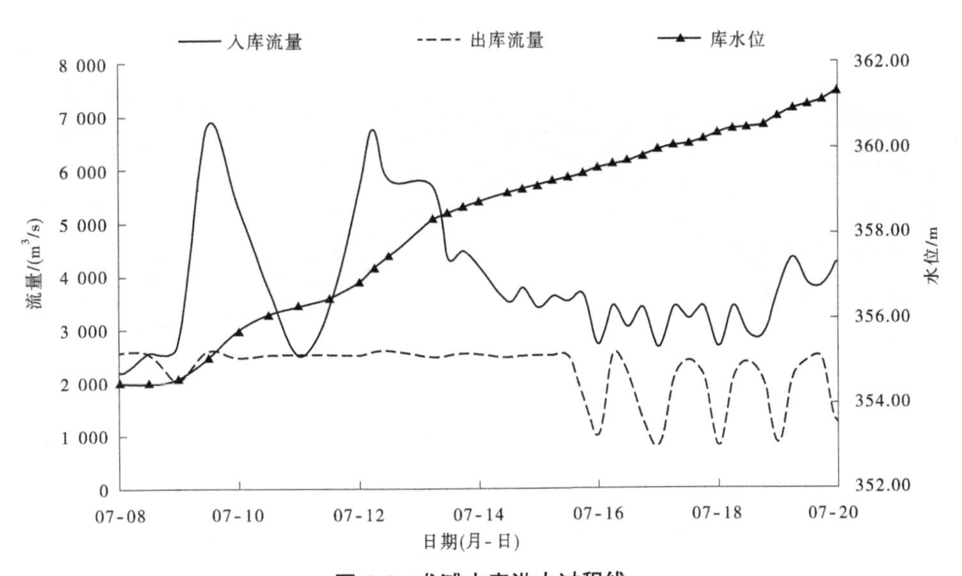

图 5-6 龙滩水库洪水过程线

若本次洪水过程不考虑上游水库群调蓄作用,武宣站、大湟江口站、梧州站天然洪峰流量将分别为 29 600 m^3/s、35 000 m^3/s、33 100 m^3/s。考虑西江中上游骨干水库群联合调蓄后,黔江武宣站、浔江大湟江口站、西江下游梧州站洪峰流量分别为 26 200 m^3/s、31 000 m^3/s、29 100 m^3/s,武宣、大湟江口、梧州 3 站分别削峰 3 400 m^3/s、4 000 m^3/s、4 000 m^3/s,过程对比如图 5-8 所示。通过西江中上游骨干水库群联合调度,有效减轻了中下游地区的防洪压力,保障了中下游地区的防洪安全。

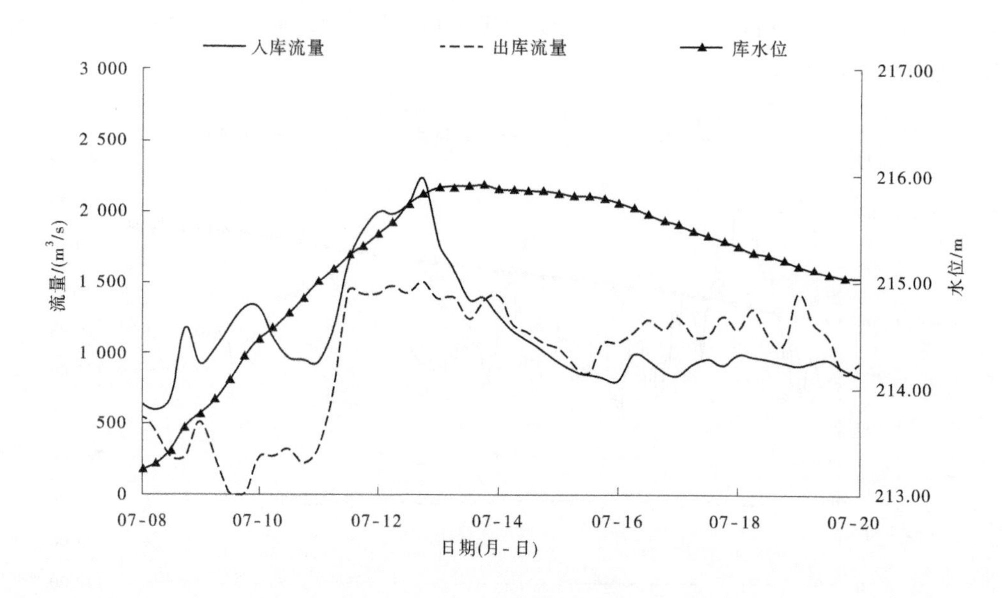

图 5-7　百色水库洪水过程线

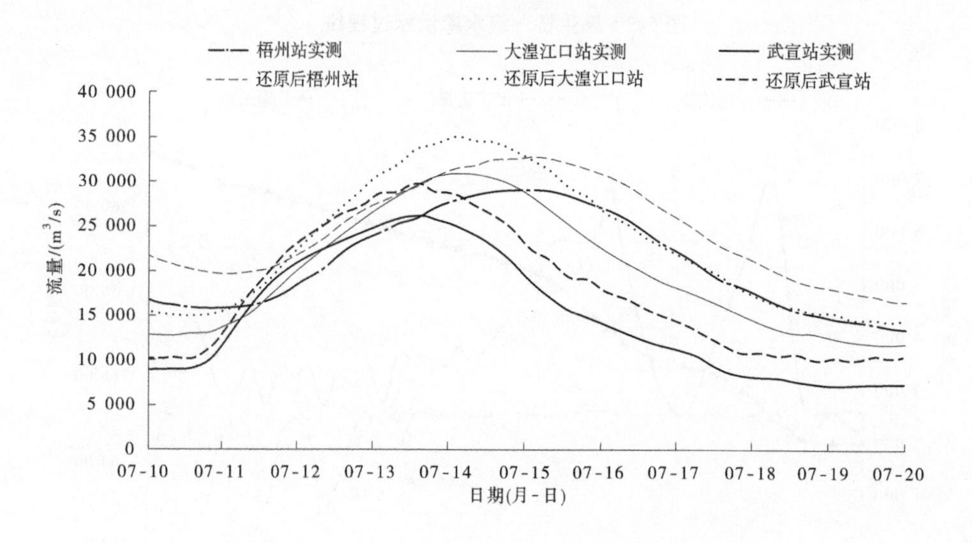

图 5-8　上游水库群调度前后下游站点洪水过程线对比

5.2.3.3　2017 年西江第 3 号洪水

2017 年西江第 3 号洪水期间,天生桥一级、龙滩等水库共拦蓄洪水资源 3.85 亿 m^3。其中,天生桥一级水库拦蓄洪水 1.12 亿 m^3,最大入库流量 1 700 m^3/s,最大出库流量为 1 100 m^3/s,削峰率为 35%;龙滩水库拦蓄洪水 2.73 亿 m^3,最大入库流量 4 800 m^3/s,最大出库流量为 3 300 m^3/s,削峰率为 31%。天生桥一级水库、龙滩水库调度过程线如图 5-9、图 5-10 所示。

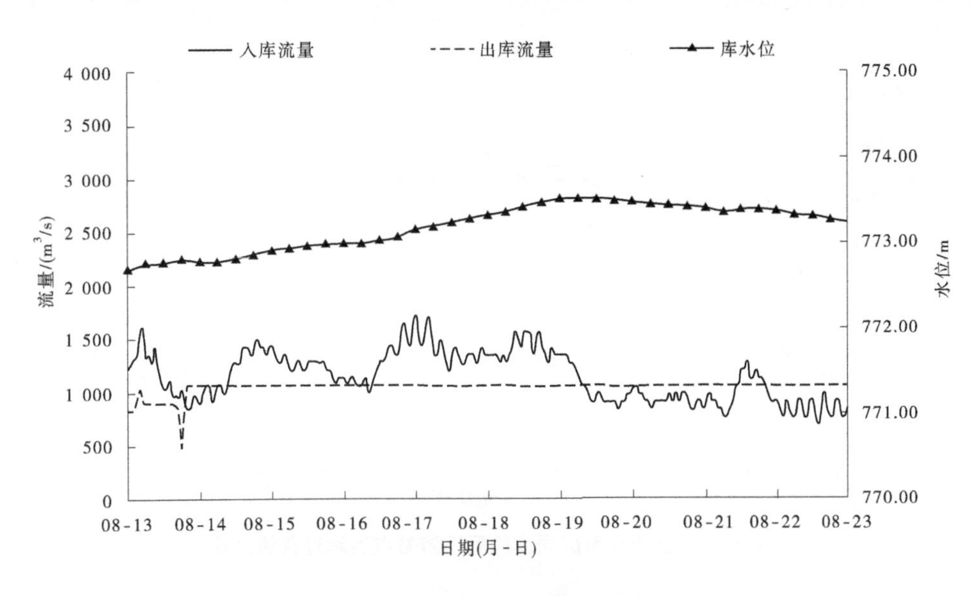

图 5-9 天生桥一级水库调度过程线

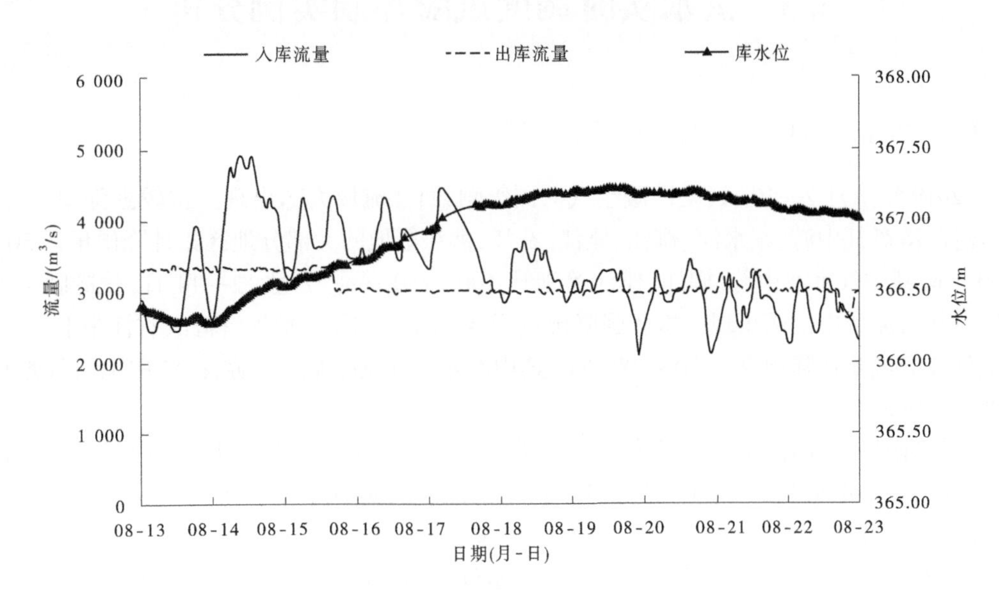

图 5-10 龙滩水库调度过程线

若不考虑上游水库群调蓄作用,武宣站、大湟江口站、梧州站天然最大流量分别为 29 000 m^3/s、30 200 m^3/s、28 500 m^3/s,考虑西江上游骨干水库群联合调蓄后,黔江武宣站、浔江大湟江口站、西江下游梧州站实测最大流量分别为 28 100 m^3/s、29 400 m^3/s、28 200 m^3/s,武宣、大湟江口、梧州 3 站分别削峰 900 m^3/s、800 m^3/s、300 m^3/s,洪水过程对比如图 5-11 所示,通过西江中上游水库群联合调度有效减轻了中下游地区的防洪压力。

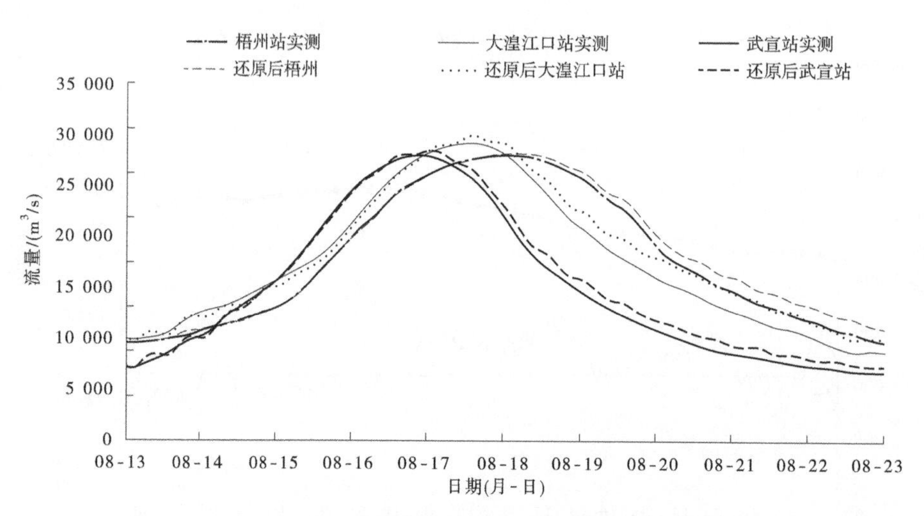

图 5-11　上游水库群调度前后下游站点洪水过程线对比

5.3　洪水实时调度风险控制实例分析

5.3.1　2019 年西江编号洪水调度实践

2019 年 7 月 7—10 日,受冷暖空气共同影响,西江流域大部出现一次较强降雨过程,北盘江、南盘江中游、红水河、柳江、桂江、右江、郁江等地的大部分地区累计降雨量达 50~100 mm,其中红水河中游、柳江、桂江等地达 100~250 mm。7 月 12—14 日,受冷暖空气共同影响,流域中西部出现一次较强降雨过程,红水河中下游、黔江、柳江、右江中下游、郁江、桂江等地累计降雨量达 50~100 mm,其中红水河中游、柳江中游、桂江中上游等地达 100~250 mm。

受降雨影响,西江干流连续发生 2 次编号洪水,分别为 7 月 10 日 8 时编号的“2019 年西江第 1 号洪水”和 7 月 14 日 23 时编号的“2019 年西江第 2 号洪水”,两次编号洪水梧州站流量分别达到 31 800 m^3/s、33 100 m^3/s。

针对两次编号洪水,采用“长短结合、逐步优化”的实时调度风险控制策略,按照“宏观计划、动态调节、节点控制”的原则,在调度前期,根据 7~10 d 的中长期流域水情预报,结合电网发电等相关需求,提出组织实施西江中上游水库群联合调度的宏观控制计划。随水情进一步滚动,结合 3~5 d 预报成果,开始西江中上游水库群动态调节,首先在确保工程自身安全和设计防洪目标安全的前提下,调度西江干流天生桥一级、光照、龙滩水电站、百色水利枢纽等流域骨干水库拦蓄上游洪水,充分发挥梯级水库的拦洪、削峰作用,同时组织西江干流岩滩、柳江红花等水库提前预泄。随着水情进一步滚动,结合 3 d 预报成果,开始水库群重要节点精确控制调度,在确保工程自身安全和设计防洪目标安全的前提下,精确调度西江龙滩水库拦蓄上游来水,并及时启用岩滩水电站错柳江洪峰。

洪水期间,天生桥一级、光照、龙滩、百色等水库共拦蓄洪水 49.75 亿 m³。其中天生桥一级水库拦蓄洪水 7.44 亿 m³,最大入库流量 1 920 m³/s,相应出库流量为 760 m³/s,削峰率为 60%;光照水库拦蓄洪水 6.19 亿 m³,最大入库流量 1 630 m³/s,相应出库流量为 400 m³/s,削峰率为 76%;龙滩水库拦蓄洪水 32.0 亿 m³,最大入库流量 5 890 m³/s,相应出库流量为 1 240 m³/s,削峰率为 79%。百色水库拦蓄洪水 3.25 亿 m³,最大入库流量 2 010 m³/s,相应出库流量为 700 m³/s,削峰率为 65%;各水库调度过程线如图 5-12~图 5-15 所示。

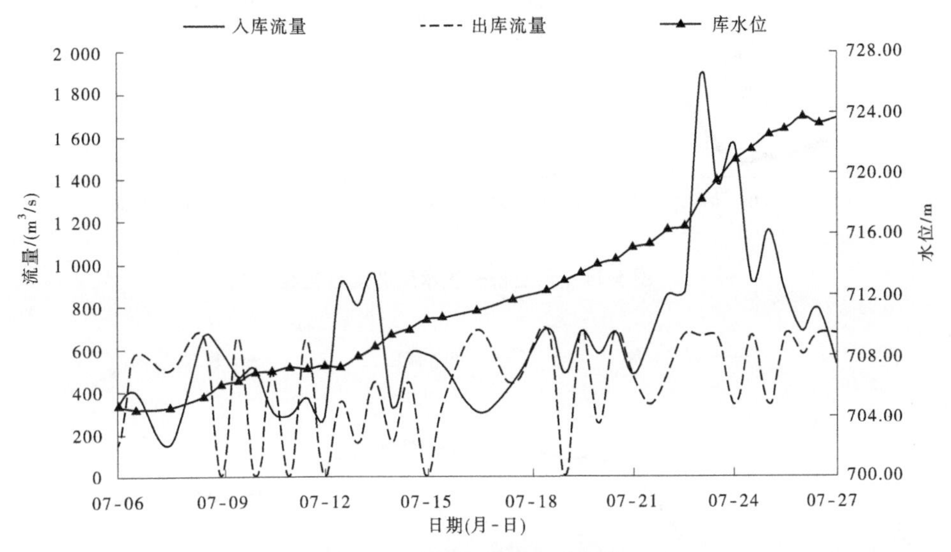

图 5-12 光照水库调度过程线

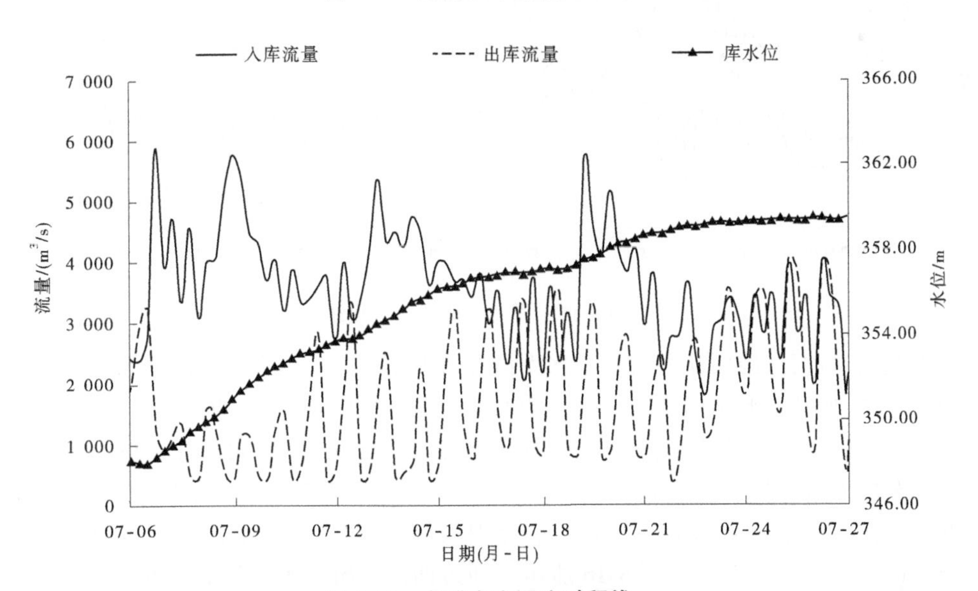

图 5-13 龙滩水库调度过程线

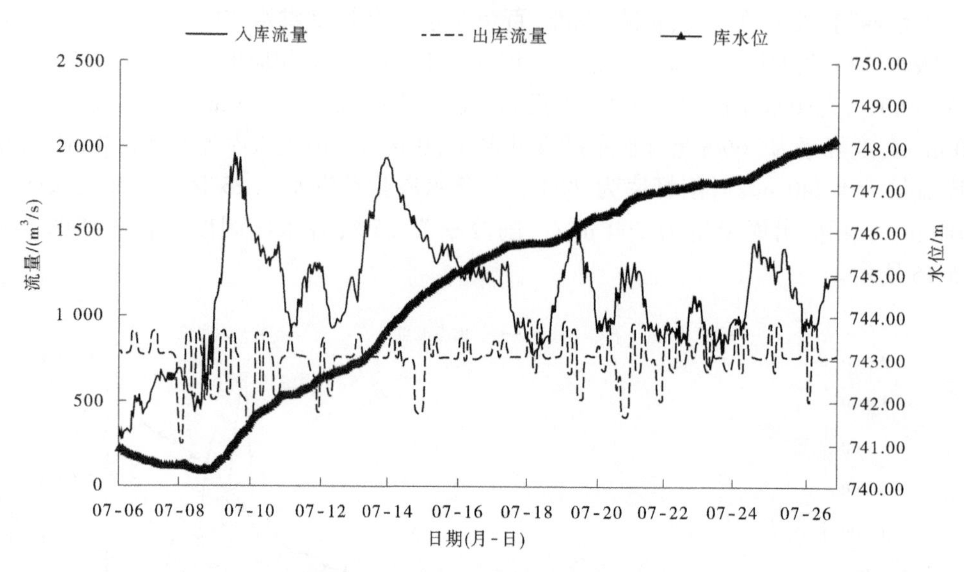

图 5-14　天生桥一级水库调度过程线

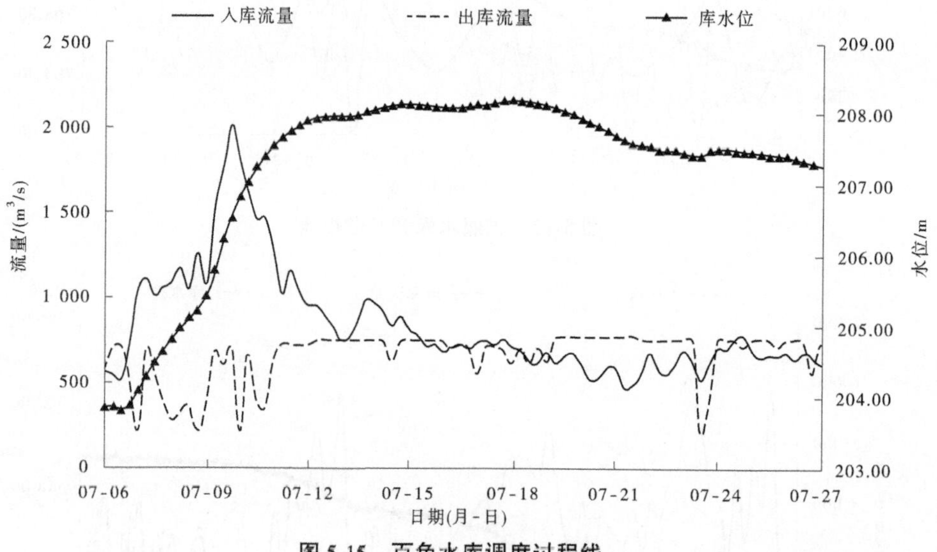

图 5-15　百色水库调度过程线

本次洪水过程，经西江上游骨干水库群联合调蓄后，红水河迁江站、黔江武宣站、浔江大湟江口站、西江下游梧州站实测最大流量分别为 8 050 m^3/s、27 400 m^3/s、29 300 m^3/s、33 100 m^3/s。若不考虑上游水库群联合调度，迁江站、武宣站、大湟江口站、梧州站还原后的天然最大流量分别达到 12 700 m^3/s、31 500 m^3/s、33 700 m^3/s、37 300 m^3/s，经联合调度后迁江、武宣、大湟江口、梧州 4 站分别削峰 4 650 m^3/s、4 100 m^3/s、4 400 m^3/s、4 200 m^3/s，洪水过程对比如图 5-16 所示。通过西江上游骨干水库群调度，有效减轻了西江中下游地区的防洪压力。

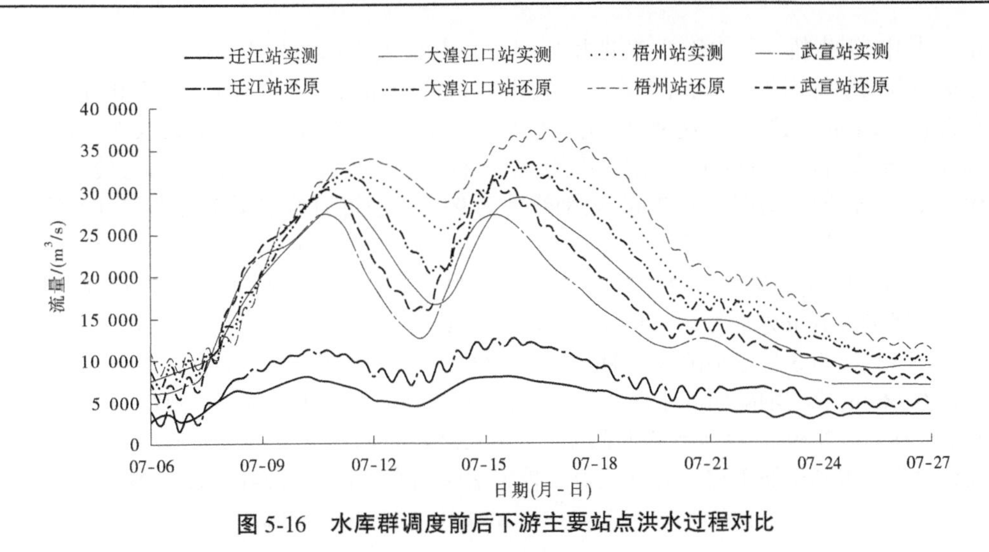

图 5-16 水库群调度前后下游主要站点洪水过程对比

5.3.2 2020 年西、北江编号洪水调度实践

5.3.2.1 2020 年西江第 1 号洪水

2020 年 6 月 2 日起,西江中上游大部地区出现持续性强降雨天气,支流柳江受 6 月上旬持续强降雨影响,出现明显涨水过程,其中支流洛清江黄冕—对亭河段、支流浪溪河发生重现期 10~20 年一遇洪水;干流发生多次涨水,柳州站 6 月 4 日、6 日、10 日连续出现 3 个洪峰,洪峰水位逐次增高。支流贺江自 6 月 6 日晚开始出现暴雨到大暴雨、局部特大暴雨的天气过程,干支流水位迅速上涨,10 条河流发生超警,其中贺江上游富阳水文站出现 1960 年建站以来第二大洪水,重现期接近 50 年一遇。西江支流桂江中上游出现了罕见的长时间强降雨天气过程,荔浦市双江镇、阳朔县高田镇等地部分站点最大 24 h 累计降雨量的重现期超百年一遇,桂江平乐水文站出现 1936 年建站以来第二大洪水(接近 20 年一遇),阳朔水文站出现接近 10 年一遇洪水。西江中下游干流水位持续上涨,梧州站 6 月 8 日 0 时水位涨至 18. 54 m,超过警戒水位 0. 04 m,编号为“2020 年西江第 1 号洪水”。

针对此次洪水过程,采用“长短结合、逐步优化”的实时调度风险控制策略,按照“宏观计划、动态调节、节点控制”的原则,在调度前期,根据 7~10 d 的中长期流域水情预报,提出组织实施西江干支流水库群联合调度的宏观控制计划。随水情进一步滚动,结合 3~5 d 预报成果,开始西江干支流水库群动态调节,首先在确保工程自身安全和设计防洪目标安全的前提下,调度西江干流天生桥一级、光照、龙滩等水库拦蓄西江干流洪水,组织百色水利枢纽拦蓄支流郁江洪水,充分发挥梯级水库的拦洪、削峰作用,同时组织西江干流岩滩、柳江红花等水库提前预泄。随着水情进一步滚动,结合 3 d 预报成果,开始水库群重要节点精确控制调度,在确保工程自身安全和设计防洪目标安全的前提下,精确调度西江龙滩水库拦蓄上游来水,并及时启用岩滩水电站错柳江洪峰,组织调度柳江中上游麻石、浮石、大埔等水库拦蓄柳江上游洪水。同时,针对支流桂江洪水,适时运用川江、小溶江、青狮潭等水库拦洪、削峰、错峰,减轻桂江防洪压力。针对支流贺江洪水,组织龟石水库、合面狮水库拦蓄支流贺江洪水,减轻贺州市及贺江中下游防洪压力。

洪水期间,天生桥一级、光照、龙滩、岩滩、百色等水库群通过联合调度共拦蓄洪水 25. 7

亿 m^3。其中,天生桥一级水库拦蓄洪水 1.64 亿 m^3,最大入库流量 1 670 m^3/s,相应出库流量为 90 m^3/s,削峰率为 95%;光照水库拦蓄洪水 0.90 亿 m^3,最大入库流量 2 320 m^3/s,相应出库流量为 24 m^3/s,削峰率达 99%;龙滩水库共拦蓄洪水 22.01 亿 m^3,最大入库流量 6 060 m^3/s,相应出库流量为 439 m^3/s,削峰率为 93%;百色水库拦蓄洪水 1.15 亿 m^3,最大入库流量 945 m^3/s,相应出库流量为 67 m^3/s,削峰率为 93%。通过对西江干支流水库群实施联合调度,黔江武宣站、浔江大湟江口站、西江下游梧州站实测最大流量分别为 23 800 m^3/s、26 100 m^3/s、34 900 m^3/s。若不考虑上游水库群联合调度,武宣站、大湟江口站、梧州站还原后的天然最大流量分别为 27 840 m^3/s、30 160 m^3/s、37 030 m^3/s,经水库群联合调度后武宣、大湟江口、梧州 3 站分别削峰 4 040 m^3/s、4 060 m^3/s、2 130 m^3/s,水位分别降低 2.39 m、1.64 m、0.66 m,成功削减西江干流武宣至高要约 400 km 河段洪峰流量 2 000~4 000 m^3/s,降低水位 0.66~2.39 m,减少超警时间 12 h,大大减轻了西江中下游干支流沿线、粤港澳大湾区和大藤峡水利枢纽工程的防洪压力。骨干水库调度过程见图 5-17~图 5-21。

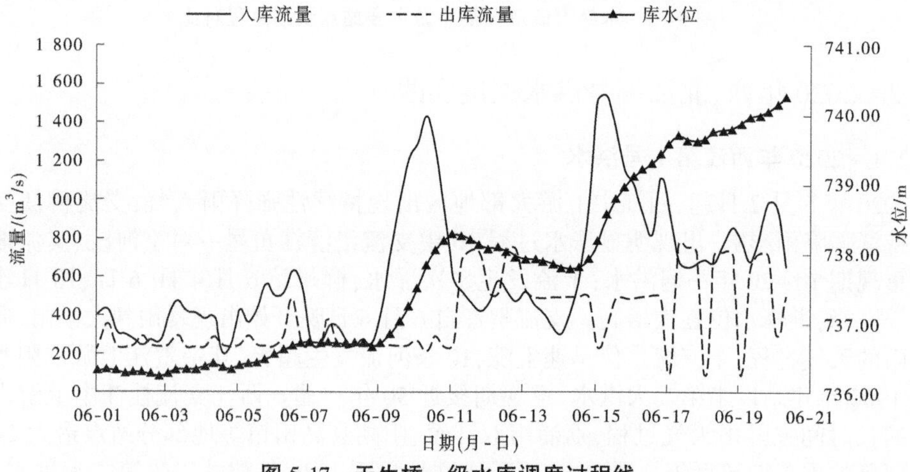

图 5-17　天生桥一级水库调度过程线

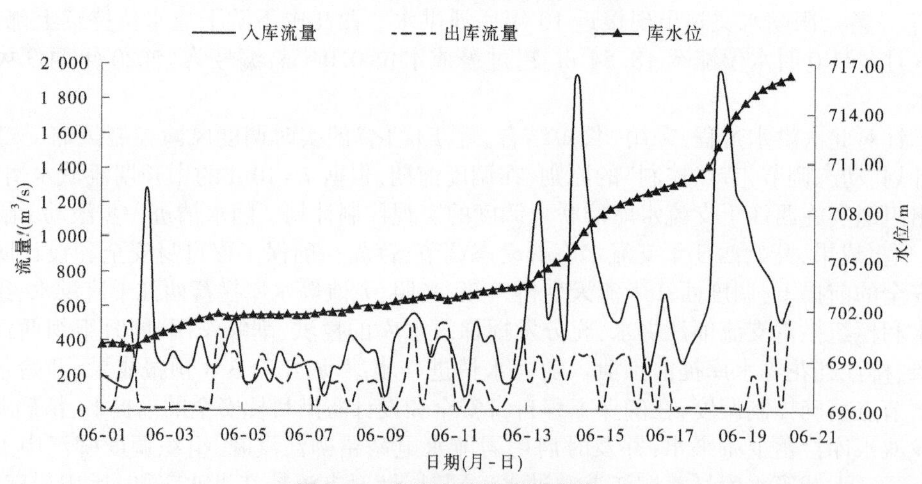

图 5-18　光照水库调度过程线

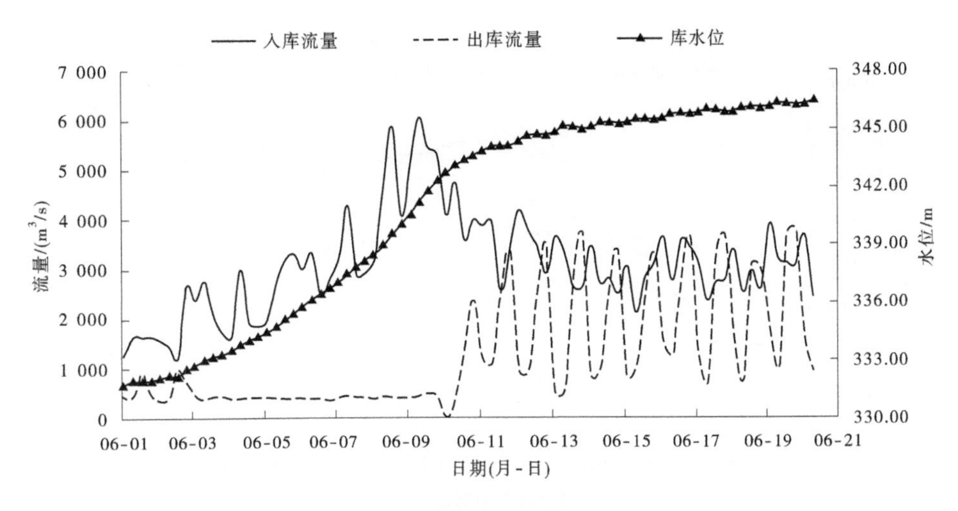

图 5-19 龙滩水库调度过程线

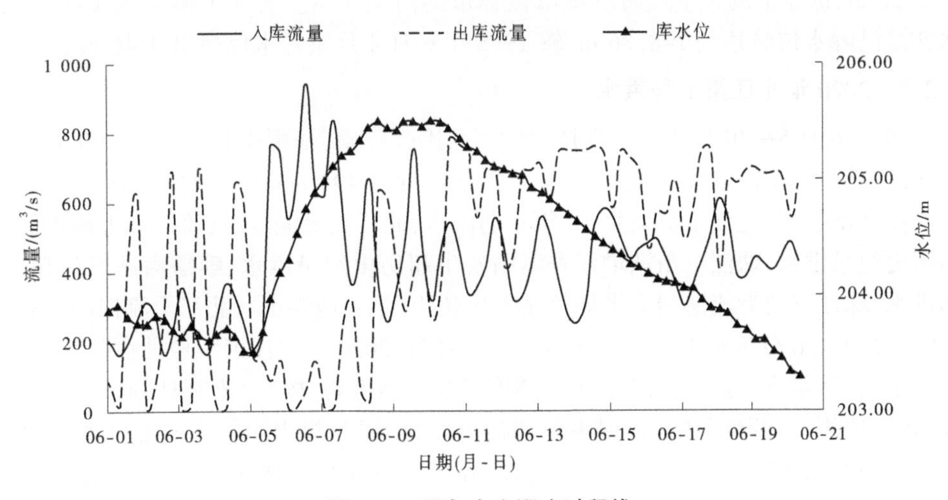

图 5-20 百色水库调度过程线

支流柳江经红花水库及时提前预泄至 72.50 m 运行，同时调度柳江中上游麻石、浮石、大埔等水库拦蓄上游洪水后，有效降低了洪水期柳州城区段壅水，有效减轻了柳州防洪压力；支流贺江通过提前组织龟石水库和合面狮水库预泄降低运行水位，分别腾出库容 11 240 万 m^3 和 1 938 万 m^3。洪水期间，通过组织实施龟石、合面狮、都平、白垢、江口等水库联合调度，有效减轻了贺州市及中下游防洪压力。其中，龟石水库共拦蓄洪水 1.13 亿 m^3，削减洪峰流量 1 890 m^3/s，削峰率达 100%，将贺州市城区超 20 年一遇洪水削减为不到 2 年一遇，确保大坝安全的同时保障了贺州市城区防洪安全，避免了贺州市平桂管理区祥和大桥下游左岸进水；合面狮水库拦蓄洪水 4 736 万 m^3，削减洪峰流量 500 m^3/s，将贺江中下游洪水由 10 年一遇削减为 5 年一遇；支流桂江通过对青狮潭、川江、小溶江、斧子口等上游水库群联合调度，共拦蓄洪水 3.52 亿 m^3，明显减小了洪水对桂林城区乃至下游阳朔、平乐县城的影响，上游 4 座水库为桂林市区削减洪峰流量 3 440 m^3/s，降低洪峰

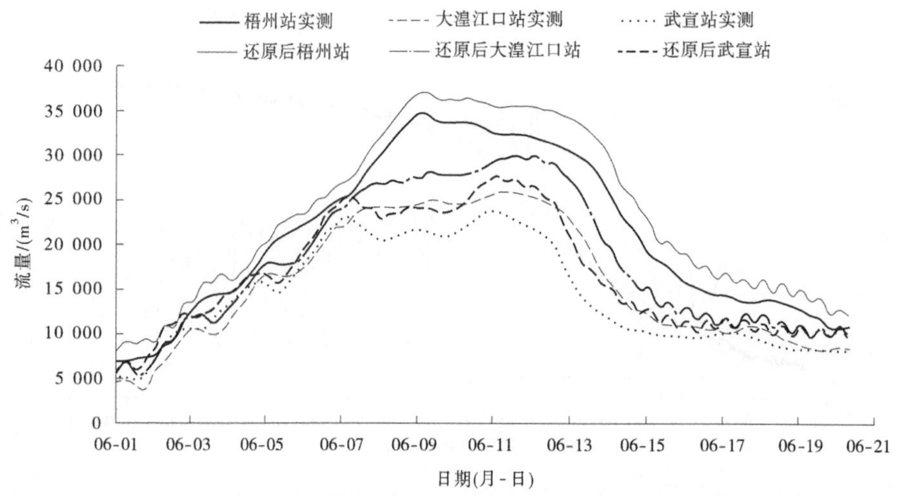

图 5-21 水库群调度前后西江下游主要站点洪水过程对比

水位 2.20 m，保障了流域重点防洪城市桂林市的防洪安全。若无上游 4 座水库拦洪，桂林水文站洪峰水位将达到 148.86 m，较 1998 年 6 月 4 日洪峰水位高出 0.46 m。

5.3.2.2 2020 年北江第 1 号洪水

2020 年 6 月 5—10 日北江出现持续性大范围强降雨，暴雨中心主要集中在北江流域中部地区，其中广东清远大庙峡站 6 月 7 日日雨量达 495 mm，为 2020 年流域最大日雨量。受强降雨影响，北江干流发生 10 年一遇洪水，北江支流滃江、支流绥江上游中洲河发生超历史纪录洪水，珠江三角洲增江香溪站发生超历史纪录洪水、麒麟嘴站发生超 10 年一遇洪水，珠江三角洲流溪河太平场镇站发生超 10 年一遇洪水。北江干流控制站石角站 6 月 8 日 22 时 30 分流量涨至 12 000 m^3/s，编号为"2020 年北江第 1 号洪水"。

采用"长短结合、逐步优化"的实时调度风险控制策略，按照"宏观计划、动态调节、节点控制"的原则，在调度前期，根据中长期流域水情预报，提出组织实施北江水库群联合调度的宏观控制计划。随水情进一步滚动，结合 3~5 d 预报成果，开始北江水库群动态调节，提前组织飞来峡、乐昌峡、湾头等水库预泄，腾出库容，飞来峡水库通过预泄水位降低至 18.00 m，乐昌峡水库通过预泄水位降低至 142.11 m，湾头水库通过预泄水位降低至 64.50 m。随着水情进一步滚动，结合 3 d 预报成果，开始北江水库群重要节点精确控制调度，在确保工程自身安全和设计防洪目标安全的前提下，精确调度北江中上游乐昌峡水库、湾头水库拦蓄上游来水，减轻韶关等下游防洪压力，精确调度北江飞来峡水库拦蓄中上游来水，减轻北江中下游地区防洪压力。

洪水期间，飞来峡水库、乐昌峡水库、湾头水库联合调度，共拦蓄洪水 3.26 亿 m^3。其中，飞来峡水库共计拦蓄洪水 3.07 亿 m^3，最大入库流量 12 000 m^3/s，相应出库流量为 10 300 m^3/s，削峰率为 14%；乐昌峡水库共计拦蓄洪水 1 504 万 m^3，最大入库流量 1 290 m^3/s，相应出库流量为 1 110 m^3/s，削峰率为 14%；湾头水库共计拦蓄洪水 323 万 m^3，最大入库流量 1 300 m^3/s，相应出库流量为 980 m^3/s，削峰率为 25%。经飞来峡水库、乐昌峡水库、湾头水库联合调度后，石角站实测最大流量 14 200 m^3/s，江口圩最高水位 19.35 m，滃江蓄滞洪区独树围、叔伯塘围未启用。若不进行飞来峡水库、乐昌峡水库、湾头水库群联合调度，石角站天然洪峰流量将达到 15 330 m^3/s，江口圩水位将远超 19.35 m，潖江蓄滞洪区内的独树围、叔伯塘围启用的压力将进一步增大。经北江飞来峡水库、乐昌峡水库、湾头水库群联合调度后，降低石角站水位 0.49 m，削减洪峰流量 1 130 m^3/s，显著减轻了北江中下游地区的防洪压力，并且避免了北江下游潖江蓄滞洪区独树围、叔伯塘围的启用。

2020 年北江第 1 号洪水期间飞来峡调度过程线见图 5-22。

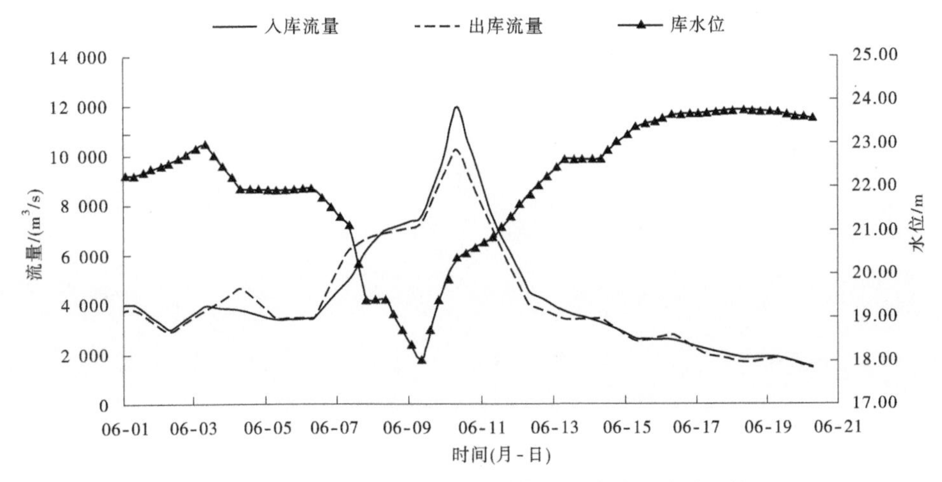

图 5-22　2020 年北江第 1 号洪水期间飞来峡调度过程线

5.4　小　结

珠江流域首次提出“长短结合、逐步优化”的实时调度风险控制策略。长期调度是短期调度的宏观控制，短期调度是长期调度的安全保障，“长短结合”保障调度的有序安全运行。多年的实践表明，应用本次研究成果指导珠江流域水库群实时防洪预报调度，可以最大限度地减轻流域防洪压力，确保主要控制断面防洪安全，同时统筹兼顾流域供水安全、生态环境，取得了显著的经济社会效益，本次研究成果具有良好的正确性和实用性。

(1)以流域气象水文预报为基础，提出了“宏观计划、动态调节、节点控制”的流域实时预报调度风险控制技术，在调度前期根据中长期水文预报、考虑防汛形势及水库长期运行效益，提出整个调度期各水库运行控制方案，实现对整个调度过程的宏观控制；在具体实施过程中再根据水情、工情的滚动更新对调度方案进行动态优化，得到具体实施的调度方案。

(2)研究成果应用于流域水库群防洪实时调度实践，根据雨水情滚动预报，实时调整水库群的调度运行方式，取得了较好的防洪效果。在 2017 年、2019 年、2020 年的西江和北江编号洪水的防御实践中，采用“长短结合、逐步优化”的实时调度风险控制策略，按照

“宏观计划、动态调节、节点控制”的原则，在调度前期，根据中长期流域水情预报，结合电网发电等相关需求，根据各水库所处地理位置及能发挥的作用，系统提出组织实施西江水库群联合调度，在发挥拦洪错峰作用的同时统筹安排实施骨干水库汛末蓄水工作，为枯水期珠江水量调度备足水源的宏观控制计划。随水情进一步滚动，结合 3~5 d 中短期水情预报，开始水库群动态调节，在确保工程自身安全和防洪目标安全的前提下，组织调度各流域骨干水库拦蓄上游洪水，充分发挥梯级水库的拦洪、削峰作用，实现洪水实时预报调度的风险控制，同时统筹实施骨干水库群汛末蓄水，增加蓄水量，为枯水期珠江水量调度备足水源。

6　珠江流域“2022·6”大洪水调度实践

受西南气流、高空槽、切变线及台风影响,2022 年 5 月下旬至 7 月上旬,珠江流域连续出现 11 场强降雨过程,发生 8 次编号洪水,其中西江和北江共计 7 次,编号洪水数量位列新中国成立以来第一位。降雨持续时间长、影响范围广、雨区重叠度高,洪水历时长、编号多、水量大。西江第 3 号洪水与北江第 1 号洪水、西江第 4 号洪水与北江第 2 号洪水均在同期发生,5 d 先后连续两次形成流域性较大洪水,其中北江第 2 号洪水为仅次于 1915 年的特大洪水。

在 2022 年珠江洪水防御中,本次研究成果应用于珠江流域干支流水工程联合防洪调度,对于减轻洪水灾害发挥了至关重要的作用。对于西江第 1、2 号洪水,天生桥一级、龙滩、光照、百色等水库尽可能拦蓄,调度目标为防洪为主;柳江、郁江、桂江等梯级水库以所在支流的防洪为主要目标。对于西江第 3 号、北江第 1 号洪水和西江第 4 号、北江第 2 号洪水,经过前期蓄水,天生桥一级、龙滩、光照、百色 4 库已消耗了一部分防洪库容,结合水情预报适时对其出库进行了调整,为统筹防洪、发电等多目标调度需求,调度目标由支流所在区域的防洪转向西江干流防洪、北江干流防洪及西江和北江错峰调度。对于洪水后期西江骨干水库群调度,兼顾考虑枯水期流域供水需求,提前保水,确保了流域后续枯水期抗旱保供水。珠江流域“2022·6”大洪水的调度是珠江流域多目标多区域协同防洪调度的实践典范。

6.1　洪水调度过程

6.1.1　洪水调度总体思路

在 2022 年珠江洪水防御中,珠江流域干支流水工程联合防洪调度发挥了至关重要的作用。水工程防洪调度不仅要统筹考虑水库上下游的防洪矛盾,还要统筹考虑防洪与兴利的矛盾,通常是一个多目标、多属性、多层次、多阶段的复杂决策过程,具有复杂性、不确定性、实时性、动态性等特点。调度决策不仅要掌握洪水产生的原因、背景及其发生发展的自然规律,同时更需要把握洪水与人类社会的相互关系,包括洪水对社会、经济、环境、生态的影响,以及以减轻其对人类造成损失为目的的活动。制约水工程防洪调度的因素很多,涉及自然、社会、经济、技术、生态、环境等多个相互联系但又相互制约的因素。进行实时防洪调度决策时,首先要收集整理水库所涉及流域的水雨工情等防汛实时信息及预报信息,密切监视流域雨水情,会商研判洪水形势,然后制订、优选和实施防洪调度方案,在此基础上对洪水灾害进行预判,制订防洪减灾方案,决策者在自己经验的基础上做出决策，科学统筹防洪、发电、航运等效益，精准拦洪错峰，精细实施水库群联合调度，全力减轻流域防洪压力。

根据流域防洪总体布局，流域内具有防洪功能的水库主要包括：西、北江中下游防洪工程体系中的西江龙滩水库、大藤峡水利枢纽和北江飞来峡水利枢纽；柳江中下游防洪工程体系中的落久水库；郁江中下游防洪工程体系中的百色水利枢纽和老口水利枢纽；桂江中上游防洪工程体系中的青狮潭水库、斧子口水库、小溶江水库、川江水库；北江中上游的乐昌峡水库、湾头水库；东江中下游防洪工程体系中的新丰江水库、枫树坝水库、白盆珠水库。此外，天生桥一级、光照、岩滩、红花、长洲等干支流骨干水库对于流域防洪补偿调度具有重要作用，可配合流域主要防洪水库减轻下游防洪压力。

龙滩水电站位于红水河上，控制西江梧州以上 30%的集水面积，是流域控制性防洪工程，对流域防洪具有重大作用，是流域防洪调度主要调洪水库。

岩滩水库正常蓄水位 223.00 m，调洪库容 12.00 亿 m^3，其中正常蓄水位以下调洪库容 431 亿 m^3，岩滩水库在龙滩水库下游，距离武宣较近（传播时间约 2 d），调洪的主动性、时效性均较龙滩水库好，但调洪库容小，辅助龙滩水库调洪，可用于错柳江洪峰。

大藤峡水利枢纽位于黔江河段，控制西江梧州以上 56%的集水面积，是流域控制性防洪工程，与龙滩水库联合调度，可基本控制中上游型、全流域型洪水，有效减轻中下游型洪水带来的防洪压力。

南盘江下游天生桥一级水库调洪库容为 29.96 亿 m^3，其中正常蓄水位以下调洪库容为 11.35 亿 m^3，正常蓄水位以下有较大库容可利用；北盘江光照水库具有不完全多年调节性能，正常蓄水位以下调节库容大，可用来调节北盘江洪水。因此，当西江中上游来水较大时，选择天生桥一级水库和光照水库配合龙滩水库调洪。

红水河龙滩水库下游有大化、百龙滩、乐滩、桥巩等水库，其中乐滩水库和桥巩水库调节库容分别为 0.46 亿 m^3 和 0.27 亿立 m^3，当西江中下游来水较大时，乐滩水库和桥巩水库可辅助龙滩水库调洪。

落久水库位于柳江支流贝江，当柳江上游来水较大时，可启用落久水库拦蓄柳江上游来水，另外，浮石、大埔、洛东等柳江干支流水库群对下游有一定的滞洪作用，当柳江下游来水较大时可适时启用。

百色水库、老口水库是西江支流郁江上的主要防洪水库，保护对象为郁江中下游区，其启用条件以郁江洪水为判断，因此当郁江上游来水较大时，可启用百色水库、老口水库拦蓄郁江上游洪水配合龙滩水库调洪；西津水库是郁江中下游库容最大的一个梯级水库，当郁江中下游来水较大时，利用西津拦蓄郁江洪峰错黔江洪水，进一步提高调洪效果。

青狮潭水库、斧子口水库、小溶江水库、川江水库是桂江上游主要防洪水库，当桂江上游来水较大时，启用桂江 4 库拦蓄桂江洪水，进一步减轻下游防洪压力。

乐昌峡水库和湾头水库是北江中上游防洪水库，防洪库容合计 2.88 亿 m^3，当北江上游来水较大时，启用乐昌峡水库和湾头水库拦蓄北江洪水。

枫树坝水库、新丰江水库、白盆珠水库是东江中下游防洪水库，防洪库容合计 36.52 亿 m^3，当东江来水较大时，启用枫树坝水库、新丰江水库、白盆珠水库拦蓄东江洪水。

珠江流域洪水防御期间，通过科学制订调度方案、密切跟踪评估调度效果，以专业的工作和恒定的坚守,做好各骨干大型水库的调度,充分发挥防洪减灾作用,科学拦洪错峰,全力防范化解暴雨洪水风险,确保珠江安澜。

6.1.2 洪水调度过程

2022年珠江流域洪水调度具有周期长、范围广、投入水库多、调度技术难度大等特点难点。一是调度周期长,从5月下旬防御西江第1号洪水开始,到防御7月上旬北江第3号洪水,连续发生8个编号洪水,流域水库调度连续两个多月基本没间断,调度周期长。二是调度范围广,珠江流域西江、北江、韩江接连发生编号洪水,6月中下旬东江迎来较大洪水过程(若东江3库不调度,也能达到洪水编号标准)。三是纳入联合调度的水工程数量多,为应对洪水过程,先后调用40多座大型水库、潖江蓄滞洪区、分洪闸进行拦洪蓄滞洪分洪,纳入联合调度的水工程为历史最多。四是调度技术难度大,一方面气象水文预报不确定性,给调度决策带来了难度;另一方面联合调度水工程数量多,如何联合调度充分发挥防洪作用难度大。

针对2022年度珠江流域大洪水调度存在的特点、难点,水利部门科学制订调度方案,做好水工程的调度,全力防范化解暴雨洪水风险,确保了珠江流域安澜。采取的具体措施包括:

(1)长短结合,滚动优化调度方案。考虑到当前气象预报尚存在较多的不确定性,对于3 d及以上的洪水预报存在较大的难度,在水库调度过程中,需要根据考虑长、中、短期预报成果,统筹实施水库调度。在大洪水开始阶段,结合长期预报从出峰时间、洪峰量级等方面充分考虑预报的不确定性,要“宁信其有,宁信其大”,做细、做实各项防御措施;在洪水发展过程中,结合中长期预报和短期预报,动态优化调度方式,精准研判调度时机和控泄流量,用好有限的防洪库容。具体而言,对于龙滩、天生桥一级、光照、百色等距离下游防洪保护对象梧州4~5 d的演进时间、调蓄能力较强的水库,在库容充足的前提下,结合长期预报尽可能早地拦蓄洪水;对于岩滩、大化、乐滩、西津、大藤峡等需要预泄的水库,需综合考虑中长期预报和洪水传播时间,提前预泄腾空库容,为后面拦洪错峰留出充裕的时间;在拦洪错峰阶段,结合1~3 d的短期预报确定拦蓄时机和控泄流量,岩滩水库、大化水库、乐滩水库视柳州出峰时间合理安排拦洪错峰,西津水库视黔江洪水安排拦洪错峰,大藤峡水库统筹考虑下游防洪需求削减上游来水。在具体实施过程中,要坚持底线思维,精细调度好每一场洪水,不能存在侥幸心理。对于珠江流域防洪体系来讲,流域中下游型洪水水库调控能力有限,需进一步优化龙滩水库、百色水库调度规则,加大拦洪力度,纳入尽可能多的水库参与调洪,尽可能减轻下游防洪压力。

(2)强化“四预”措施,准确把握调度时机和调度效果。珠江水利委员会汛前组织技术团队集中攻坚,于5月上旬建成并投入具有预报、预警、预演、预案功能的防汛“四预”平台。平台汇集并实时呈现流域“四情”(雨情、水情、灾情、险情)信息,调用洪水预报、防洪调度、洪水演进等模型,实现了对洪水防御全过程、各环节的精准管控,牢牢掌握了暴雨洪水防御的主动权。预演方面,根据不同预见期的来水预报成果和流域防汛形势,基于“四预”平台的流域防洪数字化场景,逐流域、逐区域、逐河段动态预演不同调度方案,从宏观、中观和微观多尺度预演洪峰量级、洪水过程、风险区域、下游河道水位变化过程,以及两岸防洪保护区可能淹没情况，直观地展示洪水在珠江流域数字化场景中的发展态势，评估不同调度方案的可行性和防洪风险，逐步优化调度方案。考虑降雨预报的不确定性，立足于防大汛，“宁信其大”，该采取措施及时采取，每日滚动预演，及时调整优化。以珠江流域“2022·6”洪水防御为例，珠江水利委员会首先根据气象天气预报，预报流域来水，研判干支流各断面洪峰出现时间及量级，耦合水文学和水动力学方法构建珠江流域水库群联合调度模型，根据来水预报、水库蓄水情况以及流域防汛形势，拟定多组方案，进行多方案预演分析计算，统筹流域与区域、上下游、左右岸防洪需求，逐步优化各水库启用时机，最大程度发挥水库群拦洪削峰作用。预案方面，通过“四预”平台科学制订工程调度方案，把防洪调度方案预演结果与超标准洪水防御预案、水工程运用方案预案等关联，进一步解构防汛目标和重点，按照“流域—干流—支流—断面”明确风险隐患，落实落细洪水防御对策，从“技术—料物—队伍—组织”方面给予地方科学精准指导，有针对性地做好洪水防御。

6.1.2.1 2022 年西江第 1 号洪水调度

1. 洪水过程

受 5 月 25—30 日降雨影响，西江上游干流红水河、中游干流黔江和浔江、中游支流柳江均出现明显洪水过程。5 月 30 日 11 时，西江上游龙滩水库入库流量涨至 10 900 m^3/s，依据水利部《全国主要江河洪水编号规定》，编号为“2022 年西江第 1 号洪水”。柳江柳州站 5 月 31 日 6 时出现洪峰水位 78.90 m(警戒水位 82.50 m)，相应洪峰流量 9 450 m^3/s；浔江大湟江口站 6 月 1 日 22 时出现洪峰水位 30.07 m(警戒水位 31.70 m)，相应洪峰流量 21 100 m^3/s；西江梧州站 6 月 2 日 6 时 15 分出现洪峰水位 17.16 m(警戒水位 18.50 m)，相应洪峰流量 26 000 m^3/s。本次洪水主要来源于红水河，迁江站 3 d 洪量为 16.3 亿 m^3，占西江梧州站最大 3 d 洪量的 25%。

1)红水河洪水

红水河龙滩水库 5 月 30 日 11 时出现入库洪峰流量 10 900 m^3/s。龙滩水库入库次洪水量 30.75 亿 m^3，洪水主要来源于蒙江天生桥一级水库、董箐水库、雷公滩站、平湖站、平里河站至龙滩水库的区间，其中蒙江和区间次洪水量分别为 7.7 亿 m^3、13.7 亿 m^3，分别占龙滩水库入库洪水量的 25.0%、44.4%，且次洪水量比例远超过其面积比，见表 6-1。

2)柳江洪水

柳江干流融江融水站 5 月 30 日 23 时出现洪峰流量 5 370 m^3/s；支流龙江三岔站 5 月 31 日 8 时 10 分出现洪峰流量 3 920 m^3/s；融江、龙江与其他支流洪水汇合后，柳江柳州站 5 月 31 日 13 时出现洪峰流量 9 450 m^3/s。

柳州站次洪水量为 45.9 亿 m^3，其中融水站、三岔站和区间的次洪水量分别为 26.7 亿 m^3、17.4 亿 m^3、1.8 亿 m^3，分别占柳州站次洪水量的 58.3%、37.9%、3.8%，其中融水站和三岔站洪水量比例均超过其面积比，见表 6-2。

3)黔江洪水

黔江大藤峡水利枢纽入库(武宣站)次洪水量 114.5 亿 m^3，其中迁江站、柳州站、对亭站和区间的次洪水量分别为 45.8 亿 m^3、45.9 亿 m^3、9.7 亿 m^3、13.1 亿 m^3，分别占大藤峡入库洪水量的40.0%、40.1%、8.5%、11.4%,其中柳州站、对亭站和区间的次洪水量比例均超过其面积比,见表6-3。

表6-1 西江第1号洪水龙滩入库洪水主要站特征值统计

河名	站名	次洪水量/亿 m^3	占龙滩入库水量比例/%	占龙滩集水面积比例/%	流量/(m^3/s)	
					最大值	出现时间
南盘江	天生桥一级水库出库	3.8	12.6	47.8	—	—
北盘江	董箐水库出库	4.1	13.6	18.7	—	—
蒙江	雷公滩	7.7	25.5	5.2	3 040	5月31日1时45分
六硐河	平湖	0.45	1.5	1.4	317	5月30日16时15分
曹渡河	平里河	1.0	3.3	1.3	1 110	5月30日8时20分
区间		13.1	43.4	25.6	—	—
红水河	龙滩水库入库	30.15	—	—	10 900	5月30日11时

表6-2 西江第1号洪水柳江洪水主要站特征值统计

河名	站名	次洪水量/亿 m^3	占柳州次洪水量比例/%	占柳州集水面积比例/%	流量/(m^3/s)	
					最大值	出现时间
融江	融水	26.7	58.2	52.1	5 370	5月30日23时
龙江	三岔	17.4	37.9	35.8	3 920	5月31日8时10分
区间		1.8	3.9	12.1	—	—
柳江	柳州	45.9	—	—	9 450	5月31日13时

表6-3 西江第1号洪水大藤峡入库(武宣站)洪水主要站特征值统计表

河名	站名	次洪水量/亿 m^3	占大藤峡入库水量比例/%	占大藤峡集水面积比例/%	流量/(m^3/s)	
					最大值	出现时间
红水河	迁江	45.8	40.0	64.9	7 720	6月1日10时55分
柳江	柳州	45.9	40.1	22.9	9 450	5月31日13时
洛清江	对亭	9.7	8.5	3.7	1 930	5月27日5时25分
区间		13.1	11.4	8.6	—	—
黔江	大藤峡入库	114.5	—	—	—	—

4)西江洪水

西江梧州站6月2日6时15分出现洪峰流量26 000 m³/s。梧州站次洪水量188.5亿m³,洪水主要来源于黔江,其次是郁江和桂江,次洪水量分别为114.7亿m³、30.3亿m³、22.3亿m³,分别占梧州站次洪水量的60.8%、16.1%、11.8%,但京南站、太平站和区间的次洪水量比例均超过其面积比,见表6-4。

表6-4 西江第1号洪水梧州洪水主要站特征值统计

河名	站名	次洪水量/亿m³	占梧州次洪水量比例/%	占梧州集水面积比例/%	流量/(m³/s)	
					最大值	出现时间
黔江	武宣	114.7	60.8	60.7	—	—
郁江	贵港	30.3	16.1	26.4	5 570	6月2日16时37分
桂江	京南	22.3	11.8	5.3	4 960	5月31日16时55分
蒙江	太平	7.6	4.1	1.1	2 220	5月29日0时
北流河	金鸡	2.1	1.1	2.8	—	—
区间		11.5	6.1	3.7	—	—
西江	梧州	188.5	—	—	26 000	6月2日6时15分

2. 调度安排

5月22日以来,珠江流域中上游地区出现持续性大范围强降雨过程。受强降雨影响,西江干流及红水河、柳江、右江、郁江、桂江、贺江等出现明显涨水过程,其中5月28日、30日红水河龙滩水库连续出现2次超10 000 m³/s的入库洪峰流量,发生2022年珠江流域首次编号洪水,本次洪水主要来源于红水河,属于西江中上游型洪水。

5月22日8时,西江上游龙滩水库、天生桥一级水库、光照水库水位分别为341.50 m、751.20 m、703.60 m,水位均位于汛限水位以下,汛限水位以下库容分别为42.0亿m³、40.0亿m³、16.8亿m³,汛限水位以下库容足以容纳本次洪水。为削减西江干流各控制站洪峰流量,有效降低西江中下游水位,科学统筹水库防洪、发电、航运效益,在保障防洪安全的前提下,尽量兼顾水库发电和航运效益,考虑龙滩水库拦蓄上游来水,同时天生桥一级水库、光照水库削减南、北盘江洪水减少龙滩水库入库(洪水),百色水库在兼顾发电效益的情况下拦蓄郁江洪水,岩滩、长洲等电站配合龙滩水库调度。

3. 调度决策过程

1)5月22日洪水应对方案

根据流域降雨预报,本轮洪水以柳江和红水河来水为主,属于中上游型洪水,主要考虑采用中上游天生桥一级、光照、龙滩、百色等水库拦蓄。当时,西江上游龙滩水库水位为341.50 m,汛限水位以下库容为42.0亿m³,防洪库容充足。考虑到龙滩水库到梧州站的传播时间为 5 d 左右，梧州站峰现时间为 27 日左右，为削减西江干流控制站梧州洪峰流量，有效降低西江中下游水位，统筹水库防洪、发电、航运效益，龙滩水库从 5 月 22 日起按照发电流量 2 000 m^3/s 出库拦蓄西江上游来水；郁江来水虽然不大，考虑到百色水库当时水位在汛限以下，为配合龙滩水库调度进一步减轻下游防洪压力，百色水库从 5 月 22 日起按照发电计划 600 m^3/s 出库拦蓄右江来水。

2）5 月 23 日洪水应对方案

5 月 23 日，根据当日最新水情预报结果，梧州站 5 月 28 日左右出现洪峰，洪峰流量为 24 000 m^3/s，和前日预报结果相比，峰现时间推迟 24 h，洪峰流量增大。龙滩水库、百色水库继续维持前期调度方案，分别按发电流量 2 000 m^3/s、600 m^3/s 继续拦蓄上游来水。根据最新预报，龙滩水库将有一个涨水过程，天生桥一级水库、光照水库当时汛限水位以下库容分别为 40.0 亿 m^3、16.8 亿 m^3，考虑天生桥一级水库、光照水库从 5 月 23 日起分别按发电流量 780 m^3/s、100 m^3/s 出库削减南、北盘江洪水从而减少龙滩水库入库洪水。

3）5 月 24—28 日洪水应对方案

5 月 24—28 日，根据每日最新水情滚动预报，梧州站峰现时间在 28、29 日，洪峰量级在 25 000~26 000 m^3/s，其中龙滩水库入库洪水在 28 日 14 时出现洪峰，洪峰流量为 10 700 m^3/s，流域来水仍然是以西江中上游为主。天生桥一级水库、光照水库、龙滩水库、百色水库维持前期调度方案不变。

4）5 月 29、30 日洪水应对方案

5 月 29 日，根据当日最新水情滚动预报结果，梧州站 5 月 29 日 14 时左右出现洪峰，洪峰流量为 26 500 m^3/s，此后处于退水过程，但在 6 月上旬流域即将迎来新一轮降雨。此时天生桥一级水库、光照水库、龙滩水库水位分别为 755.90 m、711.60 m、349.30 m，汛限水位以下库容 34.70 亿 m^3，14.20 亿 m^3、25.90 亿 m^3，综合考虑防洪与发电需求，天生桥一级水库、光照水库、龙滩水库仍然维持原方案；百色水库水位接近汛限水位 214.00 m，考虑到此次洪水马上进入退水阶段，百色水库 5 月 29 日 20 时开始出入库平衡，水位保持在汛限水位附近运行。岩滩水库水位 220.80 m，为腾出库容迎接下一场洪水做准备，岩滩水库从 5 月 30 日开始加大出库将水位预泄至 219.00 m。

西江第 1 号洪水水库调度方案决策如图 6-1 所示。

4. 调度效果

西江第 1 号洪水期间，通过天生桥一级、光照、龙滩、百色等西江中上游水库群联合调度，西江 1 号洪水期间共计拦蓄洪水 37.5 亿 m^3，具体见表 6-5；削减西江干流梧州洪峰 4 800 m^3/s 以上，降低水位 1.20 m，如图 6-2 所示，成功避免了西江第 1 号洪水期间西江干流发生超警洪水。其中，龙滩水库削减洪峰流量 7 080 m^3/s，削峰率达 65%，拦蓄洪量 22.8 亿 m^3；天生桥一级水库削减洪峰流量 1 850 m^3/s，削峰率 71%，拦蓄洪量 7.7 亿 m^3；光照水库削减洪峰流量 660 m^3/s，削峰率 57%，拦蓄洪量 3.9 亿 m^3；百色水库削减洪峰流量 780 m^3/s，削峰率 34%，拦蓄洪量 2.6 亿 m^3。

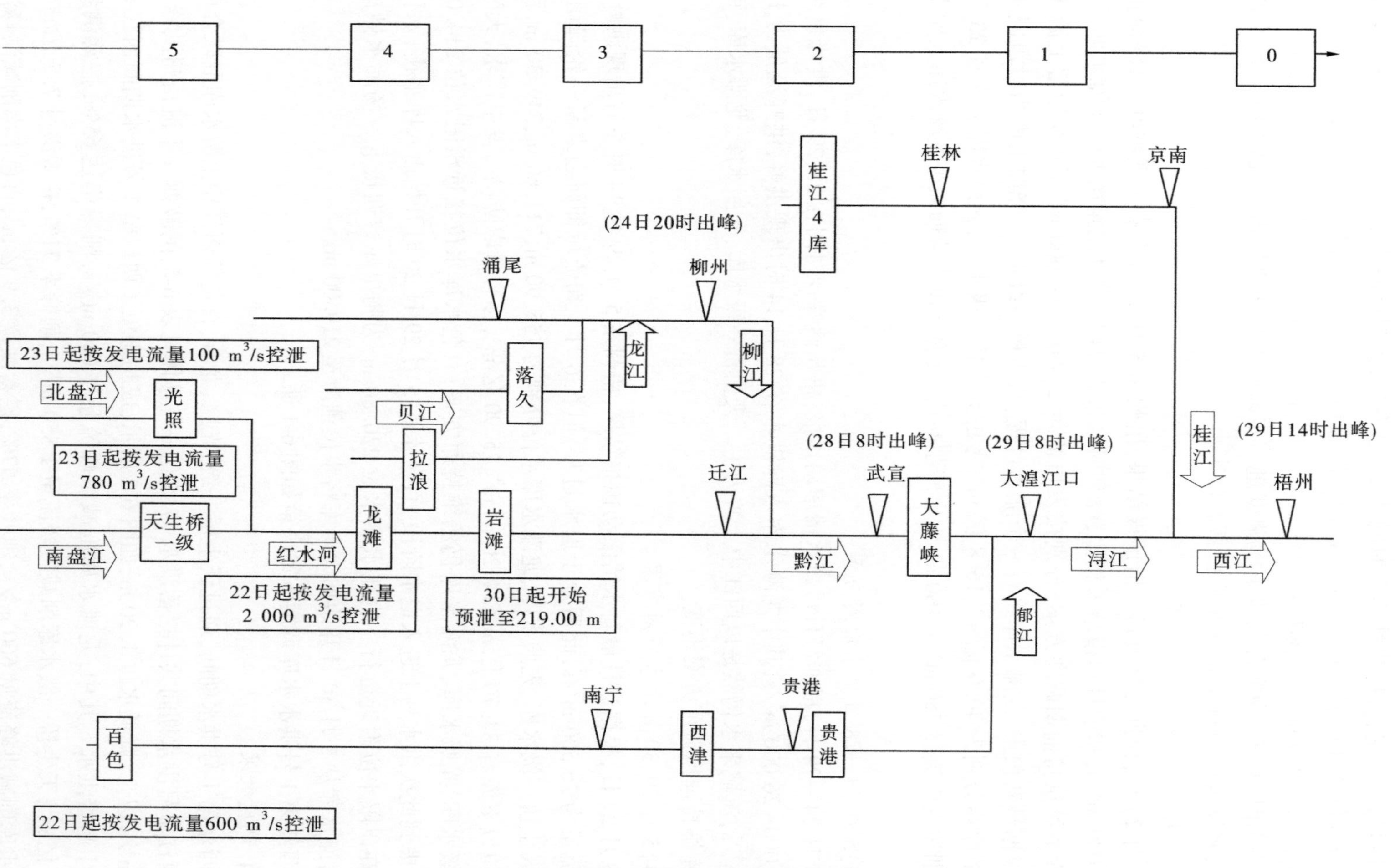

图 6-1 西江第 1 号洪水调度方案决策过程

6.1.2.2 2022 年西江第 2 号洪水调度

1. 洪水过程

受 6 月 2—9 日降雨影响，西江中游黔江和浔江，中游支流柳江、桂江、蒙江出现明显洪水过程。6 月 6 日 17 时，西江中游武宣站流量涨至 25 200 m^3/s，达到水利部《全国主要江河洪水编号规定》的标准，编号为“2022 年西江第 2 号洪水”。西江主要控制断面洪水特征值统计见表 6-6。

表 6-5 西江第 1 号洪水期间水库拦蓄统计

水库	拦蓄洪量/亿 m^3	削峰量/(m^3/s)	削峰率
龙滩	22.8	7 080	65%
天生桥一级	7.7	1 850	71%
光照	3.9	660	57%
百色	2.6	780	34%

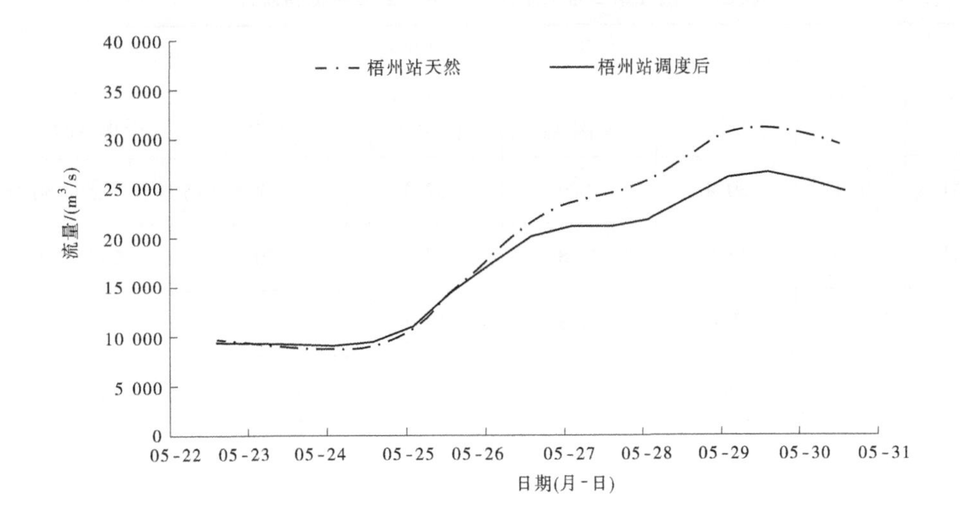

图 6-2 西江第 1 号洪水梧州站调度前后过程

本次洪水主要来源于柳江，柳江 3 d 洪量为 28.7 亿 m^3，约占西江梧州站最大 3 d 洪量的 35%。

1) 柳江洪水

柳江柳州站 6 月 5 日 15 时出现洪峰流量 18 300 m^3/s。柳州站次洪水量为 53.4 亿 m^3，其中融水站、三岔站和区间的次洪水量分别为 30.4 亿 m^3、15.9 亿 m^3、7.1 亿 m^3，分别占柳州站洪水量的 56.9%、29.8%、13.3%，见表 6-7。

表 6-6　西江第 2 号洪水主要控制断面特征值统计

断面	洪峰水位			洪峰流量	
	洪峰水位/m	出现时间	超警戒/m	洪峰流量/(m^3/s)	出现时间
柳州	84.62	6 月 5 日 21 时 15 分	2.12	18 300	6 月 5 日 15 时
对亭	82.18	6 月 6 日 2 时 30 分	0.48	5 010	6 月 6 日 2 时 30 分
武宣	57.23	6 月 7 日 1 时	1.53	25 700	6 月 7 日 1 时
大湟江口	32.52	6 月 7 日 11 时	0.82	27 200	6 月 7 日 11 时
太平	37.43	6 月 7 日 20 时 40 分	0.23	2 080	6 月 7 日 20 时 40 分
京南	25.03	6 月 7 日 17 时 10 分	1.03	6 270	6 月 7 日 16 时 27 分
梧州	20.31	6 月 8 日 8 时 30 分	1.81	33 800	6 月 8 日 8 时 30 分

表 6-7　西江第 2 号洪水柳江洪水主要站特征值统计

河名	站名	次洪水量/亿 m^3	占柳州站次洪水量比例/%	占柳州站集水面积比例/%	流量/(m^3/s)	
					最大值	出现时间
融江	融水	30.4	56.9	52.1	14 500	6 月 5 日 2 时 50 分
龙江	三岔	15.9	29.8	35.8	6 120	6 月 5 日 23 时
区间		7.1	13.3	12.1	—	—
柳江	柳州	53.4	—	—	18 300	6 月 5 日 15 时

2)黔江洪水

黔江武宣站 6 月 7 日 1 时出现洪峰流量 25 700 m^3/s。武宣站洪水主要来源于柳江，次洪水量为 91.7 亿 m^3，柳州站和对亭站的次洪水量分别为 53.4 亿 m^3、9.2 亿 m^3，共占武宣站次洪水量的 68.2%，且次洪水量比例均超过其面积比，见表 6-8。

3)西江洪水

干支流洪水汇合后，西江梧州站 6 月 8 日 8 时 30 分出现洪峰流量 33 800 m^3/s。梧州站次洪水量 147.1 亿 m^3，洪水主要来源于黔江，其次是桂江，次洪水量分别为 93.4 亿 m^3、20.4 亿 m^3，分别占梧州站次洪水量的 63.5%、13.9%，其中武宣站、京南站、太平站和区间的次洪水量比例均超过其面积比，见表 6-9。

表 6-8　西江第 2 号洪水武宣洪水主要站特征值统计

河名	站名	次洪水量/亿 m^3	占武宣站次洪水量比例/%	占武宣站集水面积比例/%	流量/(m^3/s)	
					最大值	出现时间
红水河	迁江	29.1	31.7	65.6	—	—
柳江	柳州	53.4	58.2	23.1	17 900	6月5日15时
洛清江	对亭	9.2	10.0	3.7	5 010	6月6日2时30分
区间		0.001	0.1	7.6	—	—
黔江	武宣	91.7	—	—	25 700	6月7日1时

表 6-9　西江第 2 号洪水梧州洪水主要站特征值统计表

河名	站名	次洪水量/亿 m^3	占梧州站次洪水量比例/%	占梧州站集水面积比例/%	流量/(m^3/s)	
					最大值	出现时间
黔江	武宣	93.4	63.5	60.7	—	—
郁江	贵港	17.5	11.9	26.4	—	—
桂江	京南	20.4	13.9	5.3	6 270	6月7日16时27分
蒙江	太平	4.0	2.7	1.1	2 080	6月7日20时40分
北流河	金鸡	2.7	1.8	2.8	—	—
区间		9.1	6.2	3.7	—	—
西江	梧州	147.1	—	—	33 800	6月8日8时30分

2. 调度安排

6月2日出现新一轮强降雨，至6月5日柳江上游出现5年一遇洪水，洪峰流量达18 300 m^3/s，柳江、桂江等25条河流发生超警洪水，至6月8日西江干流梧州站的水位超过警戒水位，洪峰流量达32 000 m^3/s，出现“2022年西江第2号洪水”，本次洪水主要来源于柳江，属于西江中上游型洪水。

6月2日8时，西江上游龙滩、天生桥一级水库、光照水库水位分别为352.90 m、758.90 m、717.60 m，水位仍然位于汛限水位以下，汛限水位以下防洪库容分别为

17.2 亿 m^3、19.8 亿 m^3、12.0 亿 m^3，考虑到本次洪水过程还是以中上游来水为主，仍然考虑龙滩水库拦蓄上游来水，天生桥一级水库、光照水库削减南、北盘江洪水减少龙滩站入库；同时柳江来水较大，西江上游出现了干流洪水与柳江洪水遭遇的不利情况，考虑岩滩水库进行拦蓄错柳江洪水；百色水库在兼顾发电效益的情况下拦蓄郁江洪水；贺江有明显的涨水过程，考虑合面狮水库拦蓄贺江洪水。鉴于西江第 1 号洪水过后流域主要干支流、水库都已经处于高水位运行，土壤含水已接近饱和，而本次降雨过程与前期降雨落区高度重叠，为更好地迎接本轮强降雨，为红水河、柳江错峰调度流出充分余地，提前组织岩滩水库、红花水库、百色水库、合面狮水库进行预泄，为迎接西江第 2 号洪水有效地腾出了可用库容。

3. 调度决策过程

1)6 月 2 日洪水应对方案

根据水情预报，本轮洪水以柳江来水为主，柳江将于 6 月 5 日 20 时出峰，洪峰流量为 16 700 m^3/s；西江流域下游控制站点梧州将于 6 月 8 日左右出峰，洪峰超过 40 000 m^3/s。

经过上一轮拦蓄之后，截止到 6 月 2 日 8 时，西江上游龙滩水库、天生桥一级水库、光照水库汛限水位以下库容分别为 17.2 亿 m^3、19.8 亿 m^3、12.0 亿 m^3。由于本次洪水过程是以中上游来水为主，且龙滩水库入库洪水较大，考虑到后期来水的不确定性，为了避免过早使用完龙滩水库防洪库容，经过珠江水利委员会与广西壮族自治区水利厅、南方电网、广西电网及有关水库管理单位视频连线会商后，决定龙滩水库从 6 月 2 日起按满发流量 3 500~3 800 m^3/s 出库拦蓄上游来水，天生桥一级水库、光照水库分别按发电流量 780 m^3/s、100 m^3/s 出库削减南、北盘江洪水从而减少龙滩水库入库洪水。

同时，本次降雨柳江来水较大，西江上游出现了干流洪水与柳江洪水遭遇的不利情况，考虑使用岩滩水库进行拦蓄错柳江洪水。考虑到柳州站传播到武宣站时间为 24 h 左右，岩滩水库传播到武宣站时间为 48 h 左右，岩滩水库在柳州站峰现前 24 h 拦蓄效果最佳。鉴于第一轮强降雨后流域主要干支流、水库都已经处于高水位运行，为后期调度留出充分余地，在上一场洪水退水过程中已组织岩滩水库已经开始预泄，百色水库则从 6 月 2 日开始按 1 200 m^3/s 预泄。

2)6 月 3—4 日洪水应对方案

6 月 3 日，根据最新水情滚动预报，柳州和梧州峰现时间和前一日预报结果保持一致，但洪水量级有所减小。龙滩水库、天生桥一级水库、光照水库、百色水库维持前期调度方案，岩滩水库已经按照要求预泄至 219.00 m 左右。

6 月 4 日，根据最新水情滚动预报，柳江支流贝江有一个涨水过程，考虑到落久水库传播到柳江时间为 24 h 左右，动用落久水库 6 月 4 日 8 时开始按 2 800 m^3/s 拦蓄贝江来水以减轻柳江下游防洪压力，落久水库水位达到汛限后保持出入库平衡。

预报柳州站将于 6 月 5 日晚上至 6 月 6 日凌晨左右现峰，考虑河道洪水传播时间，岩滩水库于 6 月 4 日 20 时开始按满发流量 4 000 m^3/s 出库拦蓄红水河来水错柳江洪峰。

同时，根据预报，迁江、柳江、对亭 3 站之和于 6 月 5 日超过 20 000 m^3/s，为减少库区淹没，大藤峡水库从 6 月 4 日开始预泄，库水位逐步由 47.60 m 逐渐消落，于 6 月 5 日预泄至

44.00 m,后续维持在44.00 m附近运行。

3)6月5—6日洪水应对方案

6月5日,根据最新水情滚动预报,柳州站将于6月5日20时现峰,洪峰流量为17 500 m^3/s左右,梧州将于6月8日凌晨左右现峰,龙滩水库、天生桥一级水库、光照水库、岩滩水库维持前期调度方案。为进一步错黔江洪水减轻下游防洪压力,百色水库于6月5日凌晨开始按800 m^3/s出库拦蓄右江来水。

4)6月7日洪水应对方案

6月7日,根据最新水情滚动预报,梧州站于6月8日8时现峰,洪峰流量33 700 m^3/s,此后处于退水过程。截至6月7日8时,天生桥一级水库、光照水库、龙滩水库水位分别为761.70 m、726.80 m、355.80 m,均低于汛限水位。鉴于当时防汛形式,天生桥一级水库、光照水库继续按照发电计划出库。

百色水库水位213.30 m,接近汛限水位,百色水库恢复发电调度保持水位不超汛限水位。

岩滩水库水位221.70 m,高于汛限水位,考虑到本次洪水即将处于退水过程,同时后面又将迎来新一轮降雨过程,岩滩水库6月7日20时起恢复正常发电,逐步降低运行水位,腾出库容为后期拦洪做准备。

6月7日6时,大藤峡水库入库洪峰流量达25 700 m^3/s,后随入库流量消退逐步回蓄水位,6月8日24时,大藤峡水库水位回蓄至汛限水位47.60 m附近运行。

西江第2号洪水水库调度方案决策如图6-3所示。

4.调度效果

通过天生桥一级、光照、龙滩、岩滩、百色、落久等西江中上游水库群联合调度,充分发挥了流域骨干水库的拦洪、削峰和错峰作用,西江第2号洪水期间共计拦蓄洪水19.59亿m^3,见表6-10;削减西江干流梧州站洪峰5 000 m^3/s以上,降低水位1.50 m,缩短超警时间12 h(见图6-4),有效减轻了西江中下游沿线防洪压力,为大藤峡工程施工度汛安全提供有力支撑。

6.1.2.3 西江第3号、北江第1号洪水调度

1.洪水过程

受6月10—14日降雨影响,西江上游干流红水河,中游干流黔江和浔江,中游支流郁江、桂江、蒙江;北江中下游干流、北江上游支流武江、中游支流连江出现明显洪水过程。6月12日20时,西江梧州站水位18.52 m,达到水利部《全国主要江河洪水编号规定》标准,编号为“2022年西江第3号洪水”;6月14日11时30分,北江石角站流量涨至12 000 m^3/s,达到水利部《全国主要江河洪水编号规定》标准,编号为“2022年北江第1号洪水”,珠江流域第1次流域性较大洪水形成。西江第3号洪水和北江第1号洪水主要控制站洪峰特征值统计见表6-11。

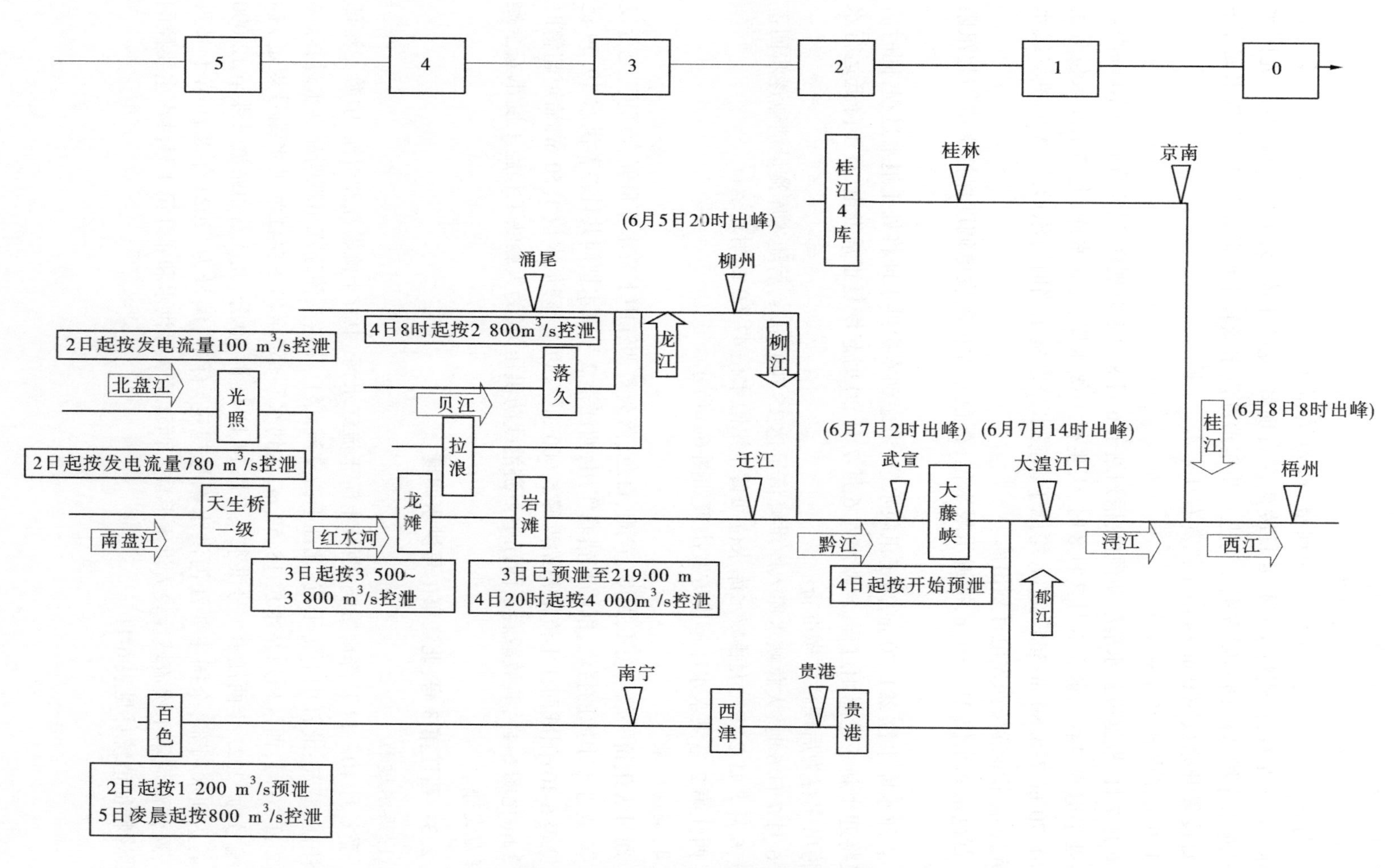

图 6-3　西江第 2 号洪水调度方案决策过程

表 6-10　西江第 2 号洪水期间水库拦蓄统计

水库	拦蓄洪量/亿 m^3	削峰量/(m^3/s)	削峰率/%
龙滩	7.97	4 100	51
岩滩	2.15	1 720	33
天生桥一级	3.52	1 650	69
光照	3.58	1 530	94
百色	1.40	480	36
落久	0.97	2 600	52

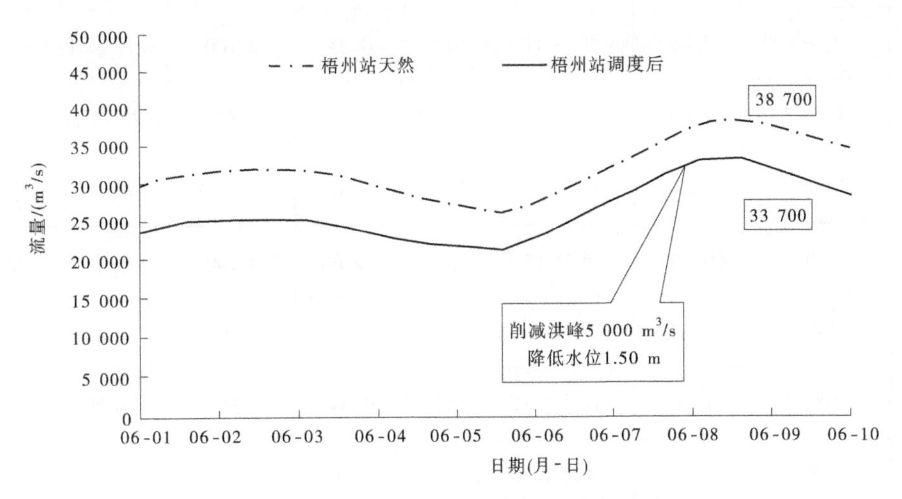

图 6-4　西江第 2 号洪水梧州站调度前后过程

经统计，本次西江洪水主要来源于红水河、郁江、桂江和柳江，3 d 洪量分别为 21.8 亿 m^3、20.6 亿 m^3、14.7 亿 m^3、12.7 亿 m^3，占西江梧州站最大 3 d 洪量的 23%、22%、15%和 13%；北江洪水主要来源于北江上游武江和中游支流连江，3 d 洪量分别为 5.3 亿 m^3 和 8.5 亿 m^3，约占北江飞来峡站最大 3 d 洪量的 18%和 30%。

1）黔江洪水

黔江武宣站 6 月 14 日 13 时出现洪峰流量 20 900 m^3/s。武宣站次洪水量为 86.5 亿 m^3，其中迁江站、柳州站、对亭站和区间的次洪水量分别为 40.5 亿 m^3、25.1 亿 m^3、9.9 亿 m^3、11.0 亿 m^3，分别占柳州站洪水量的 46.9%、29.1%、11.4%、12.6%，见表 6-12。

表 6-11 西江第 3 号洪水和北江第 1 号洪水主要控制站洪峰特征值统计

场次	站名	洪峰水位			洪峰流量	
		洪峰水位/m	出现时间	超警/m	洪峰流量/(m^3/s)	出现时间
西江第 3 号洪水	迁江	78.06	6 月 12 日 10 时	-3.64	9 710	6 月 12 日 10 时
	柳州	78.94	6 月 13 日 23 时	-3.56	8 330	6 月 14 日 3 时
	对亭	82.02	6 月 13 日 22 时 40 分	0.32	4 900	6 月 13 日 22 时 40 分
	武宣	55.54	6 月 14 日 13 时	-0.16	20 900	6 月 14 日 13 时
	贵港	41.64	6 月 14 日 14 时	0.44	7 900	6 月 14 日 16 时
	大湟江口	33.38	6 月 15 日 2 时	1.68	29 400	6 月 14 日 23 时
	太平	37.45	6 月 13 日 1 时 20 分	0.25	2 100	6 月 13 日 1 时 20 分
	京南	27.60	6 月 14 日 13 时 15 分	3.60	8 820	6 月 14 日 13 时 15 分
	梧州	22.31	6 月 15 日 3 时 25 分	3.81	39 200	6 月 15 日 3 时 25 分
北江第 1 号洪水	犁市	60.34	6 月 13 日 9 时	-0.66	3 100	6 月 13 日 22 时
	新邵	54.77	6 月 14 日 7 时	-2.73	2 400	6 月 14 日 8 时
	滃江	31.40	6 月 14 日 21 时	0.34	2 360	6 月 14 日 3 时
	英德	31.40	6 月 14 日 21 时	5.40	—	—
	高道(昂坝)	31.42	6 月 14 日 20 时	-0.08	4 600	6 月 14 日 20 时
	飞来峡入库	—	—	—	12 500	6 月 14 日 23 时
	石角	10.79	6 月 15 日 19 时	-0.21	14 400	6 月 15 日 18 时

2) 西江洪水

干支流来水汇合后，西江梧州站 6 月 15 日 3 时 25 分出现洪峰流量 39 200 m^3/s。梧州站次洪水量 173.8 亿 m^3，洪水主要来源于黔江、郁江和桂江，次洪水量分别为 88.8 亿 m^3、33.3 亿 m^3、27.6 亿 m^3，分别占梧州站次洪水量的 51.1%、19.2%、15.9%，见表 6-13。

表 6-12 西江第 3 号洪水武宣洪水主要站特征值统计

河名	站名	次洪水量/亿 m^3	占武宣站次洪水量比例/%	占武宣站次集水面积比例/%	流量/(m^3/s)	
					最大值	出现时间
红水河	迁江	40.5	46.8	65.6	9 700	6月12日10时
柳江	柳州	25.1	29.0	23.1	8 330	6月14日3时
洛清江	对亭	9.9	11.5	3.7	4 900	6月13日22时40分
区间		11.0	12.7	7.6	—	—
黔江	武宣	86.5	—	—	20 900	6月14日13时

表 6-13 西江第 3 号洪水梧州洪水主要站特征值统计

河名	站名	次洪水量/亿 m^3	占梧州站次洪水量比例/%	占梧州站集水面积比例/%	流量/(m^3/s)	
					最大值	出现时间
黔江	武宣	88.8	51.1	60.7	—	—
郁江	贵港	33.3	19.2	26.4	7 900	6月14日17时
桂江	京南	27.6	15.9	5.3	8 820	6月14日13时15分
蒙江	太平	4.4	2.5	1.1	2 100	6月13日1时20分
北流河	金鸡	3.9	2.2	2.8	—	—
区间		15.8	9.1	3.7	—	—
西江	梧州	173.8	—	—	39 200	6月15日3时25分

3)北江洪水

干支流洪水汇合后,飞来峡水库6月15日2时出现入库洪峰流量12 500 m^3/s,石角站6月15日18时出现洪峰流量14 400 m^3/s。石角站次洪水量61.5亿 m^3,洪水主要来源于连江、新邵-犁市-滃江-高道(昂坝)至飞来峡水库区间、飞来峡水库-大庙峡-珠坑至石角区间,次洪水量分别为15.8亿 m^3、10.4亿 m^3、10.6亿 m^3,分别占石角站次洪水量的25.7%、16.8%、17.1%,其中滃江站、高道(昂坝)站、大庙峡站、飞来峡水库-大庙峡-珠坑至石角区间的次洪水量比例均超过其面积比,见表6-14。

表 6-14　北江第 1 号洪水干支流主要站特征值统计

河名	站名	次洪水量/亿 m^3	占石角站次洪水量比例/%	占石角站集水面积比例/%	流量/(m^3/s)	
					最大值	出现时间
浈江	新韶	7.0	11.5	19.7	2 400	6 月 14 日 8 时
武江	犁市	8.2	13.4	18.2	3 100	6 月 13 日 22 时
滃江	滃江	5.2	8.5	5.2	2 360	6 月 14 日 3 时
连江	高道(昂坝)	15.8	25.7	22.4	4 600	6 月 14 日 20 时
新邵-犁市-滃江-高道(昂坝)至飞来峡水库区间		10.4	16.9	23.4	—	—
北江	飞来峡入库	46.6	75.8	88.9	12 500	6 月 15 日 2 时
北江	飞来峡出库	47.7	77.7	88.9	12 500	6 月 15 日 1 时
潖江	大庙峡	1.2	2.0	1.3	640	6 月 14 日 12 时
滨江	珠坑	2.0	3.2	4.4	984	6 月 14 日 13 时
飞来峡水库-大庙峡-珠坑至石角区间		10.6	17.2	5.4	—	—
北江	石角	61.5	—	—	14 400	6 月 15 日 18 时

2. 调度安排

6 月 9 日，根据当日水情预报，6 月中旬流域将迎来新一轮降雨过程，红水河、柳江、郁江、桂江、贺江等将出现明显的涨水过程，6 月 12 日，西江梧州站水位涨至 18.52 m，西江编号第 3 号洪水。本场洪水流域来水比较均匀，属于全流域型洪水。本次调度考虑调度天生桥一级水库、光照水库、龙滩水库、百色水库拦蓄上游来水，同时预报柳江来水较大，考虑调度岩滩水库错柳江洪峰。考虑到后期来水具有较大的不确定性，在拦蓄时要充分结合发电和防洪需求，合理优化水库过程，避免后期水库无库容使用。

6 月 11 日以来，珠江流域北江水系出现持续性大范围降雨过程。受降雨影响，北江干流及武水、连江、滨江、滃江、锦江等出现明显涨水过程。6 月 14 日 11 时，北江石角站流量涨至 12 000 m^3/s，依据水利部《全国主要江河洪水编号规定》，编号为“2022 年北江第 1 号洪水”。

至此，西、北江同时发生编号洪水，珠江流域发生流域性较大洪水。针对当时洪水和预测后续降雨情况，结合流域防洪工程分布情况、防汛形势，建议采用的防御措施主要包括：西江水库群继续拦蓄洪水，错北江洪峰。北江飞来峡水库提前预泄，降低水位腾空库容，后续根据北江来水预测适时调用飞来峡水库精准拦蓄洪水，减轻库区防洪压力，同时视干支流洪水遭遇情况调用乐昌峡、南水、锦江、锦潭等水库错峰，减小飞来峡水库入库洪水。

3. 调度决策过程

1）洪水初期——西江首先发生洪水应对方案

6月9日，根据来水预报，结合发电负荷，天生桥一级水库、光照水库按照发电流量780 m^3/s、100 m^3/s 出库拦蓄南、北盘江来水。龙滩水库当时水位355.80 m，接近汛限水位，结合防洪与发电需求，通过与电网沟通争取到了满发负荷，龙滩水库6月9日起按照满发流量4 000 m^3/s 出库拦蓄，为后期防洪预留充足的防洪库容；结合发电负荷，天生桥一级水库、光照水库6月9日起按照发电流量780 m^3/s、100 m^3/s 出库拦蓄南、北盘江来水；鉴于百色水库水位接近汛限水位，百色水库按照满发流量出库，保持不超汛限水位运行。

6月10日，根据当日水情预报，柳州站14日左右出峰，梧州站15日左右现峰，洪峰流量36 700 m^3/s，和前一天预报相比，量级减小，防洪压力暂得到缓解。考虑柳州站14日左右出峰，岩滩水库12、13日左右进行拦蓄错柳江洪峰。鉴于岩滩水库当时水位在221.00 m左右，岩滩水库从6月10日开始加大出库将水位预泄至219.00 m左右。天生桥一级水库、光照水库、龙滩水库、百色水库继续按照发电负荷出库拦蓄上游来水。

2）洪水中期——西江、北江同时发生洪水应对方案

6月12日，根据当日水情预报，梧州站洪峰流量40 000 m^3/s，和前一天预报相比，量级有所增大；北江下游控制站点石角站将于6月14、15日出现洪峰，洪峰流量将超13 000 m^3/s。

西江岩滩水库水位已经预泄至219.00 m，考虑到柳州出峰时间，岩滩水库从6月12日22时起按3 500 m^3/s 出库错柳江洪峰，同时控制运行水位不超过222.00 m。6月12日21时，大藤峡水库入库流量达20 000 m^3/s，且预报后期西江中下游、北江流域仍有持续暴雨过程，大藤峡水库逐步加大泄量降低运行水位。天生桥一级水库、光照水库、龙滩水库、百色水库继续按照发电负荷出库拦蓄上游来水。

北江飞来峡水库水位为21.58 m，水位位于汛限水位24.00 m以下，水库入库流量为6 000 m^3/s，考虑到后续北江来水形势，为尽量减少飞来峡水库拦洪期间库区临时淹没，飞来峡水库从12日8时开始加大出库，预泄腾空库容，并要求于14日前将水位降至18.00 m。北江支流武江乐昌峡水库当时水位144.34 m，低于汛限水位144.50 m；支流浈江锦江水库从11日8时开始加大出库腾空库容，将水位从134.87 m降至当时水位134.78 m，低于汛限水位135.00 m；支流乳源河南水水库此前从6月1日起按出库50 m^3/s 左右控制，水位从207.96 m上涨至211.69 m，拦洪1.2亿 m^3，距离汛限水位215.50 m尚有库容1.3亿 m^3；支流连江锦潭水库此前从6月1日起按出库9 m^3/s 左右控制，水位从212.62 m上涨至223.34 m，拦洪5 700万 m^3。

6月13日，根据当日最新水情滚动预报结果，梧州站洪峰流量39 500 m^3/s，峰现时间为15日2时；石角站出峰时间为15日2时，洪峰流量为13 300 m^3/s。

西江岩滩水库继续按 3 500 m^3/s 出库错柳江洪峰,同时控制运行水位不超过 222.00 m。大藤峡水库继续加大出库降低运行水位。天生桥一级水库、光照水库、龙滩水库、百色水库继续按照发电负荷出库拦蓄上游来水。

北江飞来峡水库水位已下降至 19.09 m,当时入库流量 7 200 m^3/s,水库水位将于 15 时前后降至 18.00 m,后根据设计调度规则,闸门全开敞泄。支流武江乐昌峡水库水位 144.24 m,低于汛限水位 144.50 m。乐昌峡水库入库洪水自 13 日凌晨开始起涨,当时入库流量达到 1 350 m^3/s,水库从 13 日 15 时前后开始拦蓄武江洪水,出库流量控制不超过 2 600 m^3/s;支流浈江锦江水库水位进一步下降至 134.23 m,低于汛限水位 135.00 m,锦江水库入库流量逐渐加大,水库开始减小出库拦蓄洪水;支流乳源河南水水库当时水位 211.90 m,距离汛限水位 220.00 m 尚有库容 1.26 亿 m^3。南水水库当时入库洪水 157.00 m^3/s,并逐渐上涨,水库继续按不大于 80.00 m^3/s 控制出库;支流连江锦潭水库当时水位 224.28 m,当时入库流量 83.8 m^3/s,水库按不大于 11 m^3/s 控制出库,继续拦蓄洪水。

3)洪水后期——退水阶段应对方案

6 月 14 日,根据最新水情预报,柳州站 14 日 2 时已出峰,当时处于退水过程,梧州站 15 日凌晨左右出峰,洪峰流量 39 600 m^3/s 左右;北江石角站将于当日 14 时左右出现洪峰,洪峰流量为 13 200 m^3/s,和前日预报结果相比,峰现时间提前 6 h,此后处于退水阶段。

西江岩滩水库由于前期错峰拦蓄,当时水位达到 221.80 m,考虑到柳江已经出峰,岩滩水库从 14 日 8 时起恢复发电调度,并逐步降低运行水位。6 月 14 日 14 时,大藤峡水库水位降至防洪最低运用水位 44.00 m,后续维持在低水位状态运行,留足库容迎接洪水。考虑电网负荷,天生桥一级水库、光照水库、龙滩水库、百色水库继续按照发电流量出库。西江第 3 号洪水水库调度方案决策如图 6-5 所示。

北江飞来峡水库根据设计调度规则,闸门全开敞泄,并控制出库不大于入库流量。飞来峡水库入库流量在 14 日 23 时前后出峰,最大洪峰流量 12 500 m^3/s,水库水位涨至 20.90 m。本场洪水飞来峡水库共拦蓄洪水 1.48 亿 m^3,水库水位最高应用至 21.05 m,飞来峡水库库区防护片未达到启用条件。当时,支流武江乐昌峡水库水位 147.93 m,本场洪水乐昌峡水库共拦蓄洪量 2 670 万 m^3,乐昌峡水库入库洪水 14 日 0 时出峰,达到 3 200 m^3/s,此后处于退水阶段;支流浈江锦江水库当时水位 134.56 m,低于汛限水位 135.00 m,本场洪水锦江水库拦蓄洪水 1 100 万 m^3。锦江水库入库流量已出峰,此后处于退水阶段;支流乳源河南水水库当时水位 212.22 m,本场洪水南水水库共拦蓄洪量 4 200 万 m^3,水库入库已出峰,此后处于退水阶段,水库继续按不大于 80 m^3/s 控制出库;支流连江锦潭水库当时水位 225.71 m,本场洪水锦潭水库共拦蓄洪水 2 000 万 m^3,水库入库已出峰,此后处于退水阶段,水库按不大于 11 m^3/s 控制出库,继续拦蓄洪水。

6 月 15 日 18 时,石角站出现最大洪峰流量 14 400 m^3/s,此后本轮洪水处于退水期,但根据当日最新预报,17 日起北江即将迎来新一轮降雨。

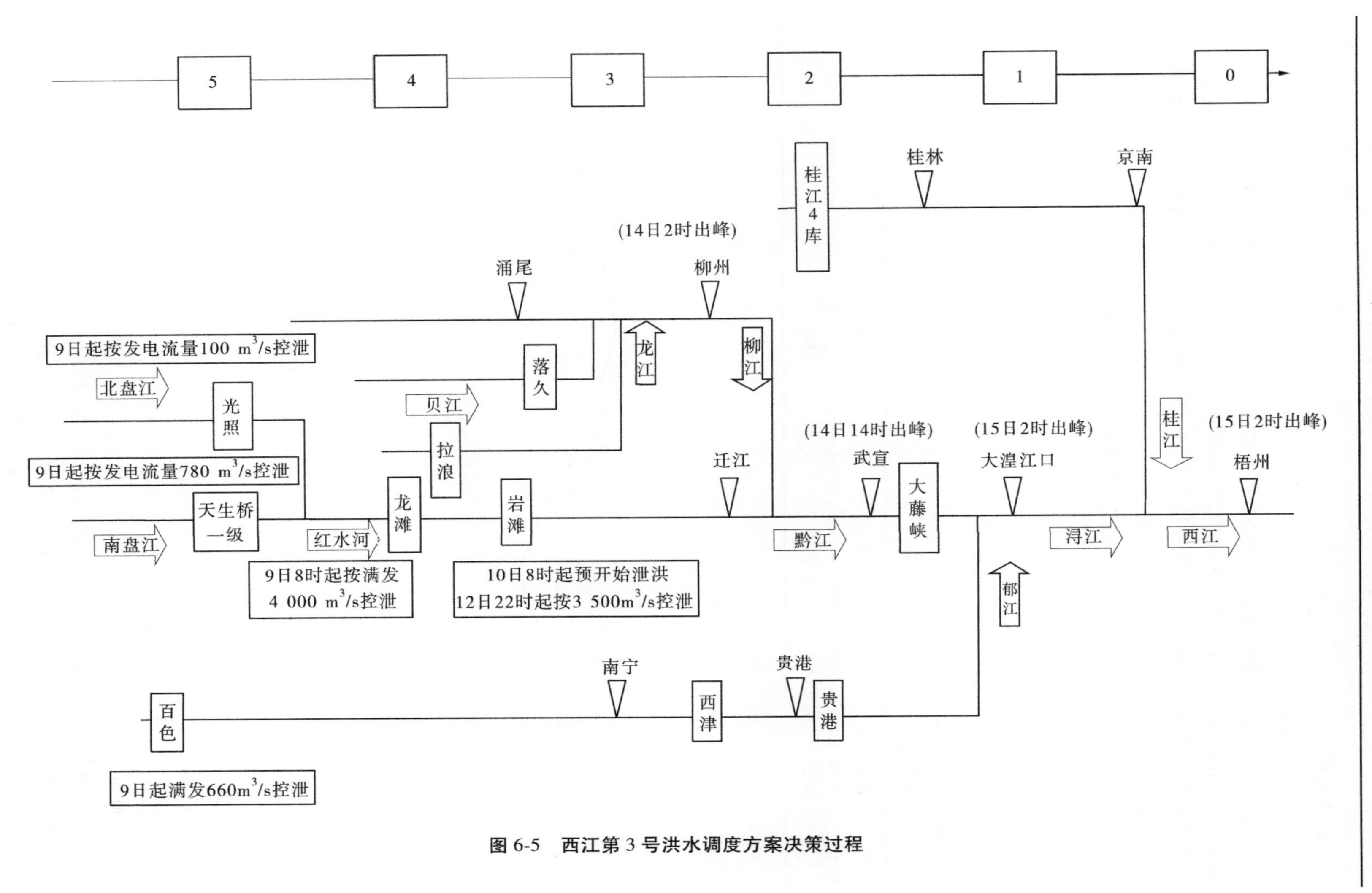

图6-5 西江第3号洪水调度方案决策过程

4. 调度效果

1) 西江洪水调度效果

西江第 3 号洪水期间，通过天生桥一级、光照、龙滩、岩滩、百色西江中上游水库群联合调度，充分发挥了流域骨干水库的拦洪、削峰和错峰作用，西江第 3 号洪水期间，西江水库群共计拦蓄洪水 12.90 亿 m^3，具体见表 6-15；削减西江干流梧州站洪峰 2 500 m^3/s 以上，降低水位 0.90 m，如图 6-6 所示，有效减轻了西江中下游沿线防洪压力。

表 6-15　西江第 3 号洪水期间水库拦蓄统计

水库	拦蓄洪量/亿 m^3	削峰量/(m^3/s)	削峰率/%
天生桥一级	6.89	2 070	71
光照	1.20	500	83
龙滩	2.13	1 100	29
岩滩	2.37	2 000	36
百色	0.31	280	28

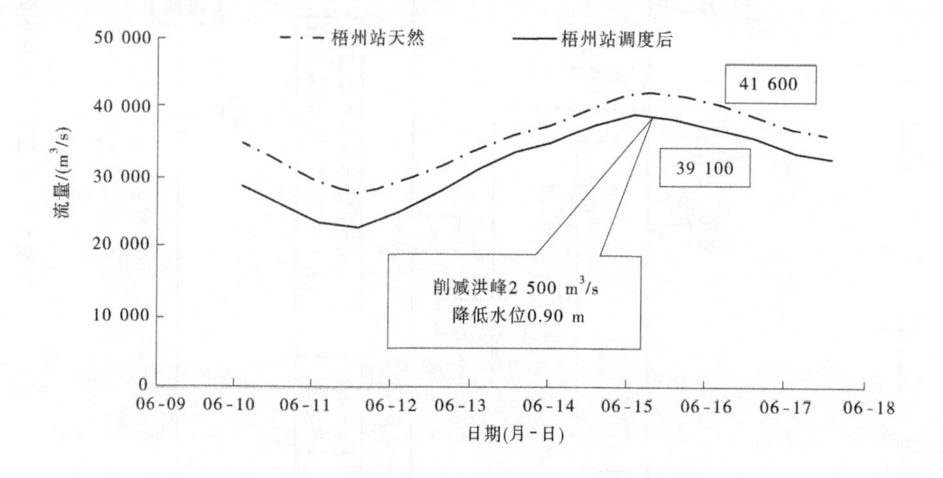

图 6-6　西江第 3 号洪水梧州站调度前后过程

2) 北江洪水调度效果

北江第 1 号洪水期间，飞来峡水库预泄腾空库容 1.78 亿 m^3，拦蓄洪水 1.48 亿 m^3，干支流其他水库共计拦蓄洪量 1 亿 m^3，情况见表 6-16。北江第 1 号洪水石角站实测洪峰流量 14 400 m^3/s，不足 10 年一遇，远低于石角断面安全泄量 19 000 m^3/s。飞来峡水库根据预报水情，按照设计调度规则提前预泄，在洪水到来前的 13 日下午将水位降至死水位 18.00 m，有效避免了 6 月 14、15 日滞洪过程中库区临时淹没，库区未启用防护片。北江干流控制站石角站调度前后过程如图 6-7 所示。通过北江水库群联合调度，削减北江干流石角站洪峰 1 000 m^3/s 以上,降低水位 0.40 m。

表 6-16　北江第 1 号洪水期间水库拦蓄统计

水库	削减流量/(m^3/s)	削峰率/%	拦蓄洪量/亿 m^3
乐昌峡	630	20	0.27
湾头	0	0	0
南水	129	64	0.42
锦江	128	41	0.11
锦潭	119	93	0.20
飞来峡	0	0	1.48

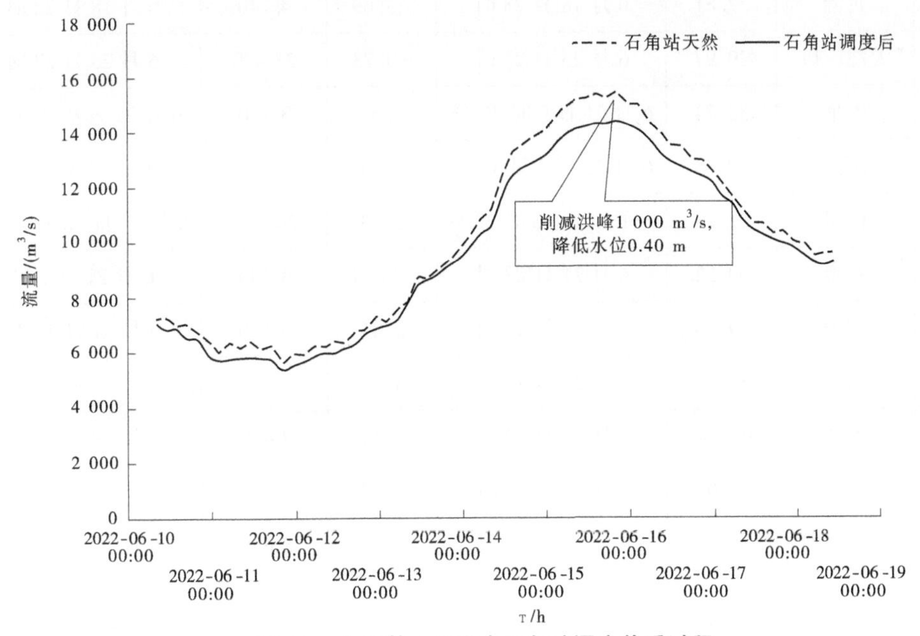

图 6-7　北江第 1 号洪水石角站调度前后过程

3)西、北江水库群联合调度效果

西江第 3 号洪水和北江第 1 号洪水同期发生,形成流域性较大洪水,动用西江中上游水库群拦蓄西江洪水错北江洪峰,动用北江飞来峡等水库拦蓄北江洪水。西、北江水库联合调度后,削减思贤窖洪峰流量 2 300 m^3/s。

6.1.2.4　西江第 4 号、北江第 2 号洪水调度

1. 洪水过程

受 6 月 15—21 日降雨影响,西江中游干流黔江和浔江,中游支流郁江、桂江、蒙江出

现明显洪水过程；北江干流、中游支流连江出现特大洪水过程。6 月 19 日 8 时，西江梧州站水位复涨至 20.95 m，超过警戒水位 2.45 m，依据水利部《全国主要江河洪水编号规定》，编号为"2022 年西江第 4 号洪水"；6 月 19 日 12 时，北江干流石角站流量涨至 12 000 m^3/s，达到水利部《全国主要江河洪水编号规定》标准，编号为"2022 年北江第 2 号洪水"，珠江流域第 2 次流域性较大洪水形成。西江第 4 号洪水和北江第 2 号洪水主要控制站洪峰特征值统计见表 6-17。

表 6-17　西江第 4 号洪水和北江第 2 号洪水主要控制站洪峰特征值统计

场次	站名	洪峰水位			洪峰流量	
		洪峰水位/m	出现时间	超警/m	洪峰流量/(m^3/s)	出现时间
西江第 4 号洪水	柳州	83.59	6 月 21 日 6 时 50 分	1.09	16 400	6 月 21 日 6 时
	对亭	82.88	6 月 21 日 7 时	1.18	5 530	6 月 21 日 7 时
	武宣	58.14	6 月 23 日 9 时	2.44	24 000	6 月 22 日 7 时
	贵港	37.81	6 月 18 日 23 时	-3.69	4 740	6 月 18 日 22 时
	大湟江口	30.97	6 月 23 日 23 时	-0.73	23 400	6 月 23 日 23 时
	太平	38.74	6 月 21 日 0 时 30 分	1.54	3 130	6 月 21 日 0 时 30 分
	京南	29.88	6 月 23 日 8 时 45 分	5.88	11 200	6 月 23 日 8 时 45 分
	梧州	21.73	6 月 23 日 16 时 25 分	3.23	34 000	6 月 23 日 16 时 25 分
北江第 2 号洪水	犁市	60.22	6 月 21 日 23 时	-0.78	3 300	6 月 21 日 1 时
	新邵	59.54	6 月 21 日 16 时	2.04	6 120	6 月 21 日 16 时
	韶关	56.12	6 月 21 日 15 时	3.12	—	—
	滃江	101.49	6 月 18 日 22 时	0.49	2 450	6 月 18 日 22 时
	英德	35.97	6 月 22 日 14 时	9.97	—	—
	高道(昂坝)	36.72	6 月 22 日 18 时	5.22	8 650	6 月 22 日 18 时
	飞来峡入库	—	—	0	19 900	6 月 22 日 23 时
	大庙峡	49.62	6 月 18 日 11 时	-0.38	943	6 月 18 日 11 时
	石角	12.22	6 月 22 日 11 时	1.22	18 500	6 月 22 日 11 时

经统计，本次西江洪水主要来源于柳江、桂江，3 d 洪量分别为 26.0 亿 m^3、24.7 亿 m^3，约占西江梧州站最大 3 d 洪量的 30%、28%；北江洪水主要来源于北江上游浈江和中游支流连江，3 d 洪量分别为 9.5 亿 m^3 和 18.8 亿 m^3，约占北江飞来峡站最大 3 d 洪量的 21%和 42%。

1)柳江洪水

融江、龙江与其他支流洪水汇合后,柳江柳州站6月21日6时出现洪峰流量16 400 m^3/s。柳州站次洪水量为79.3亿m^3,其中融水站、三岔站和区间的次洪水量为40.0亿m^3、26.3亿m^3、13.0亿m^3,分别占柳州站次洪水量的50.4%、33.2%、16.4%,其中区间次洪水量比例超过其面积比,见表6-18。

表6-18 西江第4号洪水柳江洪水主要站特征值统计

河名	站名	次洪水量/亿m^3	占柳州站次洪水量比例/%	占柳州站集水面积比例/%	流量/(m^3/s)	
					最大值	出现时间
融江	融水	40.0	50.4	52.1	10 300	6月20日18时30分
龙江	三岔	26.3	33.2	35.8	6 810	6月20日19时55分
区间		13.0	16.4	12.1	—	—
柳江	柳州	79.3	—	—	16 400	6月21日6时

2)黔江洪水

柳江和洛清江洪水与红水河来水汇合后,黔江武宣站6月22日7时出现洪峰流量24 000 m^3/s。武宣站次洪水量为165.1亿m^3,洪水以柳江来水为主,柳州站和对亭站的次洪总量为105.3亿m^3,占武宣站次洪水量的63.8%,其中柳州站、对亭站次洪水量比例均超过其面积比,见表6-19。

表6-19 西江第4号洪水武宣洪水主要站特征值统计

河名	站名	次洪水量/亿m^3	占武宣站次洪水量比例/%	占武宣站集水面积比例/%	流量/(m^3/s)	
					最大值	出现时间
红水河	迁江	52.2	31.6	65.6	—	—
柳江	柳州	79.3	48.0	23.1	16 400	6月21日6时
洛清江	对亭	26.0	15.8	3.7	6 490	6月18日0时40分
区间		7.6	4.6	7.6	—	—
黔江	武宣	165.1	—	—	24 000	6月22日7时

3)桂江洪水

桂江上游桂林站6月22日5时5分出现洪峰流量4 520 m^3/s;支流荔浦河荔浦站6月20日21时25分出现洪峰流量982 m^3/s;支流恭城河恭城站6月22日9时出现洪峰流量4 590 m^3/s;支流思勤江劳村站6月21日0时5分出现洪峰流量1 340 m^3/s;桂江干流、荔浦河、恭城河、思勤江与其他支流洪水汇合后,桂江下游京南站6月23日8时45分出现洪峰流量11 200 m^3/s。

京南站次洪水量为66.9亿m^3,洪水主要来源于桂林站以上区域和区间,次洪水量分别为14.4亿m^3、37.9亿m^3,分别占京南站次洪水量的21.5%、56.7%,且次洪水量比例超过其面积比,见表6-20。

表6-20 西江第4号洪水桂江洪水主要站特征值统计

河名	站名	次洪水量/亿m^3	占京南站次洪水量比例/%	占京南站集水面积比例/%	流量/(m^3/s)	
					最大值	出现时间
桂江	桂林	14.4	21.5	15.9	4 520	6月22日5时5分
荔浦河	荔浦	1.3	1.9	5.2	982	6月20日21时25分
恭城河	恭城	8.7	13.0	14.6	4 590	6月22日9时
思勤江	劳村	4.6	6.9	9.0	1 340	6月21日0时5分
区间		37.9	56.7	55.3	—	—
桂江	京南	66.9	—	—	11 200	6月23日8时45分

4)西江洪水

干支流来水汇合后,西江梧州站6月23日16时25分出现洪峰流量34 000 m^3/s。梧州站次洪水量为288.0亿m^3,洪水主要来源于黔江和桂江,次洪水量分别为166.6亿m^3、66.9亿m^3,分别占梧州站次洪水量的57.8%、23.2%,其中京南站、太平站和区间次洪水量比例均超过其面积比,见表6-21。

表6-21 西江第4号洪水梧州洪水主要站特征值统计

河名	站名	次洪水量/亿m^3	占梧州站水量比例/%	占梧州站集水面积比例/%	流量/(m^3/s)	
					最大值	出现时间
黔江	武宣	166.6	57.8	60.7	—	—
郁江	贵港	28.2	9.8	26.4	—	—
桂江	京南	66.9	23.2	5.3	11 200	6月23日8时45分
蒙江	太平	9.4	3.3	1.1	3 190	6月17日21时55分
北流河	金鸡	3.3	1.2	2.8	—	—
无控区间		13.6	4.7	3.7	—	—
西江	梧州	288.0	—	—	34 000	6月23日16时25分

5)北江洪水

浈江新韶站6月21日16时出现洪峰流量6 120 m^3/s,重现期接近100年一遇(6 260 m^3/s),此次洪水量级初步判断为浈江流域1949年以来最大洪水。浈江和武江洪水汇合后,干流韶关站6月21日15时出现超警戒3.12 m洪峰水位。支流滃江站6月18日22时出现洪峰水位101.49 m,超警戒水位0.49 m,为70多年第四高实测水位。支流连江高道(昂坝)站6月22日18时出现洪峰流量8 650 m^3/s,重现期超100年一遇(7 880 m^3/s),是1954年建站以来第二大流量(实测最大流量9 160 m^3/s,2013年)。干流英德站6月22日14时出现洪峰水位35.97 m,超警戒水位9.97 m,为历史最高实测水位;飞来峡水库6月22日23时出现入库洪峰流量19 900 m^3/s,重现期超100年一遇(19 200 m^3/s),为1915年之后最大入库流量;石角站6月22日11时出现最大流量18 500 m^3/s,为1924年建站以来的实测最大洪水。

石角站次洪水量119.3亿 m^3,洪水主要来源于浈江、连江、新邵-犁市-滃江-高道(昂坝)至飞来峡水库区间,次洪水量分别为19.0亿 m^3、39.1亿 m^3、25.6亿 m^3,分别占石角站次洪水量的15.9%、32.8%、21.5%,其中高道(昂坝)站、飞来峡水库-大庙峡-珠坑至石角区间的次洪水量比例超过其面积比,见表6-22。

表6-22　北江第2号洪水干支流主要站特征值统计

河名	站名	次洪水量/亿 m^3	占石角站次洪水量比例/%	占石角站集水面积比例/%	流量/(m^3/s)	
					最大值	出现时间
浈江	新韶	19.0	15.9	19.7	6 120	6月21日16时
武江	犁市	14.8	12.4	18.2	3 440	6月19日12时
滃江	滃江	6.1	5.1	5.2	2 450	6月18日22时
连江	高道(昂坝)	39.1	32.8	22.4	8 650	6月22日18时
新邵-犁市-滃江-高道(昂坝)至飞来峡水库区间		25.6	21.5	23.4	—	—
北江	飞来峡入库	104.5	87.6	88.9	19 900	6月22日23时
	飞来峡出库	103.4	86.6	88.9	18 800	6月22日13时
潖江	大庙峡	1.4	1.2	1.3	943	6月18日11时
滨江	珠坑	1.5	1.3	4.4	616	6月21日20时
飞来峡水库-大庙峡-珠坑至石角区间		13.0	10.9	5.4	—	—
北江	石角	119.3	—	—	18 500	6月22日11时

2. 调度安排

6 月 16 日,流域迎来新一轮强降雨。根据水情预报,本场洪水主要由柳江、桂江及中下游地区组成,红水河、郁江洪水不大,属于中下游型洪水。6 月 17 日以来,珠江流域北江水系出现新一轮强降雨过程,受降雨影响,北江干流及武水、连江、滨江、滃江、湟江、绥江等出现明显涨水过程。6 月 22 日,干流英德站出现洪峰水位 35.97 m,飞来峡水库出现入库流量 19 900 m^3/s,石角站出现洪峰流量 18 500 m^3/s,均为历史最大。

在洪水防御初期,预报西江来水大,调度思路以防御西江中下游型洪水为主,针对当前洪水和后续强降雨情况,建议采用的防御措施主要包括:西江水系科学调用龙滩、百色、天生桥一级等流域大型水库拦蓄洪水,视干支流洪水遭遇情况调用岩滩、落久、西津、青狮潭等水库错峰,及时组织大藤峡等水库降低水位,适时使用大藤峡水库精准拦蓄,减轻两岸防洪压力。

在洪水防御中期,西江预报来水减小,北江预报来水增大,并逐渐发展成北江特大洪水。调度思路逐渐调整为:调度西江水库群尽量拦蓄洪水错北江洪峰,为北江特大洪水宣泄提供时间和空间;北江视干支流洪水遭遇情况调用乐昌峡、南水、锦江、锦潭等水库错峰,减小飞来峡水库入库洪水;飞来峡水库尽量提前降低水位腾空库容,后续根据北江来水预测适时调用飞来峡水库精准拦蓄洪水,减轻库区防洪压力,同时视情况启用湟江蓄滞洪区滞洪,西南涌、芦苞涌分洪,尽力减小下游北江大堤石角断面洪峰流量,保障下游广州市及珠江三角洲防洪安全。

3. 调度决策过程

1) 洪水初期——预报西江来水大

根据 16—18 日水情预报,本轮洪水西江以中下游型来水为主,且梧州站流量超过 50 000 m^3/s;北江石角站将于 6 月 19 日 20 时出现洪峰,洪峰流量为 13 000 m^3/s。根据预报量级,西江将发生大洪水,北江洪水量级不大。根据本场洪水特点,制订洪水应对方案。

(1) 西江中上游水库群。天生桥一级水库、光照水库汛限水位要维持到 9 月,天生桥一级水库目前水位 766.70 m,距离汛限水位 6.40 m,可拦洪库容 9.4 亿 m^3;光照水库目前水位 729.60 m,距离汛限水位 15.40 m,可拦洪库容 7.2 亿 m^3。所以天生桥一级水库、光照水库本次考虑按发电调度控泄(天生桥一级水库 1 100 m^3/s、光照水库 100 m^3/s)拦蓄南盘江洪水、北盘江洪水。

由于本次洪水组成为中下游型洪水,龙滩水库对下游拦洪削峰作用较小。龙滩水库当时水位 356.60 m,低于汛限水位 2.70 m,汛限以下库容 7 亿 m^3,防洪高水位以下可调用库容 57 亿 m^3。为充分发挥龙滩水库的拦洪作用,考虑电网负荷,15 日开始逐步减少发电、减小出库,16 日将出库流量调整为 2 700 m^3/s, 17 日 8 时日均出库流量按不超过 1 000 m^3/s 控泄,6 月 18 日 8 时进一步将出库流量减小为 600 m^3/s,后续根据来水调整出库。

岩滩水库在 15 日已开始预泄,于 17 日 14 时前预泄至 219.00 m,腾出库容 3 亿 m^3,为后期拦蓄错柳江洪峰做好了准备。

(2) 柳江水库群。调用柳江落久水库拦蓄贝江洪水,及时组织柳江支流龙江洛东、拉浪等水库预泄腾库,视柳江干流融江来水情况拦洪错峰,减少柳州防洪压力。

落久水库当前水位142.00 m,防洪高水位以下可调用库容2.5亿m^3,后期根据柳江出峰时间拦蓄贝江洪水错干流融江洪水,从而削减柳州洪峰流量。

柳江上游大浦水库、洛东水库从18日14时开始分别按来水流量加大400 m^3/s、380 m^3/s出库预泄,至水位分别达到92.00 m、112.00 m之后保持出入库平衡,为后期拦蓄柳江上游洪水做好准备。

柳江流域麻石、浮石、古顶、红花、拉浪、叶茂等水库按照来水流量下泄,直至敞泄,尽可能发挥滞洪作用。

(3)大藤峡水库。前期及时组织大藤峡水库预泄至44.00 m,减轻黔江两岸防洪压力。大藤峡水库当前水位45.50 m,根据预报,18日大藤峡水库入库流量超20 000 m^3/s,大藤峡水库17日之前预泄至44.00 m,减轻黔江两岸防洪压力,同时腾出7亿m^3库容,为后期适度拦洪错峰做好准备。

(4)郁江水库群。动用郁江百色水库拦蓄郁江中上游地区洪水,及时组织西津水库、贵港水库预泄腾库迎洪,视黔江来水,拦洪错峰。

百色水库当前水位213.20 m,低于汛限水位0.80 m,防洪高水位以下可动用库容17.2亿m^3。为减轻下游防洪压力,百色水库从16日20时开始按不超过300 m^3/s出库进行控泄拦蓄郁江中上游地区洪水。

西津水库当前水位60.60 m,低于汛限水位0.40 m。根据来水预报,西津水库从6月18日14时起日出库流量逐步加大至4 500 m^3/s,库水位达到60.00后保持出入库平衡,为后面错黔江洪水做好准备。

贵港枢纽当前水位分别41.70 m,根据来水预报,18日之前预泄腾空至最低通航水位,可腾出库容0.18亿m^3,为迎接洪水做好准备。

(5)桂江水库群。动用桂江中上游青狮潭、川江、小溶江、斧子口等水库尽可能拦蓄洪水,及时组织京南站等梯级水库预泄腾库,视浔江来水控泄错峰。

青狮潭水库、斧子口水库、川江水库、小溶江水库当前水位分别为220.50 m、251.30 m、261.10 m、251.90 m,低于汛限水位3.70 m、15.70 m、1.90 m、0.60 m,合计可拦洪库容2.20亿m^3。根据来水预报,青狮潭水库、川江水库、小溶江水库、斧子口水库于18日8时开始拦蓄桂江上游洪水错浔江洪峰。

(6)北江水库群。经过北江第1号洪水拦蓄之后,至6月17日8时,北江飞来峡水库、乐昌峡水库、南水水库、锦江水库水位分别为18.36 m、140.42 m、212.67 m、132.98 m,汛限水位以下防洪库容分别为3亿m^3、0.23亿m^3、3.4亿m^3、0.17亿m^3。湾头水库、锦潭水库当时水位分别为63.67 m、227.53 m,均低于汛限水位。

当时飞来峡水库入库流量7 000 m^3/s,飞来峡水库按照设计调度规则闸门全开敞泄,考虑到尽量减少后续拦蓄洪水期间库区临时淹没,可进一步预泄降低飞来峡水库水位至死水位18.00 m。至17日10时飞来峡水库水位降至18.00 m,此后水库按照设计调度规则闸门全开,维持出入库平衡。

至18日8时,乐昌峡水库入库流量不大(584 m^3/s),为减少拦蓄洪水期间库区淹没,结合预报水情,计划从12时开始加大出库流量,预泄腾空部分库容;锦江水库当时水位涨至 133. 03 m，当时入库流量已涨至 179 m^3/s，预计将于 19 日出峰，水库控制出库流量不大于入库流量拦蓄洪水；南水水库当时水位涨至 213. 00 m，水库继续按不大于 80 m^3/s 控制出库流量，拦蓄洪水；连江锦潭水库当时水位涨至 228. 30 m，当时入库流量 241 m^3/s，预计将于 19 日出峰，水库继续按不大于 11 m^3/s 流量控制出库，拦蓄洪水。

2）洪水中期——西江预报来水减小，北江预报来水增大

6 月 19 日，根据当日水情滚动预报，梧州站洪峰 43 000 m^3/s，和前一天预报相比，量级减小，西江流域防洪压力有所缓解；但同时，根据预报，北江流域来水不断增大，石角站预报洪峰进一步增大至 16 600 m^3/s，峰现时间推迟至 20 日，北江流域防汛形势严峻。根据最新水情预报，对调度方案进行调整优化，在减轻西江中下游防洪压力、统筹流域经济发展用电需求的同时，视北江来水过程拦蓄西江洪水，尽可能错开北江洪峰，为北江洪水宣泄提供空间和时间。

（1）西江中上游水库群。天生桥一级水库、光照水库维持按发电调度控泄（天生桥一级水库 1 100 m^3/s、光照 100 m^3/s）拦蓄南盘江洪水、北盘江洪水。

虽然西江流域防洪压力有所减小，但北江防洪压力进一步增大，为减轻珠江三角洲防洪压力，继续动用西江水库拦蓄上游来水从而错北江洪水。考虑电网负荷，龙滩水库 19 日 14 时起按 1 000 m^3/s 控泄，21 日 8 时起按出库流量不超 2 500 m^3/s 控泄；同时岩滩水库出库 19 日 20 时起按 1 000 m^3/s 控泄、21 日 8 时起按 2 000 m^3/s 控泄错柳江洪峰，减轻下游河道防洪压力。

考虑到西江流域来水减小，大化水库、乐滩水库计划 19 日开始拦蓄。珠江水利委员会从流域防洪角度出发，考虑后期来水的不确定性，尽可能减小流域防洪压力，经过与广西壮族自治区水利厅和水库管理单位协商，最终决定大化水库、乐滩水库 20 日开始拦洪。大化水库从 6 月 20 日 20 时起，按入库流量减小 200 m^3/s 控泄，库水位达到 155. 00 m 之后保持出入库平衡；乐滩水库从 6 月 20 日 20 时起按入库流量减小 400 m^3/s 控泄，库水位达到 112. 00 m 时，保持出入库平衡。

（2）柳江水库群。根据预报，柳州站出峰时间为 21 日 8 时，落久水库 20 日 8 时起按不超过 500 m^3/s 拦蓄贝江洪水错干流融江洪水；大浦水库、洛东水库 20 日 8 时开始拦蓄柳江上游洪水。

6 月 21 日，鉴于柳州站已出峰，柳江梯级水库恢复发电调度。

（3）大藤峡水利枢纽。虽然西江流域防洪压力有所缓解，但北江流域面临严峻的防洪压力，考虑未来降雨的不确定性、调控西江来水错北江洪峰等因素，调整优化大藤峡水库调度方案。

大藤峡水库 20 日 15 时起按照 15 000 m^3/s 控制出库；20 日 19 时 35 分起按照 15 800 m^3/s 控制出库；20 日 23 时起进一步拦蓄洪水，21 日 10 时库水位至 45. 10 m；21 日 22 时库水位至 46. 00 m； 22 日 8 时库水位至 48. 00 m 左右；22 日 18 时起 ，大藤峡水库继续控制出库流量逐步拦蓄洪水，22 日 20 时库水位至 50. 00 m；此后，大藤峡水库继续控制出库流量拦蓄洪水，水位回蓄至 52. 00 m 后保持该水位运行。

（4）郁江水库群。鉴于百色水库接近汛限水位，百色水库从 20 日 8 时起恢复发电调度。

根据预报,梧州站出峰时间为 22 日 14 时,西津水库 21 日 12 时起按入库流量减小 1 000 m^3/s 控泄,库水位达到 61.00 m 后保持出入库平衡。

(5)北江水库群。至 20 日 8 时,飞来峡水库入库流量 14 300 m^3/s,水位 22.13 m,水库按设计调度方案,维持闸门全开,控制出库流量不大于入库流量。根据广东省上报,19 日,潖江蓄滞洪区踵头围、独树围开始进水,相应江口圩水位 20.34 m;飞来峡水库库区波罗坑防护片开始进水。

支流武江乐昌峡水库从 19 日 12 时开始减少出库拦蓄洪水,入库洪水于 19 日 15 时达到最大 1 420 m^3/s 后处于退水段,于 20 日 2 时达到最高 148.47 m,至 20 日 8 时水位回落至 148.22 m,本场洪水乐昌峡水库拦蓄洪水 0.50 亿 m^3(含预泄腾空 380 万 m^3),当时水位已超汛限水位 144.50 m,为尽量减轻库区淹没风险,后续计划结合水情预报,加大出库腾空库容,使水位尽快回落至汛限水位;支流锦江水库 20 日 8 时水位涨至 134.90 m,当时入库流量已回落处于退水段,水库继续控制出库不大于入库,拦蓄洪水;支流乳源河南水水库 20 日 8 时水位涨至 215.30 m,入库洪水仍处于涨水段,水库继续按不大于 80 m^3/s 控制出库,拦蓄洪水;支流连江锦潭水库入库流量已回落,当时处于退水段,为保证工程安全,水库加大出库流量,当时水位回落至 226.07 m。

至 6 月 21 日 8 时,根据最新水情滚动预报,石角站预报洪峰进一步增大至 20 000 m^3/s,将超过石角站安全泄量 19 000 m^3/s,峰现时间较前一日预报结果进一步推迟至 22 日 8 时。北江洪水量级达到历年实测最大,防洪形势进一步严峻。

飞来峡水库入库流量已于 20 日 22 时达到 16 000 m^3/s,按设计调度方案,水库开始按 15 000 m^3/s 控泄出库。当时(21 日 8 时),飞来峡水库入库流量 16 300 m^3/s,控制出库流量 15 300 m^3/s,水位涨至 22.81 m(已达到库区波罗坑防护片启用水位 22.50 m)。根据广东省上报,飞来峡水库库区波罗坑防护片于 21 日 13 时启用,相应英德站水位 34.74 m。

石角站流量 16 800 m^3/s,相应水位 11.52 m,低于北江大堤保证流量和水位。考虑到飞来峡水库入库及石角站流量、库区英德站及下游潖江蓄滞洪区江口圩站水位仍处于上涨阶段,洪水仍有进一步增大的可能,为保障下游石角站流量不超安全泄量 19 000 m^3/s,结合流域防洪形势,建议采用的防御措施包括:优化飞来峡水库、潖江蓄滞洪区调度方式,共同削减北江石角站洪峰,做好飞来峡水库库区可能淹没范围群众的转移,强化北江干流及重要支流堤防巡查防守,确保防洪安全。其中,飞来峡水库流量达到 18 000 m^3/s 时即按 18 000 m^3/s 控泄,潖江蓄滞洪区启用大厂围分洪,经分析,对石角站削峰效果在 400~600 m^3/s。

3)洪水后期——西、北江退水过程

6 月 22 日,根据水情滚动预报,本轮洪水西、北江即将进入退水阶段。根据最新水情预报,对调度方案进行调整优化。

(1)西江水库群。考虑发电负荷,龙滩水库 6 月 22、23 日继续按照出库流量不超 2 500 m^3/s 控制,计划 6 月 24 日 8 时起按日均出库流量不低于 3 000 m^3/s 控制。岩滩水库从 6 月 23 日 8 时起恢复发电调度。6 月 22 日 17 时起,大化水库、乐滩水库、西津水库恢复正常发电调度。随着西江梧州站、北江石角站出峰回落,大藤峡水库圆满完成拦洪削峰任务,接下来逐步将库水位降至汛限水位以下运行,腾出库容迎接下次洪水。西江第 4 号洪水水库调度方案决策过程如图 6-8 所示。

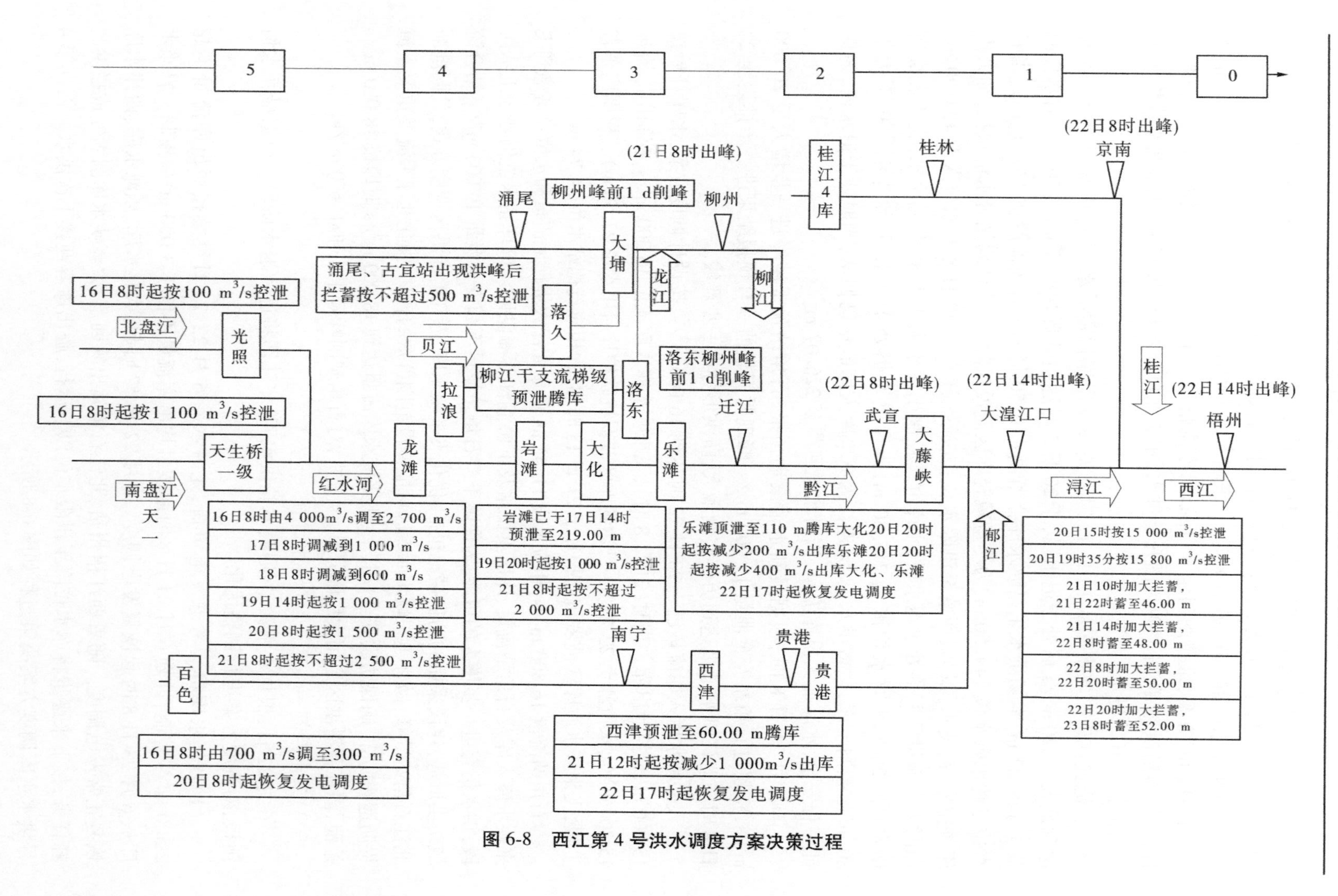

图 6-8　西江第 4 号洪水调度方案决策过程

(2)北江水库群。飞来峡水库入库已于6月22日2时涨至18 000 m^3/s,按珠江水利委员会调度建议,水库开始按17 000 m^3/s 控泄出库,8时入库涨至19 000 m^3/s,水库开始按18 000 m^3/s 控泄出库,水库坝前水位为24.47 m。根据广东省上报,22日3—7时,潖江蓄滞洪区大厂围、江嘴围、下岳围相继启用,22日5时江口圩水位达到最高21.59 m,此后缓慢下降。

至6月22日12时,石角站流量达到最大18 500 m^3/s,未超过北江大堤安全泄量19 000 m^3/s;飞来峡水库入库流量在23日0时涨至19 900 m^3/s,出库流量在22日13—16时最大达到18 800 m^3/s,后根据入库流量及水雨情预报,飞来峡水库按18 300 m^3/s 控泄,水库水位23日5时达到最高26.82 m。

乐昌峡水库入库洪水于22日0时达到最大2 240 m^3/s 后处于退水段,水库按出库不大于入库拦蓄洪水,23日1时水位涨至最高153.25 m,为减少库区淹没风险及工程安全,结合雨水情预报,计划水库加大出库腾库,本场洪水过程乐昌峡水库共计拦蓄洪水0.94亿 m^3;锦江水库当时水位涨至135.71 m,当时入库流量已回落处于退水段,水库继续控制出库不大于入库,拦蓄洪水,本场洪水过程锦江水库共计拦蓄洪水0.29亿 m^3;南水水库23日8时水位涨至218.44 m,水库继续按不大于80 m^3/s 控制出库,拦蓄洪水,本场洪水过程南水水库共计拦蓄洪水1.96亿 m^3;连江锦潭水库当时水位227.53 m,本场洪水过程锦江水库共计拦蓄洪水0.34亿 m^3。

此后,本轮洪水进入退水期。

4. 调度效果

1) 西江洪水调度效果

经统计,通过西江干支流水库群联合调度共计拦蓄洪水38.0亿 m^3,见表6-23;削减梧州站洪峰6 000 m^3/s 以上,降低梧州河段水位1.80 m,如图6-9所示,有效减轻了西江中下游沿线防洪压力。调度后,降低珠江三角洲西江干流水位0.40 m,在思贤滘增加北江过西江流量800 m^3/s,降低珠江三角洲北干流水位0.33 m,将西江干流及珠江三角洲洪水全线削减到堤防防洪标准以内。

表6-23 西江第4号洪水期间水库拦蓄统计

河流	水库	拦蓄洪量/亿 m^3	削峰量/(m^3/s)	削峰率/%
西江中上游	天生桥一级	1.00	540	34
	光照	0.70	400	67
	龙滩	15.50	4 400	90
	岩滩	2.30	2 000	65
	大化	0.30	500	19
	乐滩	0.40	800	29
黔江	大藤峡	7.00	3 500	14

续表 6-23

河流	水库	拦蓄洪量/亿 m³	削峰量/(m³/s)	削峰率/%
郁江	百色	0.80	200	22
	西津	1.60	900	45
柳江	红花	2.00	600	4
	麻石	0.18	1 800	29
	浮石	0.38	600	6
	大浦	0.23	600	9
	落久	0.35	400	67
	洛东	0.16	200	18
桂江	青狮潭	1.40	1 600	89
	川江	0.40	700	88
	斧子口	0.90	1 350	96
	小溶江	0.70	700	78

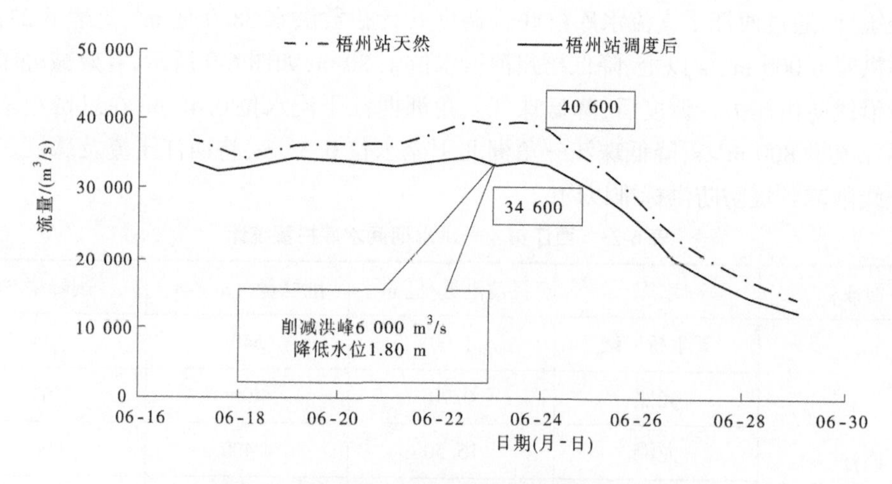

图 6-9　西江第 4 号洪水梧州站调度前后过程

2)北江水库调度效果

北江第 2 号洪水期间,石角站洪峰流量 18 500 m³/s,未超过石角站安全泄量 19 000 m³/s。飞来峡水库根据预报水情提前组织预泄,在洪水到来前的 18 日凌晨将水位降至死水位 18.00 m,有效减少了 6 月 19、20 日滞洪过程中库区临时淹没,并按设计调度规则于 21 日启用库区波罗坑防护片,22 日 5 时开始按 18 000~18 800 m^3/s 控泄出库,同时启用潖江蓄滞洪区蓄滞洪水,将石角站洪峰流量控制在安全泄量 19 000 m^3/s 以下,保障了北江大堤及广州、佛山等市的防洪安全。

北江第 2 号洪水期间,飞来峡水库预泄腾空库容 0.14 亿 m^3,拦蓄洪水 5.69 亿 m^3,干支流其他水库共计拦蓄洪量 3.53 亿 m^3,情况见表 6-24。北江干流控制站石角站调度前后过程如图 6-10、图 6-11 所示。通过北江水库群联合调度,削减韶关站洪峰流量 1 020 m^3/s,降低水位 0.83 m。北江干流石角站洪峰 2 200 m^3/s 以上,降低水位 0.84 m。

表 6-24 北江第 2 号洪水期间水工程拦蓄统计

水库	削减流量/(m^3/s)	削峰率/%	拦蓄洪量/亿 m^3
乐昌峡	1 710	60	0.94
湾头	0	0	0
南水	998	93	1.96
锦江	572	49	0.29
锦潭	425	97	0.34
飞来峡	1 600	8	5.69
潖江	700		3.08(滞洪量)

3)西、北江水库群联合调度效果

西江第 4 号洪水和北江第 2 号洪水同期发生,过程中根据雨水情预报及防汛形势及时优化调整调度方案,西江调用龙滩、百色、天生桥一级等流域大型水库拦蓄洪水,调用岩滩、落久、西津、青狮潭等水库错峰,适时使用大藤峡水库精准拦蓄,减轻西江中下游防洪压力。随着防汛形势急转直下,西江洪水比预报偏小,北江洪水发展成特大洪水,调度方案调整为:调度西江骨干水库群拦蓄西江来水尽可能错开北江洪峰,为北江洪水宣泄提供空间和时间;调度北江乐昌峡、南水等干支流水库拦洪错峰,视情况利用飞来峡水库、潖江蓄滞洪区等北江中下游工程拦洪、滞洪,尽可能减轻中下游地区防洪压力。

西江水库群优化调度后,西江洪水传播至三角洲西滘口的峰现时间比北江洪水传播至北滘口峰现时间晚 1 d,避免了西、北江洪峰遭遇;西、北江水库联合调度后,削减思贤窖洪峰流量 6 200 m^3/s,降低珠江三角洲西干流水位 0.40 m,降低珠江三角洲北干流水位 0.33 m,思贤滘断面流量北过西现象明显,为北江洪水宣泄提供了空间和时间,同时将珠江三角洲洪水全线削减到堤防防洪标准以内。

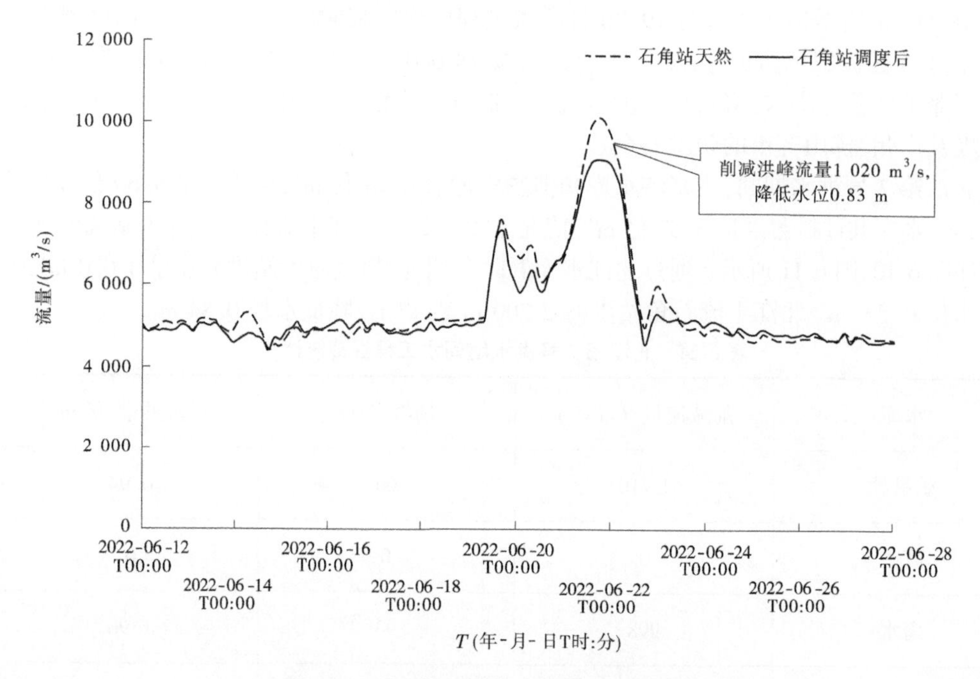

图 6-10 北江第 2 号洪水韶关站调度前后过程

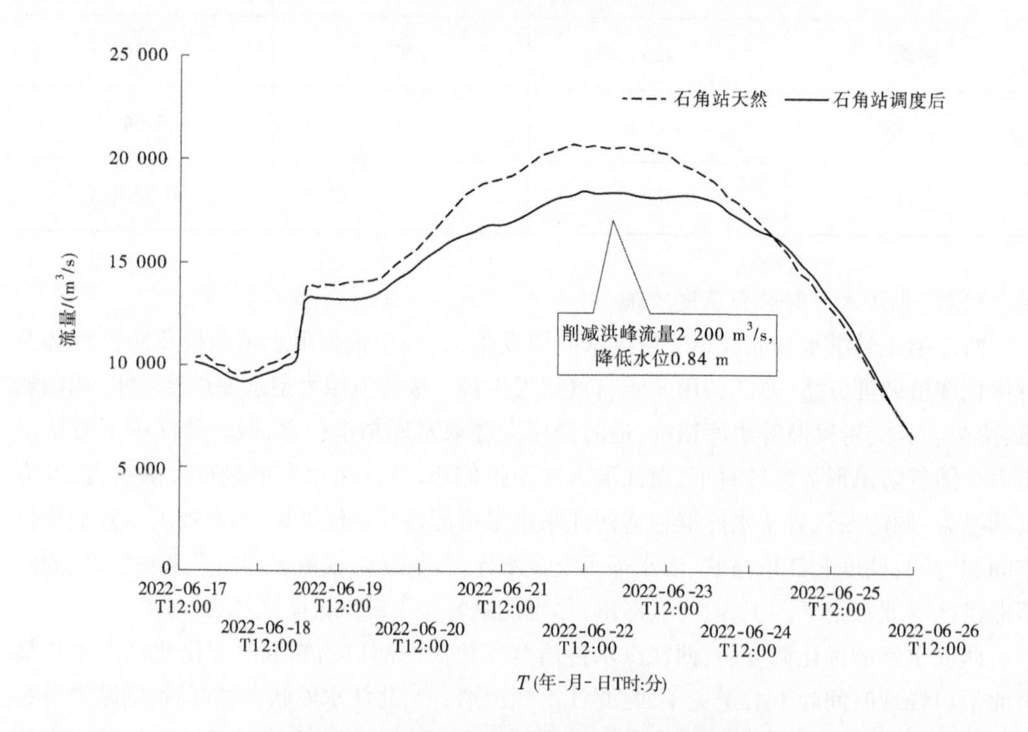

图 6-11 北江第 2 号洪水石角站调度前后过程

6.1.2.5　北江第3号洪水调度

1. 洪水过程

受7月1—7日降雨影响,北江中下游干流、北江中游支流连江、滃江出现明显洪水过程。7月5日7时35分,北江干流石角站实测流量12 000 m^3/s,达到水利部《全国主要江河洪水编号规定》标准,编号为“2022年北江第3号洪水”。北江第3号洪水主要控制站洪峰特征值统计见表6-25。

表6-25　北江第3号洪水主要控制站洪峰特征值统计

站名	洪峰水位			洪峰流量	
	洪峰水位/m	出现时间	超警/m	洪峰流量/(m^3/s)	出现时间
犁市	60.21	7月4日7时	-0.79	2 640	7月4日8时
新邵	55.08	7月5日1时	-2.42	1 860	7月5日8时
韶关	53.31	7月6日0时	0.31	—	—
滃江	102.30	7月5日21时	1.30	3 040	7月5日21时
英德	32.25	7月6日6时	6.25	—	—
高道(昴坝)	30.85	7月5日21时	—	6 680	7月5日21时
飞来峡入库	—	—	—	13 500	7月6日9时
大庙峡	48.15	7月4日16时	-1.85	560	7月4日16时
石角	10.30	7月6日22时	-0.70	14 000	7月6日22时

北江支流滃江滃江站7月5日21时出现洪峰流量3 040 m^3/s,重现期超20年一遇(2 960 m^3/s);连江高道(昴坝)站7月5日21时出现洪峰流量6 680 m^3/s,重现期超20年一遇(6 390 m^3/s);干流英德站7月6日9时出现洪峰水位32.25 m,超警戒水位6.25 m;飞来峡水库7月6日9时出现最大入库流量13 500 m^3/s;石角站7月6日22时出现洪峰流量14 000 m^3/s,洪峰水位10.30 m(警戒水位11.00 m)。

石角站次洪水量81.4亿m^3,洪水主要来源于连江、新邵-犁市-滃江-高道(昴坝)至飞来峡水库区间,次洪水量分别为32.4亿m^3、23.3亿m^3,分别占石角站次洪水量的39.7%、28.6%,其中滃江站、高道(昴坝)站、大庙峡站的次洪水量比例均超过其面积比,见表6-26。

表 6-26　北江第 3 号洪水干支流主要站特征值统计

河名	站名	次洪水量/亿 m³	占石角次洪水量比例/%	占石角集水面积比例/%	流量/(m³/s)	
					最大值	出现时间
浈江	新韶	7.9	9.7	19.7	1 860	7月5日8时
武江	犁市	8.9	11.0	18.2	2 640	7月4日8时
滃江	滃江	4.5	5.5	5.2	3 040	7月5日21时
连江	高道(昂坝)	32.4	39.7	22.4	6 680	7月5日21时
新邵-犁市-滃江-高道(昂坝)至飞来峡水库区间		23.3	28.6	23.4	—	—
北江	飞来峡入库	76.9	94.4	88.9	13 500	7月6日9时
北江	飞来峡出库	76.4	93.8	88.9	12 500	7月5日13时
潖江	大庙峡	1.4	1.7	1.3	560	7月4日16时
滨江	珠坑	3.2	3.9	4.4	1 330	7月4日5时
飞来峡水库-大庙峡-珠坑至石角区间		0.4	0.5	5.4	—	—
北江	石角	81.4	—	—	14 000	7月6日22时

2. 调度思路

7 月 3 日以来，珠江流域北江水系受台风“暹芭”影响出现持续性较大范围降雨过程。受降雨影响，北江中下游干流及北江中游支流连江、滃江再次出现明显洪水过程，形成北江第 3 号洪水。

在北江第 2 号洪水期间，菠萝坑、连江口防护片水毁堤段及潖江蓄滞洪区独树、踵头、大厂等围漫溃堤段还未来得及采取修复措施，根据当前洪水和预测后续降雨情况，结合流域防洪工程实际情况，建议采用的防御措施主要包括，根据北江来水预测适时调用飞来峡水库精准拦蓄洪水，尽量减轻下游潖江蓄滞洪区防洪压力，为滞洪区人员转移预留出宝贵时间，同时视干支流洪水遭遇情况调用乐昌峡、南水、锦江、锦潭等水库错峰，减小飞来峡水库入库洪水。

3. 调度决策过程

1)7 月 4 日洪水应对方案

7 月 4 日，根据当日最新水情滚动预报结果，石角站出峰时间为 5 日 20 时，洪峰流量为 13 600 m³/s，和 3 日预报结果相比，峰现时间不变，洪峰增大 4 800 m³/s。

当时(4日8时)飞来峡水库水位23.91 m,由于北江第2号洪水期间,下游潖江蓄滞洪区进行了破堤滞洪,水毁工程目前还未修复完成。因此,为尽量减小对下游潖江蓄滞洪区的影响,飞来峡水库从4日0时起按5 500 m^3/s控泄拦蓄,当时飞来峡入库流量7 000 m^3/s,出库流量5 400 m^3/s,后续视库区淹没影响及下游防洪压力适时调整出库。

武江乐昌峡水库当时水位141.51 m,低于汛限水位144.50 m,乐昌峡入库洪水自4日凌晨开始起涨,当时入库流量达到560 m^3/s,鉴于减小飞来峡水库入库的需要,乐昌峡水库从4日8时开始拦蓄武江洪水,出库流量按不超过1 000 m^3/s控制;浈江锦江水库当时库水位134.96 m,低于汛限水位135.00 m,由于锦江水库后期来水较小,后期维持在汛限水位运行;乳源河南水水库当时水位219.06 m,当时入库流量499 m^3/s,后期水库按不大于400 m^3/s控制出库;连江锦潭水库当时水位229.91 m,当时入库流量223 m^3/s,水库按不大于12 m^3/s控制出库,继续拦蓄洪水。

2)7月5日洪水应对方案

7月5日,根据当日最新水情滚动预报结果,石角站将于6日14时左右出现洪峰,洪峰流量为14 000 m^3/s,和4日预报结果相比,峰现时间推迟18 h,洪峰增加400 m^3/s,此后处于退水阶段。

当时(5日8时)飞来峡水库入库流量11 500 m^3/s,出库流量11 800 m^3/s,库水位26.42 m,飞来峡水库已基本按出入库平衡进行运行,鉴于5、6日石角站仍处于涨水阶段,为尽量减小洪水对下游潖江蓄滞洪区的影响,6日凌晨2时至14时飞来峡按入库流量减小1 500 m^3/s左右进行拦蓄,控制最高水位不超27.00 m运行,之后按11 800 m^3/s出库,尽快降低库水位。

武江乐昌峡水库当时(5日8时)水位149.41 m,后继续按出库流量不超过1 000 m^3/s拦蓄武江洪水,此后退水阶段按不超过1 000 m^3/s出库,尽快将水位降低至汛限水位;浈江锦江水库当时水位135.32 m,继续按出入库平衡运行;乳源河南水水库当时水位219.21 m,已进入退水阶段,后期水库继续按不大于400 m^3/s出库,尽快将水位降低至汛限水位运行;连江锦潭水库当时水位228.81 m,低于汛限水位219.00 m,水库继续按不大于12 m^3/s控制出库拦蓄洪水。

3)7月6日洪水应对方案

7月6日,根据当日最新水情滚动预报结果,石角站将于6日20时左右出现洪峰,洪峰流量为14 000 m^3/s,和5日预报结果相比,峰现时间推迟6 h,洪峰未增加,此后处于退水阶段。

当时(6日8时)飞来峡水库入库流量13 400 m^3/s,出库流量11 700 m^3/s,削减出库流量1 700 m^3/s,库水位26.81 m。后续飞来峡继续按入库流量减小1 500 m^3/s左右进行拦蓄,当退水段飞来峡水库入库流量小于12 000 m^3/s以后飞来峡水库按11 800 m^3/s出库,尽快将库水位降低至汛限水位。

4.调度效果

北江第3号洪水石角站实测洪峰流量14 000 m^3/s,不足10年一遇,远低于石角断面安全泄量 19 000 m³/s。飞来峡水库根据预报水情，在洪水到来前提前腾库，洪水期间适时精准拦蓄洪水，有效减轻了下游潖江蓄滞洪区防洪压力，同时也有效避免了水库滞洪过程中库区临时淹没，库区未启用防护片。

北江第 3 号洪水期间，飞来峡水库预泄腾空库容 0.31 亿 m³，拦蓄洪水 3.70 亿 m³，干支流其他水库共计拦蓄洪量 1.18 亿 m³，情况见表 6-27。北江干流控制站石角站调度前后过程如图 6-12 所示。通过北江水库群联合调度，削减北江干流石角站洪峰 1 100 m³/s 以上，降低水位 0.48 m。

表 6-27　北江第 3 号洪水期间水库拦蓄统计

水库	削减流量/(m³/s)	削峰率/%	拦蓄洪量/亿 m³
乐昌峡	740	43	0.68
湾头	0	0	0
南水	320	44	0.32
锦江	0	0	0
锦潭	210	95	0.18
飞来峡	1 800	13	3.70

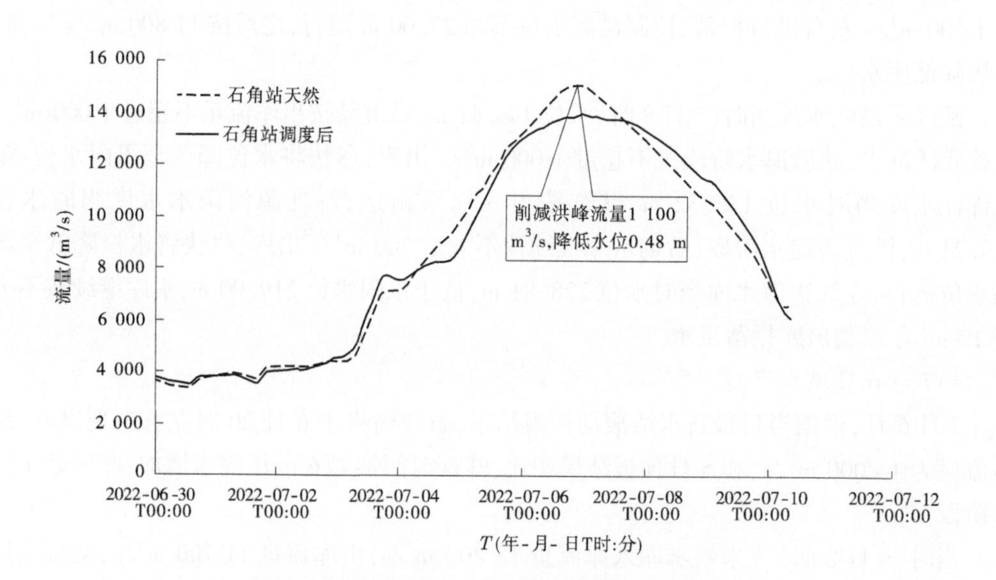

图 6-12　北江第 3 号洪水石角站调度前后过程

6.2　洪水调度成效

各轮强降雨期间,珠江水利委员会根据实时水雨情重点实时分析北江两岸淹没情况、飞来峡库区淹没情况及珠江三角洲河网区实际情况,研究制订洪水调度方案,科学统筹防洪、发电、航运等效益,精准拦洪错峰,精细实施珠江流域水库群联合调度,全线削减西江、北江干流各控制站洪峰流量,有效降低西、北江中下游水位,减轻西、北江中下游防洪压力,有效减轻了洪水灾害损失,成功防住了新中国成立以来编号洪水数量最多的 8 次编号洪水,特别是仅次于 1915 年的北江第 2 号特大洪水。

6.2.1　西江调度效果

通过西江中上游水库群联合调度,西江第 1 号洪水期间,共计拦蓄洪水 38.5 亿 m^3,全线削减西江干流各控制站洪峰流量 4 800 m^3/s 以上,平均降低水位 1.20 m;西江第 2 号洪水期间,共计拦蓄洪水 19.6 亿 m^3,削减西江干流梧州洪峰 5 000 m^3/s 以上,降低水位 1.50 m;西江第 3 号洪水期间,共计拦蓄洪水 12.90 亿 m^3,削减西江干流梧州洪峰 2 500 m^3/s 以上,降低水位 0.90 m;西江第 4 号洪水期间,共计拦蓄洪水 36.3 亿 m^3,削减梧州站洪峰 6 500 m^3/s,降低梧州河段水位 1.80 m,有效减轻了西江中下游沿线防洪压力,确保了流域、重点区域和重要基础设施防洪安全。西江控制站梧州站调度前后洪水过程线见图 6-13。

6.2.2　北江调度效果

通过北江干支流水工程联合调度,北江第 1 号洪水期间,共计拦蓄洪水 2.48 亿 m^3,削减北江干流石角站洪峰 200 m^3/s,降低水位 0.40 m;北江第 2 号洪水期间,共计拦蓄洪水 9.22 亿 m^3,削减北江干流石角站洪峰 2 200 m^3/s 以上,降低水位 0.84 m;北江第 3 号洪水期间,共计拦蓄洪水 4.88 亿 m^3,削减北江干流石角站洪峰 1 100 m^3/s 以上,降低水位 0.48 m。北江控制站石角站调度前后洪水过程线见图 6-14。

6.2.3　珠江三角洲调度效果

西江第 3 号洪水和北江第 1 号洪水同期发生,形成流域较大洪水,西、北江水库联合调度后,削减思贤窖断面洪峰流量 2 300 m^3/s;西江第 4 号洪水和北江第 2 号洪水同期发生,西江水库群优化调度后,西江洪水传播至三角洲西滘口的峰现时间比北江洪水传播至北滘口峰现时间晚 1 d,避免了西、北江洪峰遭遇;西、北江水库联合调度后,削减思贤窖断面洪峰流量 6 200 m^3/s,降低珠江三角洲西干流水位 0.40 m,降低珠江三角洲北干流水位 0.33 m,思贤滘断面流量北过西现象明显,为北江洪水宣泄提供了空间和时间,同时将珠江三角洲洪水全线削减到堤防防洪标准以内。三角洲思贤滘断面调度前后洪水过程线见图 6-15。

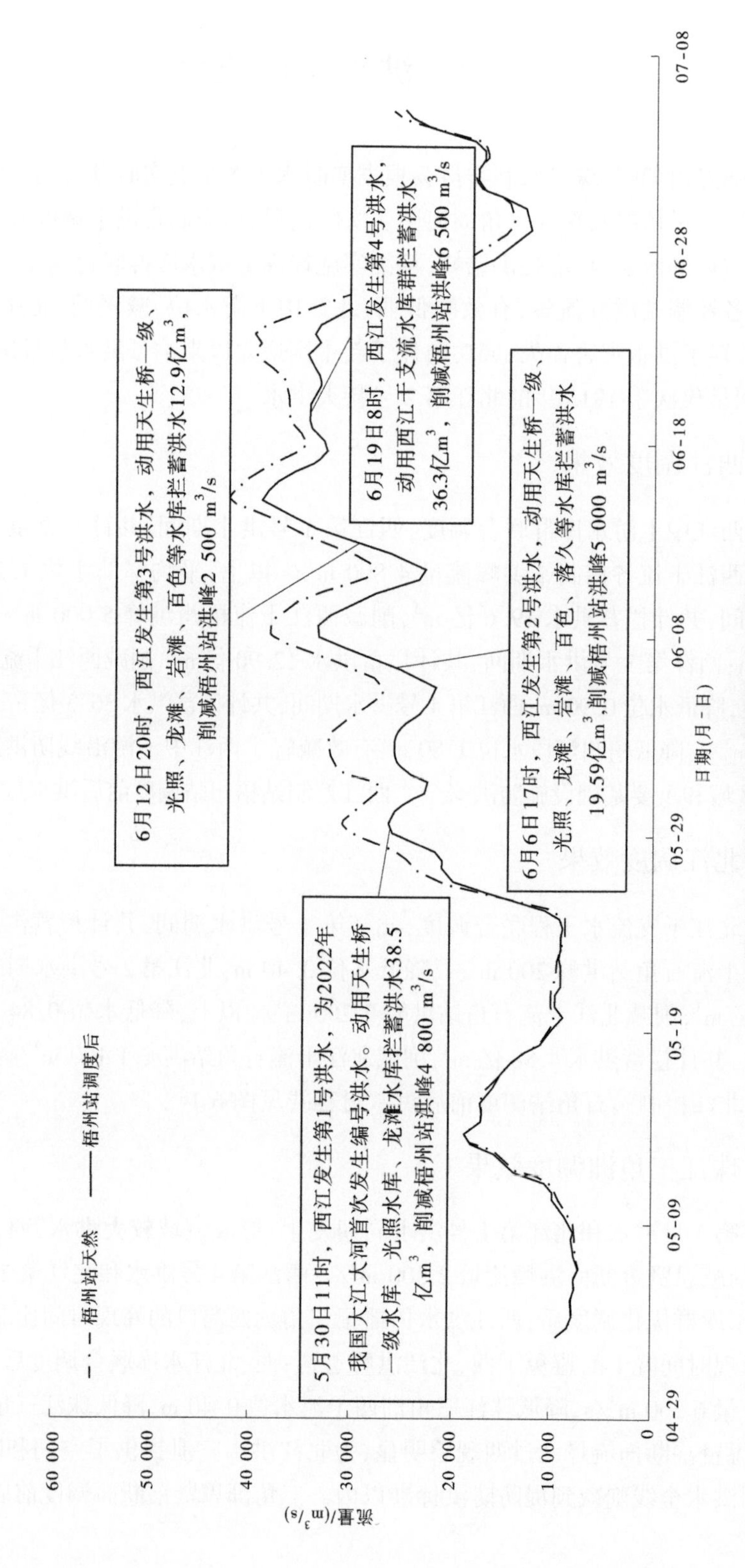

图6-13 西江梧州站调度前后过程线

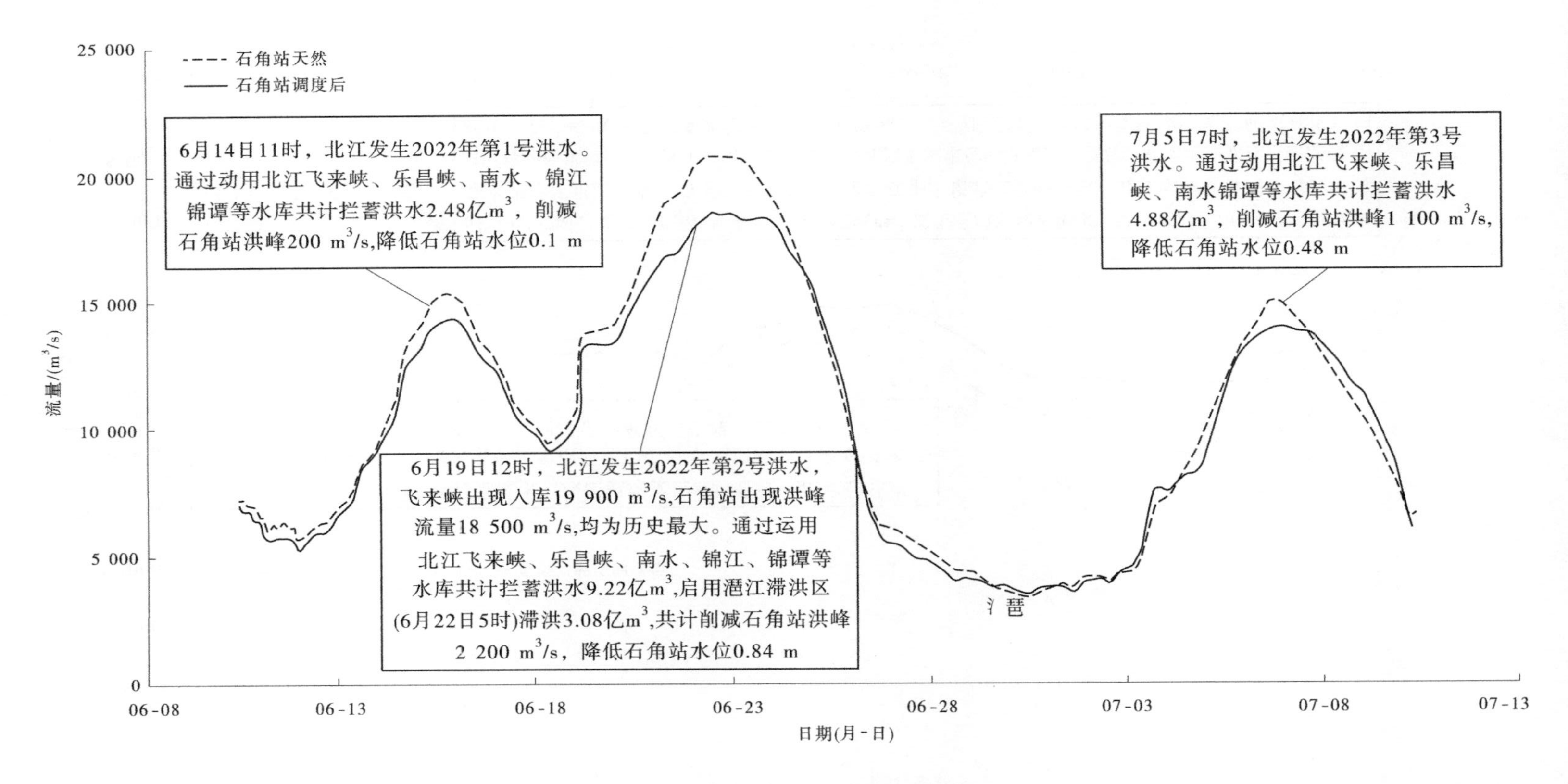

图 6-14 北江石角站调度前后过程线

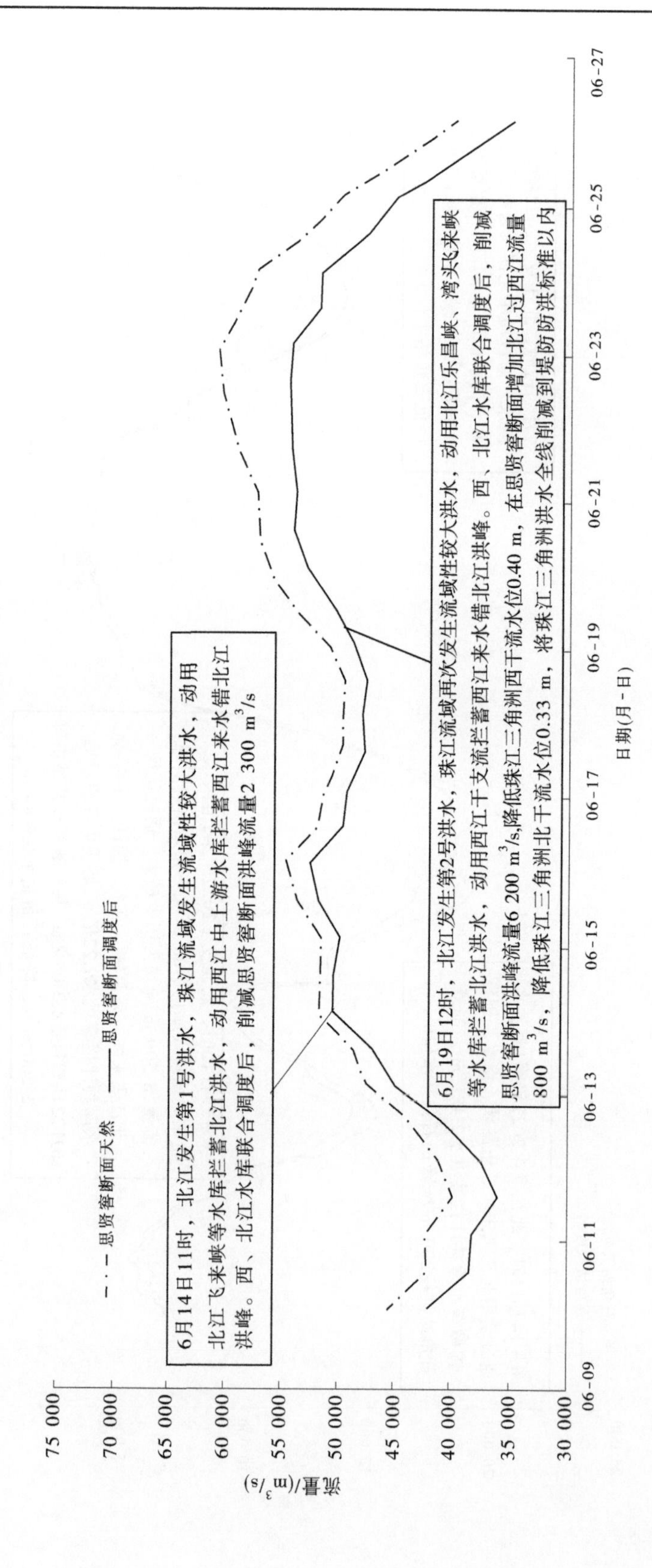

图 6-15　三角洲思贤滘断面调度前后过程线

第7章 主要成果及结论

珠江是我国径流量第二大河流,珠江防洪安全关系到流域广大地区人民生命财产安全和经济社会发展,涉及我国经济发达、人口密集的粤港澳大湾区的防洪安全。为治理珠江水患、开发利用水资源,珠江流域相继建成了一批大中型水库,为充分发挥这些分散在干、支流的水库相互协作、共同调节径流的整体作用,实现防洪、发电、航运、生态、供水等任务之间协调、统一的调度运用,是从根本上解除珠江水患、高效利用水资源,走生态优先、绿色发展之路,支撑珠江-西江经济带,粤港澳大湾区建设,造福亿万人民的重大课题。

珠江水库群拓扑关系复杂、防洪保护对象众多且标准不一、防洪协同调度难度较大,亟须攻克洪水遭遇规律、归槽设计洪水、多区域多目标协同优化调度等关键技术难题。本次研究依托珠江流域防洪调度实践,历经十余年产学研用,取得了一系列突破,研究成果在多年的珠江流域水库群防洪调度中得到了很好的应用,取得了显著的社会效益和经济效益,研究成果具有良好的实用性。

7.1 主要成果

(1)揭示了珠江流域干支流洪水遭遇规律。

利用长系列暴雨、洪水资料,定量分析了珠江流域干支流洪水遭遇风险,揭示了珠江流域遭遇概率高的洪水类型主要有3类:西江水系支流柳江与干流红水河易发生洪水遭遇形成黔江干流大洪水,干流黔江与支流郁江洪水遭遇易形成浔江干流大洪水,此外,西、北江洪水遭遇易造成西、北江三角洲大洪水。支流柳江作为西江的暴雨高值区,洪水峰高量大,在组成黔江干流武宣洪水峰量中,占比远大于流域面积占比,占主导地位。在浔江干流大湟江口的洪水组成中,黔江武宣洪水占主导地位,且洪水历时越短,武宣所占的比例越大,随着时间的增加,支流郁江贵港所占的比例逐渐增大,从另一个方面说明了郁江贵港段以下洪水受黔江洪水顶托明显。西江与北江大洪水遭遇的概率较大,易形成流域性大洪水,且遭遇呈现越加频繁的趋势。

(2)创建了流域设计洪水计算的新方法,提出了珠江主要控制站点归槽设计洪水分析方法和成果。

创建了珠江流域西、北江水系归槽洪水计算方法,提出了主要控制站点的归槽(部分归槽)设计洪水成果。浔江与西江两岸历史上多为洪泛区,1994年西江流域连续发生两次大洪水后,浔江河道两岸堤防陆续得到全面加高培厚,沿江两岸的防洪能力得到了比较大的提高,洪水归槽现象明显,同时也改变了原天然河道的洪水汇流特性,使得河道对洪水的槽蓄能力减弱,1998 年大洪水过程中,沿江堤防较少溃决,洪水基本全归槽。北江干流横石—石角水文站之间包括滘江天然蓄滞洪区和大燕河,遇较大洪水即发生堤围溃决、天然分洪滞洪现象,使控制站石角站洪水资料的一致性受到影响。针对以上难题,提出了珠江流域归槽洪水概念及推演方法,确定了西江、北江主要控制站点的归槽设计洪水成果。

洪水归槽下泄是随着堤防工情等变化的不稳定现象(堤防工程逐年加高加固),涉及的因素很多,可假定堤防在任何洪水条件下都不溃决,即洪水全部归槽下泄,求最极端情况的全归槽设计洪水。西江、北江水系控制断面归槽洪水的推求均采用马斯京根法,根据实际发生的典型归槽洪水和出槽洪水推演河道汇流参数,并根据参数对出槽洪水进行归槽计算,最后根据归槽洪水系列做频率分析得到归槽设计洪水。

提出了西江控制站梧州站,北江控制站石角站归槽(部分归槽)设计洪水成果。依据各站实测洪水(不出槽年份)、历史洪水调查和归槽洪水(出槽年份洪水作归槽计算),采用频率分析方法计算各站归槽设计洪峰、洪量。西江控制站点部分归槽设计洪水根据归槽设计洪水,采用直线插值法或按溃堤面积插值法计算部分归槽设计洪水。北江控制站点部分归槽设计洪水则依据实测洪水(不出槽年份)、历史洪水调查和部分归槽洪水(出槽年份洪水作部分归槽计算),采用频率分析方法,提出了石角站部分归槽设计洪峰、洪量。

(3)创建了珠江流域大型水库群多目标多区域协同优化调度模式。

建立了珠江流域水库群联合防洪调度模型。按照珠江流域联合防洪调度总体布局、水库位置及洪水地区组成,通过各水库群组的防洪作用和调节能力,按照大系统协调的理论和思路,将流域水库群分为 1 组骨干水库群和 6 个群组水库。骨干水库为龙滩水库、大藤峡水库和飞来峡水库,水库群组分别为西江中上游水库群、郁江水库群、桂江水库群、柳江水库群、北江中上游水库群、东江水库群。按照水库群的防洪任务和重要防洪对象多区域分布属性,各水库群在珠江流域多区域协同防洪调度格局中的定位不同,其中骨干水库在其他水库群组的配合下,保障干流沿程重要城市的防洪安全。其他各群组水库通过自身的防洪调度,减轻所在支流下游的防洪压力,减少进入骨干水库的洪量。珠江流域水库群多区域协同防洪调度模型包括本流域单一目标调度、不同防洪目标间的区域协同调度方式,以及保障珠江流域整体防洪安全总体协调层。模型功能结构分为多区域协同防洪对象分解、调度水库选择、防洪控制条件、嵌套式多区域协同防洪调度、防洪调度效果评价 5 个模块。

创立了珠江流域水库群多目标多区域协同优化调度方式。珠江流域防洪对象的多地性和多目标性,统筹干支流、上下游防洪关系,提出了多区域多目标的水库群协同调度方式。西江干支流水库群协同优化调度能全面提高对流域中下游的防洪作用。

(4)创建了基于风险控制的珠江流域洪水实时滚动预报调度模式。

针对现状雨水情中长期预测预报精度相对较低的实际情况,为降低实时调度风险,珠江流域首次提出“长短结合、逐步优化”的实时调度风险控制策略。按照“宏观计划、动态调节、节点控制”的原则,在调度前期根据中长期水文预报、考虑防汛形式及水库长期运行效益,提出整个调度期水库运行控制方案,实现对整个调度过程的宏观控制;在具体实施过程中再根据水情、工情的动态更新对调度方案进行滚动优化,得到具体实施的调度方案。长期调度是短期调度的宏观控制,短期调度是长期调度的安全保障,"长短结合"保障调度的有序安全运行。

7.2 结 语

历经十多年的持续研究和实践应用,珠江流域防洪调度关键技术日臻成熟,研究成果科学合理,可切实提高珠江流域特别是下游粤港澳大湾区的防洪安全保障能力,明显改善流域水生态环境、航运条件,显著提升珠三角地区粤港澳大湾区的供水保障能力,明显提高水库发电效益,具有显著的社会环境效益和工程推广价值。

在全球气候变化、极端天气频发的大背景下,水行政主管部门对水旱灾害防御提出了更高的要求。另外,随着水文预测预报、数字孪生等领域新技术的不断发展,水利科技的发展进程将大大加快,未来,流域防洪调度将进一步与信息化、数字化等新技术、新学科融合,向技术科学化、决策智能化的方向迈进。

参考文献

[1] 水利部珠江水利委员会.珠江流域防洪规划[R].2008.
[2] 水利部珠江水利委员会. 珠江流域防洪规划简要报告[R].2005.
[3] 水利部珠江水利委员会.2022 珠江流域水工程联合调度运用计划[R].2022.
[4] 水利部珠江水利委员会.珠江流域综合规划(2012—2030 年)[R].2012.
[5] 水利部珠江水利委员会.2021 年度珠江超标洪水防御预案[R].2021.
[6] 水利部珠江水利委员会.迎战珠江流域罕见水旱灾害纪实-上册. 防洪篇[M].北京:中国水利水电出版社,2022.
[7] 张勇传.水电站经济运行原理[M].北京:中国水利水电出版社, 1998.
[8] 陈森林.水电站水库运行与调度[M]. 北京:中国电力出版社, 2008.
[9] 魏山忠,等.长江巨型水库群防洪兴利综合调度研究[M]. 武汉:长江出版社, 2016.
[10] 王俊,郭生练、丁胜祥,等.三峡水库汛末提前蓄水关键技术与应用[M]. 武汉:长江出版社, 2012.
[11] 张勇传.系统辨识及其在水电能源中的应用[M]. 武汉:湖北科学出版社, 2007.
[12] 周之豪,沈曾源,施熙灿. 水利水能规划[M].北京:中国水利水电出版社,1997.
[13] 丁伟.水库汛期防洪与兴利协调控制模型及应用研究[D]. 大连:大连理工大学, 2016.
[14] 覃晖.流域梯级电站群多目标联合优化调度与多属性风险决策[D].武汉:华中科技大学, 2011.
[15] 刘永琦,李浩玮,侯贵兵,等. 西江流域水库群多目标统筹调度策略与思考[J]. 中国水利,2022(22):43-46.
[16] 白涛,刘夏,张明,等.考虑不同压咸等级的西江水库群多目标调度[J].水力发电学报,2021,40(2):42-52.
[17] 李赫,赵燕,米玛次仁,等.西江上游水库群联合蓄水优化调度研究[J].水电能源科学,2020,38(6):30-33,79.
[18] 张睿,周建中,袁柳,等. 金沙江梯级水库消落运用方式研究[J]. 水利学报,2013,44(12):1399-1408.
[19] 鲍正风,李冉,郭乐.长江三峡水库消落期供水需求调度分析及对策[J].水电与新能源,2014(8):68-71.
[20] 曹瑞,申建建,程春田,等.梯级水库群汛前消落控制多目标优化方法[J].中国电机工程学报,2019,39(12):3465-3475.
[21] 朱锦干,周建中,张勇传.金沙江下游梯级汛前联合消落控制方式研究[J].水电能源科学,2020,38(7):61-64.
[22] 郑雅莲,刘攀,李潇,等.协调发电量及弃水量的水库群汛前消落水位研究[J].中国农村水利水电,2022(5):216-220,226.
[23] 黄锋,侯贵兵,李媛媛,等.基于不同需求的长洲水利枢纽汛期优化调度研究[J].人民珠江,2023,44(1):69-77.
[24] 易灵,卢治文,黄锋,等.红水河龙滩、岩滩梯级水库汛末优化调度策略[J].武汉大学学报(工学版),2020,53(4):303-309.
[25] 胥加仕.2021 年珠江流域抗旱保供水工作实践与启示[J].中国水利,2022(1):8-11.
[26] 田锐. 基于 NSGA-Ⅲ的水库群发电-生态-航运优化调度研究[D].武汉:华中科技大学,2020.

[27] 刘永琦. 考虑径流不确定性的水库群多目标调度规则研究[D]. 武汉:华中科技大学,2021.

[28] 熊艺淞. 径流预报不确定性对西江水库群综合调度效益与风险影响分析[D]. 北京:中国水利水电科学研究院,2018.

[29] 孙波. 珠江流域防汛抗旱减灾体系建设[J]. 中国防汛抗旱,2009,19(S1):165-174.

[30] 易灵,王玉虎,林若兰,等. 变化环境下西北江防洪工程体系面临形势与优化思考[J]. 中国水利,2022(22):25-27,32.

[31] 黄锋,侯贵兵,李媛媛. 珠江流域水工程联合调度方案实践与思考:以 2022 年大洪水为例[J]. 人民珠江,2023,44(5):10-17.

[32] 王永强,周建中,覃晖,等. 基于改进二进制粒子群与动态微增率逐次逼近法混合优化算法的水电站机组组合优化[J]. 电力系统保护与控制,2011,39(10):64-69.

[33] Storn R , Price K . Differential Evolution-A Simple and Efficient Heuristic for global Optimization over Continuous Spaces[J]. Journal of Global Optimization, 1997,11(4):341-359.

[34] Liu Y, Ye L, Qin H, et al. Middle and Long-Term Runoff Probabilistic Forecasting Based on Gaussian Mixture Regression[J]. Water Resources Management,2019,33(5): 1785-1799.

[35] 徐炜. 考虑中期径流预报及其不确定性的水库群发电优化调度模型研究[D]. 大连:大连理工大学,2014.

[36] Windsor J S. Optimization model for the operation of flood control systems[J]. Water Resources Research,1973,9(5):1219-1226.

[37] Kuczera G. Fast multireservoir multiperiod linear programing models[J]. Water Resources Research, 1989,25(2):169-176.

[38] 依俊楠,龚英,刘攀. 基于混合整数线性规划的梯级水电站短期优化调度[J]. 水力发电,2013, 39(10):69-72.

[39] 程春田,郜晓亚,武新宇,等. 梯级水电站长期优化调度的细粒度并行离散微分动态规划方法[J]. 中国电机工程学报,2011,31(10):26-32.

[40] 赵铜铁钢,雷晓辉,蒋云钟,等. 水库调度决策单调性与动态规划算法改进[J]. 水利学报,2012,43(4):414-421.

[41] 冯仲恺,廖胜利,牛文静,等. 梯级水电站群中长期优化调度的正交离散微分动态规划方法[J]. 中国电机工程学报,2015,35(18):4635-4644.

[42] He Z, Zhou J, Qin H, et al. A fast water level optimal control method based on two stage analysis for long term power generation scheduling of hydropower station[J]. Energy,2020, 210:118531.

[43] 畅建霞,黄强,王义民. 基于改进遗传算法的水电站水库优化调度[J]. 水力发电学报,2001(3):85-90.

[44] 陈立华,梅亚东,董雅洁,等. 改进遗传算法及其在水库群优化调度中的应用[J]. 水利学报,2008(5):550-556.

[45] 王文川,徐冬梅,邱林,等. 差分进化算法在水电站优化调度中的应用[J]. 水电能源科学,2009,27(3):162-164.

[46] He Z, Zhou J, Qin H, et al. Long-term joint scheduling of hydropower station group in the upper reaches of the Yangtze River using partition parameter adaptation differential evolution[J]. Engineering Applications of Artificial Intelligence,2019,81:1-13.

[47] 丁根宏,曹文秀. 改进粒子群算法在水库优化调度中的应用[J]. 南水北调与水利科技,2014,12(1):118-121.

[48] 覃晖,周建中,李英海,等. 基于文化克隆选择算法的梯级水电站联合优化调度[J]. 系统仿真学

报,2010, 22(10):2342-2346.
[49] 刘玒玒,汪妮,解建仓,等. 水库群供水优化调度的改进蚁群算法应用研究[J]. 水力发电学报,2015,34(2):31-36.
[50] Marler R T, Arora J S. Survey of multi-objective optimization methods for engineering[J]. Structural and Multidisciplinary Optimization,2004,26(6):369-395.
[51] 汪勇,徐琼,张凌,等. 基于遗传分层序列法的云制造资源优化配置[J]. 统计与决策,2016(20):80-83.
[52] 吴炳方,朱光熙,孙锡衡. 多目标水库群的联合调度[J]. 水利学报,1987(2):43-51.
[53] 林翔岳,许丹萍,潘敏贞. 综合利用水库群多目标优化调度[J]. 水科学进展,1992(2):112-119.
[54] 吴秋明,金琼. 权重法在非线性多目标规划中的应用[J]. 河海大学学报,1988(4):94-103.
[55] 黄志中,周之豪. 防洪系统实时优化调度的多目标决策模型[J]. 河海大学学报,1994(6):16-21.
[56] Mavrotas G. Effective implementation of the ε-constraint method in Multi-Objective Mathematical Programming problems[J]. Applied mathematics and computation,2009,213(2):455-465.
[57] 陈洋波,胡嘉琪. 隔河岩和高坝洲梯级水电站水库联合调度方案研究[J]. 水利学报,2004(3):47-52.
[58] 杜守建,李怀恩,白玉慧,等. 多目标调度模型在尼山水库的应用[J]. 水力发电学报,2006(2):69-73.
[59] 彭杨,纪昌明,刘方. 梯级水库水沙联合优化调度多目标决策模型及应用[J]. 水利学报,2013,44(11):1272-1277.
[60] Zhou A, Qu B, Li H, et al. Multiobjective evolutionary algorithms: A survey of the state of the art[J]. Swarm and Evolutionary Computation,2011,1(1):32-49.
[61] Marler R T, Arora J S. Survey of multi-objective optimization methods for engineering[J]. Structural and Multidisciplinary Optimization,2004,26(6):369-395.
[62] Deb K, Pratap A, Agarwal S, et al. A fast and elitist multiobjective genetic algorithm: NSGA-Ⅱ[J]. IEEE Transactions on Evolutionary Computation,2002,6(2):182-197.
[63] Kim M, Hiroyasu T, Miki M, et al. SPEA2+: Improving the Performance of the Strength Pareto Evolutionary Algorithm 2[C]. 2004.
[64] Coello C A C, Pulido G T, Lechuga M S. Handling multiple objectives with particle swarm optimization[J]. IEEE Transactions on Evolutionary Computation,2004,8(3):256-279.
[65] 王浩,王旭,雷晓辉,等. 梯级水库群联合调度关键技术发展历程与展望[J]. 水利学报,2019,50(1):25-37.
[66] 覃晖,周建中,肖舸,等. 梯级水电站多目标发电优化调度[J]. 水科学进展,2010, 21(3):377-384.
[67] 覃晖,周建中,王光谦,等. 基于多目标差分进化算法的水库多目标防洪调度研究[J]. 水利学报,2009,40(5):513-519.
[68] 白涛,阚艳彬,畅建霞,等. 水库群水沙调控的单-多目标调度模型及其应用[J]. 水科学进展,2016, 27(1):116-127.
[69] 李力,周建中,戴领,等. 金沙江下游梯级水库蓄水期多目标生态调度研究[J]. 水电能源科学,2020, 38(11):62-66.
[70] Trivedi A, Srinivasan D, Sanyal K, et al. A Survey of Multiobjective Evolutionary Algorithms Based on Decomposition[J]. IEEE Transactions on Evolutionary Computation,2017:21(3):440-462.
[71] Zhang Q, Li H. MOEA/D: A Multiobjective Evolutionary Algorithm Based on Decomposition[J]. IEEE Transactions on Evolutionary Computation. 2007,11(6):712-731.

[72] Deb K, Jain H. An Evolutionary Many-Objective Optimization Algorithm Using Reference-Point-Based Nondominated Sorting Approach, Part Ⅰ: Solving Problems With Box Constraints[J]. IEEE Transactions on Evolutionary Computation. 2014, 18(4):577-601.

[73] Jain H, Deb K. An Evolutionary Many-Objective Optimization Algorithm Using Reference-Point Based Nondominated Sorting Approach, Part Ⅱ: Handling Constraints and Extending to an Adaptive Approach [J]. IEEE Transactions on Evolutionary Computation. 2014,18(4):602-622.

[74] Yuan Y, Xu H, Wang B, et al. A New Dominance Relation-Based Evolutionary Algorithm for Many-Objective Optimization[J]. IEEE Transactions on Evolutionary Computation,2016,20(1):16-37.

[75] Liu Y, Qin H, Zhang Z, et al. A region search evolutionary algorithm for many-objective optimization [J]. Information Sciences,2019,488:19-40.

[76] Zhang Z, Qin H, Yao L, et al. Improved Multi-objective Moth-flame Optimization Algorithm based on R-domination for cascade reservoirs operation[J]. Journal of Hydrology,2020,581:124431.

[77] 纪昌明,马皓宇,彭杨. 面向梯级水库多目标优化调度的进化算法研究[J]. 水利学报,2020, 51(12):1441-1452.

[78] 张铭,王丽萍,安有贵,等.水库调度图优化研究[J]. 武汉大学学报(工学版),2004(3):5-7.

[79] 王平. 水库发电调度图常规计算方法的问题和改进建议[J]. 水利水电工程设计,2007(3):26-29.

[80] 纪昌明,蒋志强,孙平,等. 水库常规调度图逆推计算问题分析[J]. 中国农村水利水电,2014(2):128-132.

[81] 徐敏,周建中,欧阳文宇,等. 年调节水库发电调度图多参数优选绘制[J]. 水力发电,2018,44(7):87-93.

[82] 方洪斌,王梁,李新杰. 水库群调度规则相关研究进展[J]. 水文,2017,37(1):14-18.

[83] 纪昌明,周婷,王丽萍,等. 水库水电站中长期隐随机优化调度综述[J].电力系统自动化,2013,37(16):129-135.

[84] Simonovic S. The implicit stochastic model for reservoir yield optimization [J]. Water Resources Research,1987, 23(12): 2159-2165.

[85] 纪昌明,李继伟,张新明,等. 基于粗糙集和支持向量机的水电站发电调度规则研究[J].水力发电学报,2014,33(1):43-49.

[86] Yang P, Ng T L. Fuzzy Inference System for Robust Rule-Based Reservoir Operation under Nonstationary Inflows[J]. Journal of Water Resources Planning and Management,2017,143(4):4016084.

[87] Feng Z, Niu W, Zhang R, et al. Operation rule derivation of hydropower reservoir by k-means clustering method and extreme learning machine based on particle swarm optimization[J]. Journal of Hydrology, 2019,576:229-238.

[88] Zhang J, Liu P, Wang H, et al. A Bayesian model averaging method for the derivation of reservoir operating rules[J]. Journal of Hydrology,2015,528:276-285.

[89] Liu Y, Qin H, Zhang Z, et al. Deriving reservoir operation rule based on Bayesian deep learning method considering multiple uncertainties[J]. Journal of Hydrology,2019,579:124207.

[90] Little J. The use of storage water in a hydroelectric system [J]. Journal of the Operations Research Society of America,1955,2(3):187-197.

[91] 周东清,彭世玉,程春田,等. 梯级水电站群长期优化调度云计算随机动态规划算法[J]. 中国电机工程学报,2017, 37(12):3437-3448.

[92] Huang W C, Wu C M. Diagnostic Checking in Stochastic Dynamic Programming[J]. Journal of Water Resources Planning and Management. 1993, 119(4):490-494.

[93] Huang W C, Harboe R, Bogardi J J. Testing Stochastic Dynamic Programming Models Conditioned on Observed or Forecasted Inflows[J]. Journal of Water Resources Planning and Management, 1991, 117(1):28-36.

[94] Raso L, Chiavico M, Dorchies D. Optimal and Centralized Reservoir Management for Drought and Flood Protection on the Upper Seine-Aube River System Using Stochastic Dual Dynamic Programming[J]. Journal of Water Resources Planning and Management, 2019, 145(3):5019002.

[95] Zhao T, Cai X, Lei X, et al. Improved Dynamic Programming for Reservoir Operation Optimization with a Concave Objective Function[J]. Journal of Water Resources Planning and Management, 2012, 138(6):590-596.

[96] 徐炜,张弛,彭勇,等. 基于降雨预报信息的梯级水电站不确定优化调度研究 I:聚合分解降维[J]. 水利学报,2013,44(8):924-933.

[97] Turner S W D, Galelli S. Regime-shifting streamflow processes: Implications for water supply reservoir operations[J]. Water Resources Research, 2016, 52(5):3984-4002.

[98] Lei X, Tan Q, Wang X, et al. Stochastic optimal operation of reservoirs based on copula functions[J]. Journal of Hydrology, 2018, 557:265-275.

[99] Oliveira R, Loucks D P. Operating rules for multireservoir systems[J]. Water Resources Research, 1997, 33(4):839-852.

[100] 纪昌明,蒋志强,孙平,等. 李仙江流域梯级总出力调度图优化[J]. 水利学报,2014,45(2):197-204.

[101] 万芳,周进,原文林. 大规模跨流域水库群供水优化调度规则[J]. 水科学进展,2016, 27(3):448-457.

[102] 王渤权. 改进遗传算法及水库群优化调度研究[D]. 北京:华北电力大学,2018.

[103] Chang L, Chang F. Multi-objective evolutionary algorithm for operating parallel reservoir system[J]. Journal of Hydrology, 2009, 377(1-2):12-20.

[104] 杨光,郭生练,刘攀,等. PA-DDS 算法在水库多目标优化调度中的应用[J]. 水利学报,2016, 47(6):789-797.

[105] Liu Y, Qin H, Mo L, et al. Hierarchical Flood Operation Rules Optimization Using Multi-Objective Cultured Evolutionary Algorithm Based on Decomposition[J]. Water Resources Management, 2019, 33(1):337-354.

[106] Li J, Zhu L, Qin H, et al. Operation Rules Optimization of Cascade Reservoirs Based on Multi-Objective Tangent Algorithm[J]. IEEE Access, 2019, 7: 161949-161962.

[107] He F, Zhou J, Feng Z, et al. A hybrid short-term load forecasting model based on variational mode decomposition and long short-term memory networks considering relevant factors with Bayesian optimization algorithm[J]. Applied Energy, 2019, 237:103-116.

[108] Chen Y, Zhang S, Zhang W, et al. Multifactor spatio-temporal correlation model based on a combination of convolutional neural network and long short-term memory neural network for wind speed forecasting[J]. Energy Conversion and Management, 2019, 185:783-799.

[109] Liu H, Tian H, Liang X, et al. Wind speed forecasting approach using secondary decomposition algorithm and Elman neural networks[J]. Applied Energy, 2015, 157:183-194.

[110] 张华,曾杰. 基于最小二乘支持向量机的风速预测模型[J]. 电网技术,2009(18):144-147.

[111] Zhang C, Wei H, Zhao X, et al. A Gaussian process regression based hybrid approach for short-term wind speed prediction[J]. Energy Conversion and Management, 2016, 126(10):1084-1092.

[112] Chen T, Guestrin C. XGBoost: A Scalable Tree Boosting System[C]. ACM,2016,785-794.

[113] 李红波, 夏潮军, 王淑英. 中长期径流预报研究进展及发展趋势[J]. 人民黄河,2012, 34(8): 36-38,40.

[114] Ji X, Chang W, Zhang Y, et al. Prediction Model of Hypertension Complications Based on GBDT and LightGBM[J]. Journal of Physics: Conference Series, 2021, 1813(1):8-12.

[115] Zheng H, Yuan J, Chen L. Short-Term Load Forecasting Using EMD-LSTM Neural Networks with a Xgboost Algorithm for Feature Importance Evaluation[J]. Energies, 2017, 10(8):1168-1183.

[116] Bontempi G, Taieb S B, Borgne Y. Machine learning strategies for time series forecasting[M]. Springer Berlin Heidelberg,2013.

[117] 张慧峰. 梯级水库群多目标优化调度及多属性决策研究[D]. 武汉:华中科技大学,2013.

[118] 陈璐, 杨振莹,周建中,等. 基于实时校正和组合预报的水文预报方法研究[J]. 中南民族大学学报(自然科学版),2017, 36(4):73-77.

[119] Peng X, Wang H, Lang J, et al. EALSTM-QR: Interval wind-power prediction model based on numerical weather prediction and deep learning[J]. Energy, 2021,220:119692.

[120] Baum L E, Petrie T, Soules G, et al. A Maximization Technique Occurring in the Statistical Analysis of Probabilistic Functions of Markov Chains[J]. The Annals of Mathematical Statistics. 1970, 41(1): 164-171.

[121] Lee S, Park C, Chang J. Improved Gaussian Mixture Regression Based on Pseudo Feature Generation Using Bootstrap in Blood Pressure Estimation[J]. IEEE Transactions on Industrial Informatics,2016, 12(6):2269-2280.

[122] 陈惠源,陈森林,高似春. 水库防洪调度问题探讨[J]. 武汉水利电力大学学报,1998,31(1): 42-45.

[123] 钟平安. 流域实时防洪调度关键技术研究[D]. 南京:河海大学,2006.

[124] 胡向阳,丁毅,邹强,等. 面向多区域防洪的长江上游水库群协同调度模型[J]. 人民长江,2020, 51(1):56-63.

[125] 谢小平. 水库防洪关键问题的理论与方法研究[D]. 西安:西安理工大学,2007.

[126] 秦旭宝,董增川,费如君. 基于逐步优化算法的水库防洪优化调度模型研究[J]. 水电能源科学, 2008,26(4):60-62.

[127] 郭生练,陈炯宏,刘攀,等. 水库群联合优化调度研究进展与展望[J]. 水科学进展,2010,21(4): 496-501.

[128] 邹进,刘可真. 水资源系统运行与优化调度[M]. 北京: 冶金工业出版社,2006.

[129] 王本德, 周惠成,程春田,等. 梯级水库群防洪系统的多目标洪水调度决策的模糊优选[J]. 水利学报,1994(4):31-39,45.

[130] 都金康,周广安. 水库群防洪调度的逐次优化方法[J]. 水科学进展,1994,5(2):134-141.

[131] 刘招,席秋义,贾志峰,等. 水库防洪预报调度的实用风险分析方法研究[J]. 水力发电学报,2013, 32(5):35-40.

[132] 王浩,王旭,雷晓辉,等. 梯级水库群联合调度关键技术发展历程与展望[J]. 水利学报,2019,50(1):25-33.

[133] 李媛媛,王保华,侯贵兵,等.郁江百色、老口水库联合防洪优化调度研究[C]//中国大坝工程学会.流域水工程智慧联合调度与风险调控专委会2021年学术年会论文集.中国水利水电出版社,2022:7.

[134] 杨辉辉,李媛媛,黄锋,等. 防洪任务调整后百色水库防洪调度规则优化研究[C]//中国大坝工程学会.水库大坝和水电站建设与运行管理新进展.中国水利水电出版社,2022:7.